我国高粱主要病虫害抗性分子机理研究

李玥莹　邹剑秋　著

U0283008

科学出版社

北京

内 容 简 介

本书是为了适应对我国现代农业科技发展全面推进新形势下而编写的。全书共分15章分四个方面阐述了高粱常见病害丝黑穗病、蚜虫和螟虫如何采用生理生化分析手段、分子标记等方法对高粱抗病虫的抗性分子机理进行研究，明确高粱抗性机制，进而定位抗性基因，为高粱抗性优良品种选育工作奠定了坚实的基础。

本书可供农学、医学和农科领域的科技人员参考，也可供有关研究部门管理者和相关农、医类高校师生参考。

图书在版编目（CIP）数据

我国高粱主要病虫害抗性分子机理研究 /李玥莹,邹剑秋 著. －北京：科学出版社，2011

ISBN 978-7-03-029874-4

Ⅰ.①我… Ⅱ.①李…②邹… Ⅲ.①高粱－病虫害－研究 Ⅳ.①S435.14

中国版本图书馆CIP数据核字（2010）第263354号

责任编辑：袁海滨 /责任校对：侯沈生
责任印制：李延宝 /封面设计：汤子海

科学出版社出版

北京东黄城根北街 16 号
邮政编码：100717
http://www.sciencep.com

丹东印刷有限责任公司印刷
科学出版社发行 各地新华书店经销

*

2011 年 5 月第 一 版　开本：850×1168　1/32
2011 年 5 月第一次印刷　印张：10
印数：1—2 000　字数：268 800

定价：53.00 元
（如有印装质量问题，我社负责调换）

前　言

　　高粱（*Sorghum bicolor*（L.）Moench）是世界上重要的禾谷类作物之一，主要分布在世界5大洲100多个国家的热带干旱和半干旱地区，是这一地区重要的粮食作物和饲料作物，温带和寒带地区也有种植。从世界范围看，它仅次于小麦、水稻、玉米、大麦，居第五位。在人类的发展史上，高粱曾起过相当重要的作用，特别是在非洲，由于干旱和饥饿，高粱更受重视。高粱作为"生命之谷"、"救命之谷"长期在非洲那些干旱、少雨、气候恶劣、土壤瘠薄的地区种植。至今，在非洲大陆的很多国家，高粱仍然是维系人类生命的重要粮食作物。高粱是我国最早栽培的禾谷类作物之一，曾为解决我国人民吃饭问题，保证国家粮食安全，促进我国经济发展立下过汗马功劳。目前，我国高粱生产仍处于较高水平，在高粱主产国中，单产水平排世界第二位。

　　高粱的高产育种已取得相当成就，一般推广良种的生产能力均可达到每公顷6000 kg以上，然而世界高粱的平均产量却不到每公顷1500 kg，现有基因型与所处逆境之间的矛盾，不仅造成产量不稳，而且也严重限制了单位面积产量的再提高，如美国高粱单产年增长率1950～1960年间为10.6%，1961～1971年间为4.1%，而1971～1980年间只有2.2%。因此，自70年代以来，高粱品种的抗逆性情况备受关注，表明高粱育种已进入抗性育种时代，研究高粱抗性的分子机理必将为抗性育种奠定坚实基础。

　　在我国影响高粱产量的主要病虫害是丝黑穗病、蚜虫和螟虫。丝黑穗病（*Sphacelotheca reiliana*（Kühn）Clinton）是遍布世界的重要高粱病害。高粱丝黑穗病于1868年在埃及发现后，1876年在印度、1895年在美国、1910年在澳大利亚及1926年在南非相继发生，此后这一病害几乎广泛分布于世界各高粱产区。丝黑穗病在中国各高粱产区均有发生，以东北和华北地区危害最为严重，是影响我国高粱生产发展的主要病害之一。在我国，高粱丝黑穗病发病历史虽然较久，但直到 1933 年才有正式的记载，当时东北各地平均发病率为 27.3%，1953 年东北南部严重发病区发病率高达 60% 以上，1977 年海城县平均发病率 12.2%，减产约 1.95 万 t；1994 年阜新市高粱丝黑穗病大爆发，发病之重历史罕见：发病面积 5.8 万 hm^2，发病率 15~20%，高者达 80% 以上，减产损失严重，损失粮食 5.4 万 t。

高粱蚜（*Aphis sacchari zehntne*）属同翅目，蚜虫科，是世界范围内谷物作物的主要虫害，不仅危害高粱，而且危害甘蔗、小麦、大麦、黍、玉米等农作物。一般减产 15% 左右，大发生年代防治不及时减产可达 30% 以上。在美国，自 1949 年起，在小麦、大麦和高粱中已多次爆发严重的蚜虫病害，经常使作物遭严重破坏而减产，并造成巨大的经济损失。根据 1989 报道，仅在美国，由蚜虫造成的损失及控制蚜虫所花费的费用该年就已超过 389 000 000 美元。在我国，辽宁、吉林、黑龙江、内蒙古、山西、山东、河北、河南、浙江、江苏、安徽、湖北、台湾、等省（自治区）发生普遍。其中，辽宁、山东、河北、吉林、内蒙古危害严重，每年都有不同程度的发生。高粱蚜具有极高的繁殖力，一旦大发生可能造成毁灭性的危害。过去采用化学药剂防治既费时、费工又产生抗药性，污染环境，因此选用抗品种是最为有效的途径。引进新的抗性基因、培育抗性品种既可提高作物对蚜虫的抵抗能力，又有利于环境保护，因此选用抗蚜品种是最为有效的途径。

亚洲玉米螟［*Ost rinia f urnacalis*（Guenée）］属鳞翅目 *Lepidoptera*，螟蛾科 *Py ralidae*，秆野螟属 *Ost rinia*，在我国是为害高粱的主要螟虫之一，其发生世代，随纬度变化而异。在辽宁省，通常一年发生两代，第一代幼虫在 6 月中下旬 7 月上旬，在高粱孕穗之前，幼虫集中于心叶为害，最初表现为许多白色的小斑点，以后产生大而不规则的伤痕，形成花叶，较大的幼虫钻蛀叶卷，叶片展开后表现为横排连珠孔。危害严重时，心叶会被咬得支离破碎，以至叶片不能正常抽穗。第二代幼虫在高粱的生育后期，主要为害穗颈和茎秆，将穗颈蛀空，蛀孔处出现褐红色，穗颈易折，造成穗粒不饱满，甚至籽粒不成熟，导致减产。而随着高粱育种国内外对玉米螟研究的进展，高粱抗螟虫抗性分子机理研究也受到普遍关注，利用抗螟性强的杂交种，可大量减少农药的使用量，减少环境污染，维护生态平衡，对农业经济的可持续发展有着极其重要的意义。

分子标记是继形态学标记（morphologic markers）、细胞学标记（cytological markers）及生化标记（biochemical markers）之后，在近二十年来不断发展和广泛应用的一种新的遗传标记（genetic markers）。与其它遗传标记相比，分子标记有许多特殊的优点，如：无表型效应、不受环境制约和影响等。它直接利用DNA 分子中的核苷酸序列变异信息，数量丰富、多态性强，能对各发育时期的个体、组织、器官甚至细胞进行检测。

随着分子生物学技术的迅猛发展，为植物抗病虫害的研究开辟了新天地，目前许多科研单位和大专院校正集中力量，利用RFLP、RAPD 及 AFLP 等分子标记技术，对水稻、小麦、玉米等作物的主要农艺性状基因进行识别、定位和分离研究，构建它们的基因图谱，并取得了较大的进展。然而，在高粱抗丝黑穗病、抗蚜和抗螟虫基因的分子标记研究上，国内仍属空白，国际报道也较少。

在选育抗性品种过程中，如能明确其抗性机制，进而定位和克隆抗性基因，无论对于高粱还是其他广受害虫危害的农作物、园艺作物等都具有极其重要的理论意义和现实意义。为深入揭示高粱抗病虫分子机理进而指导高粱抗病虫育种，在国家科技支撑计划课题（2006BAD02B03）、国家"863"计划课题（2004AA241230）、高粱产业技术体系建设项目（nycytx - 12）、辽宁省自然科学基金项目（20022094，20061045）、沈阳市科技局国际合作项目（1091241－6－00）、辽宁省教育厅项目（20060806）的资助下，作者从 1998 年就开始对我国高粱主要病虫害抗性分子机理进行系统研究，至今已经有 10 余年的历史。通过这些年来的不懈努力，使得我国高粱主要病虫害的抗性机理方面的研究取得了较大的进展，这些都为高粱抗性优良品种选育工作奠定了坚实的基础。

　　特此，作者将 10 多年来的研究进行回顾和总结，对有关方面的工作加以介绍，和国内同行进行交流，以使高粱病虫害抗性分子机理的研究更加深入。

　　作者真诚希望从事相关研究的同仁们为本书提出宝贵意见，以便推动我国这项事业的进一步发展。

　　作者对在研究过程中以下的合作者以及所有提供过帮助的人员表示诚挚的谢意：沈阳师范大学：李雪梅教授、马纯艳教授、马莲菊副教授、陶思源高级实验师、徐昕高级实验师、陆丹同学、牛楠同学、刘旭同学；沈阳农业大学：刘世强教授、林凤教授；辽宁省农业科学学院：杨立国研究员、朱凯副研究员、段有厚助理研究员、王艳秋助理研究员。在此，笔者一并向他们表示感谢！

作　者

2010 年 10 月于沈阳

目　录

第一篇　绪　论

第二篇　高粱丝黑穗病抗性分子机理研究

第三篇 高粱抗蚜虫抗性分子机理研究

附 录

第一篇　绪　论

第 1 章 高粱在世界农业生产中的地位与作用

1.1 高粱在世界粮食生产中的特殊地位

高粱 (*Sorghum bicolor* (L.) Moench) 是世界上重要的禾谷类作物之一，主要分布在世界 5 大洲 100 多个国家的热带干旱和半干旱地区，是这一地区重要的粮食作物和饲料作物，温带和寒带地区也有种植。从世界范围看，它仅次于小麦、水稻、玉米、大麦，居第五位。据联合国粮农组织网站公布的数字，2008 年度，世界高粱总播种面积为 4491 万 hm^2，总产量 6553 万 t，平均单产 1459 kg/hm^2，平均每公顷产量 1.459t。表 1 - 1 - 1 为高粱主要生产国播种面积及产量（数据引自 http://faostat.fao.org/site/636/default.aspx#ancor）。世界高粱生产以非洲种植面积最大，占世界总面积的 61.4%，其次是亚洲，占世界总面积的 20.5%。从产量水平上看，大洋洲最高，是世界平均产量的 249.1%，其次是美洲，是世界平均产量的 246.6%，它以非洲四分之一的种植面积获得了几乎相同的产量（表 1 - 1 - 2）。

在人类的发展史上，高粱曾起过相当重要的作用，特别是在非洲，由于干旱和饥饿，高粱更受重视。高粱作为"生命之谷"、"救命之谷"长期在非洲那些干旱、少雨、气候恶劣、土壤瘠薄的地区种植。至今，在非洲大陆的很多国家，高粱仍然是维系人类生命的重要粮食作物。高粱是我国最早栽培的禾谷类作物之一，曾为解决我国人民吃饭问题，保证国家粮食安全，促进我国经济发展立下过汗马功劳。目前，我国高粱生产仍处于较高水平，在高粱主产国中，单产水平仅次于阿根廷排世界第二位。

表1-1　世界高粱主要生产国播种面积及产量（2008年）

排序	国　家	面积 /（万 hm²）	单产 /（t/hm²）	总产量 /（万 t）
1	印　度	776.4	1.021	792.6
2	尼日利亚	761.7	1.223	931.8
3	苏　丹	661.9	0.585	386.9
4	尼日尔	305.5	0.351	107.1
5	美　国	294.2	4.078	1199.8
6	布基那法索	190.2	0.986	187.5
7	墨西哥	183.8	3.600	661.1
8	埃塞俄比亚	153.4	1.510	231.6
9	马　里	98.6	0.943	93.0
10	坦桑尼亚	90.0	1.000	90.0
11	乍　得	87.3	0.785	68.5
12	澳大利亚	84.5	3.636	307.2
13	巴　西	81.2	2.422	196.6
14	阿根廷	61.9	4.747	293.7
15	中　国	58.1	4.310	250.3
	世　界	4491.2	1.459	6553.4

表1-2　世界各大洲高粱播种面积及产量（2008年）

地　区	面积 /万 hm²	单产 /（t/hm²）	总产量 /万 t	占世界面积 /%	占世界单产 /%	占世界总产 /%
非　洲	2759.5	0.912	2519.3	61.4	62.5	38.4
亚　洲	922.6	1.231	1135.9	20.5	84.4	17.3
美　洲	696.8	3.598	2507.5	15.5	246.6	38.3
大洋洲	84.6	3.634	307.6	1.9	249.1	4.7
欧　洲	27.6	3.011	83.1	0.6	206.4	1.3
世　界	4491.2	1.459	6553.4			

1.2　高粱的生物学特点

与其它主要粮食作物相比，高粱具有独特的生物学特点：

1.2.1　光合效率高

高粱为碳4作物，光能利用率和净同化率胜过水稻和小麦，理论测定高粱的产量可达每亩2500kg。目前，有记载的高粱最高单产达到1400kg/亩，但也只有理论产量的56%，表明高粱的增产潜势很大。

1.2.2　抗逆性强

高粱具有抗旱、抗涝、耐盐碱、耐瘠薄、耐高温、耐寒冷等多种抗逆性。高粱蒸腾系数为250~300，比水稻（400~800）、小麦（270~600）、和玉米（250~450）均小；高粱凋萎系数5.9，也比玉米（6.5）和小麦（6.3）低；在水淹条件下，抽穗期玉米只能维持1~1.5d，高粱可维持6~7d；灌浆期玉米能维持2d，高粱可维持8~10d；高粱可忍受0.5%~0.9%的盐浓度，而小麦为0.3%~0.6%，玉米、水稻为0.3%~0.7%。由此可见，高粱的抗逆性远优于上述作物。

1.2.3　杂种优势强

高粱具有实现强大杂种优势的保证体系。在粮食作物中，高粱是最早（1954）实现"三系配套"、并把杂交种用于大面积生产的作物之一，高光合效率与强杂种优势的有机结合使高粱单产提高了一大步，生产面貌为之改观。

1.3 高粱的经济学优势

高粱用途广泛，既可食用、饲用，又可加工用。目前，高粱已从食用、饲用为主向多方向发展，高粱产业化发展前景广阔。未来的高粱产业将由以下几方面组成：

1.3.1 高粱食品业

高粱籽粒自古就是人类的口粮，在我国北方某些地区，现在仍以高粱米或高粱面为主食。除我国外，在亚洲、非洲和部分中美洲地区，高粱也是重要的主食，而且，品种多样，如米饭、米粥、面条、饼、面包等。随着人们生活水平的不断提高，高粱作为主食的份额在不断降低，而高粱深加工食品将会越来越受到重视，以下是未来高粱食品的几个例子：

1.3.1.1 高粱面包

通常制造面包的原料是小麦面粉，随着人们对营养全面、食品多样化和粗粮食品需要的增加，在不改变风味的情况下，在面包中加入适量的高粱面粉，将有助于身体健康。一般高粱面粉所占比例应在 10% 左右，高粱面粉过多，会影响面包的蓬松度、色泽和口感。

1.3.1.2 高粱甜点

甜点是大家喜闻乐见的食品，在美国堪萨斯州立大学的加工实验室，已尝试在甜点中加入部分 10% ~20% 的高粱面粉。

1.3.1.3 高粱早餐食品

现在很多早餐食品中以粗粮为主要原料，如燕麦片、玉米片等。如果研制出各种高粱早餐食品，一定会有较好的市场前景。

1.3.1.4 高粱膨化食品

很多小食品为膨化产品，这些产品适口性好，易于消化。普通高粱品种和爆裂品种均可作为膨化食品的原料。

1.3.2　高粱酿酒业

1.3.2.1　用高粱籽粒酿制白酒

高粱是生产白酒的主要原料。在我国，以高粱为原料蒸馏白酒是高粱的传统产业，已有 700 多年的历史，正如俗语所说，"好酒离不开红粮"，驰名中外的中国名酒如茅台酒、五粮液、汾酒、泸州老窖特曲均是以高粱做主料或辅料配制而成。高粱之所以成为重要酿酒原料是由于高粱籽粒中除含有酿酒所需的大量淀粉、适量蛋白质及矿物质外，更主要的是高粱籽粒中含有一定量的单宁。适量的单宁对发酵过程中的有害微生物有一定抑制作用，能提高出酒率；同时，单宁产生的丁香酸和丁香醛等香味物质，又能增加白酒的芳香风味。因此，含有适量单宁的高粱品种是酿制优质酒的佳料。

近年来，随着人民生活水平的提高，酿酒工业发展迅速，对原料的需求量日益增多，酿酒原料是高粱的一个消费去向。

1.3.2.2　用高粱籽粒酿制啤酒

1. 非洲高粱啤酒

高粱啤酒是非洲传统饮料，饮用历史很长。非洲高粱啤酒因制作方法不同，其风味和颜色也各不相同：西非的高粱啤酒为浅黄色，而南非的啤酒则是一种浅红色至深棕色的不透明液体。非洲高粱啤酒与欧洲型啤酒不同，它是以乳酸作为前发酵的酸性啤酒，啤酒中含有剩余的淀粉，营养丰富。目前，非洲高粱啤酒的酿制已变成了大规模的工厂化生产。

2. 中国高粱啤酒

80 年代初，山西省农科院高粱所经过试验研究，在传统大麦啤酒的基础上，用高粱作为主要原料，酿制出了适合我国习惯的欧洲型高粱啤酒。现在，我国有的啤酒厂也生产一些以高粱为主料获辅料的啤酒。

1.3.2.3　用甜高粱茎秆造酒

甜高粱茎秆中含有丰富的糖分汁液，可用于生产酒产品。这方面，山东巨野县凯勒酒厂用甜高粱秆生产出的凯勒系列酒产品比较成功。凯勒酒是以甜高粱茎秆的汁液直接发酵酿制而成的低度酒。此外，还可以用高粱糠和甜高粱制糖后的残渣和废稀制酒。一般每100kg残渣和废稀可以酿制50°白酒3～5kg。

1.3.3　高粱饲料业

1.3.3.1　用高粱籽粒作饲料

高粱在配合饲料中完全可以代替玉米。高粱籽粒的各项养分含量指标均与玉米非常相近，适于作畜禽的饲料，其饲用生产的效能高于大麦和燕麦，大致相当于玉米。高粱子粒喂饲育肥猪，其有效价相当于玉米的90%左右，饲喂肉牛为95%，饲喂羊、奶牛和家禽为98%。

研究表明，高粱可提高猪的瘦肉比例。据英国农业科协报道，日粮中蛋白质水平的变化，瘦肉型猪比脂肪型猪反应敏感。日粮中蛋白质水平从12%提高到20%，瘦肉型猪的瘦肉率可从51%提高到58%，脂肪型猪只能从45%提高到47%。由于高粱子粒中可消化蛋白质每kg为54.7g，比玉米每kg45.3g多9.4g，而粗脂肪含量比玉米低0.25%，且玉米中含有较多的不饱和脂肪酸，而高粱中却很少，因此瘦肉率提高。

由于高粱籽粒中含有单宁，在配合饲料中加入10%左右的高粱籽粒，可有效防止幼禽、幼畜的白痢病等肠道疾病，提高成活率。试验表明，用高粱代替玉米喂饲雏鸡成活率高、增重快，效益高。如日粮中各用75%的高粱和玉米喂饲雏鸡，喂高粱的成活率84.1%，玉米的73.7%。

高粱籽粒作为饲料历史较长，在美国，所有高粱籽粒均用作饲料；在法国，工业发酵饲料消耗了70%的高粱。在我国，配合饲料中高粱的比例极小。随着人们认识的提高和高粱品质的改善，高粱在我国饲料行业必将起到重要的作用，很大一部分高粱将应用于配合饲料。

1.3.3.2　用茎叶作饲料

除籽粒外，高粱茎、叶均可作为畜、禽、鸟、鱼的饲料。近几年，随着人民生活水平的提高，畜牧业迅速发展，有限的草场资源已不能满足人们的需要，如何解决好饲草饲料问题已成为畜牧业发展的关键。甜高粱和草高粱的育成和推广，增加了饲草资源的总量，成为发展养殖业的重要措施。

1.　草高粱

草高粱是根据杂种优势原理，以高粱雄性不育系为母本，苏丹草为父本，经杂交选育获得的杂种一代，是利用杂种优势商品化生产的一种新型牧草。草高粱具有以下优点：

☆产量高：与普通高粱一样，草高粱为 C4 作物，光合效率高，生物学产量高于其它作物，一般亩产鲜草 5000～10000kg，一个生长季可多次刈割，刈割后可直接饲喂牲畜，也可进行青贮和晒干；

☆抗逆性强、适应性广：不仅抗旱、抗涝、耐盐碱、耐瘠薄，还耐高温、耐冷凉；

☆营养成分高：草高粱作为饲草的另一大优势是富含无氮浸出物，一般可达 40%～50%，在干物质中粗蛋白的含量为 10%～15%；其粗脂肪、粗纤维、粗灰分的含量一般为 1.5%、40%、7% 左右。草高粱的营养价值虽不及豆科牧草，但超过青刈玉米；

☆适口性好：质地细软、没有不良气味，家畜都很爱吃；

☆耐践踏力和再生能力强：适于放牧和多次刈割利用；

☆用途广泛，易于保存：草高粱是牛、羊、鹅、兔、鱼等动物的优良饲草，用其作饲料可有效提高肉、蛋、奶的产量和质量；此外，草高粱还具有容易调制干草和保存的优点。

目前，我国每年牧草的生产能力远不能满足市场的需要，并且供需之间的缺口还将随着我国畜禽业的发展继续拉大。草高粱既可做牧场牧草放牧,又可刈割做青饲、青贮和干草,是草食动物的优良饲饲料,因此,草高粱的应用前景十分广阔。

2. 甜高粱

甜高粱作青贮饲料营养丰富,各种养分含量优于玉米,含糖量比青贮玉米高 2 倍;无氮浸出物和粗灰分分别比玉米高 64.2% 和 81.5%;粗纤维虽然比玉米多,但由于甜高粱干物质含量比玉米多 41.4%,因而甜高粱粗纤维占干物质的相对含量为 30.3%,还低于玉米(33.2%)。甜高粱喂饲奶牛适口性好,不论是作青饲还是作青贮,奶牛均喜欢采食,是优质高效的青贮饲料。

1.3.4 高粱能源业

我国是仅次于美国的世界第二大能源消费国。随着国民经济的发展和人民生活水平的提高,特别是汽车工业的发展,我国的能源消费将成倍地增长,因此,实现能源的可持续生产,研究和开发可再生的生物能源具有重要的战略意义。目前没有单一的技术能解决世界对能源的需要,各国都在寻找新的能源,一些有识之士看准了绿色能源的开发和利用,其中最有希望的是生产乙醇。为减少对石油的依赖,缓解石油紧缺的矛盾,有效地保护环境,根据国务院领导的指示精神,我国也正在大力推广使用汽油乙醇。因此,用甜高粱茎秆和高粱籽粒生产酒精已成长为新的巨大的产业。

1.3.4.1 用甜高粱茎秆生产酒精

甜高粱茎秆中含有的大量糖分,可用于发酵生产成酒精,是生产酒精的最佳原料,这是一种取之不尽的生物能源库。甜高粱作为一种新型可再生的高效能源作物,对土壤气候的适应性强,除高寒地区外均可生长,每公顷甜高粱的酒精产量可高达 6000 多升。而且,甜高粱茎秆是非粮原料,符合我国人多地少的实际情况，符合国家保证粮食安全的政策。此外，用甜高粱秆生产酒精并利用，能够达到温室气体的"零排放"，在解决由于汽车尾气污染所造成的环境问题的同时，还可增加农民收入，有利于保护生态环境和促进农业可持续发展。目前，世界范围的能源紧张状况，使得高粱生产酒精的发展前景更为看好。

1.3.4.2 用高粱籽粒生产酒精

高粱籽粒的主要成分是淀粉，现阶段我国推广的高粱杂交种淀粉含量一般均高于70%。由于生产酒精的原料含淀粉越多越好，因此高粱作为可再生的能源作物，是良好的酒精原料。高粱的高光合效率、多重抗逆性以及低廉的价格将使高粱在酒精生产行业起到重要作用。

1.3.5 高粱淀粉业

淀粉作为高粱籽粒的主要成分（约32%~79%），具有极其重要的价值，应用非常广泛。高粱淀粉可用于食品工业，胶黏剂，伸展剂，填充剂，吸收剂等。淀粉质量的好与坏会直接影响到生产的质量和水平。一般而言，评价淀粉质量高低的标准主要是淀粉中蛋白质的残留量、淀粉的颜色、黏滞性、以及淀粉中脂肪的含量等等。虽然高粱淀粉的结构和成份与玉米淀粉极为相似，但工业上应用的淀粉大多为玉米淀粉，这主要是由于：

1.3.5.1 用高粱籽粒提取淀粉存在许多问题

一般提取淀粉均用湿法加工，而高粱籽粒为颖果，其中胚所占的比例较少，胚乳所占比例较大。高粱胚乳中淀粉与蛋白质联结非常紧密。如果籽粒粉碎程度不够，淀粉分离不出来，如果粉碎过度，又会破坏淀粉粒，此外，高粱籽粒的部分淀粉存在于果皮中，会随着脱皮而损失掉。

1.3.5.2 高粱籽粒的大小和颜色差异较大

分离得到的淀粉颜色常为灰色和红色，而非洁净的纯白色，不易被人们接受。

1.3.5.3　高粱籽粒的胚乳中类胡萝卜素含量较低

所以它的蛋白质中没有适于烤焙的黄色。虽然有时这种黄色是一种缺陷，但人们已经习惯于食品烘烤后呈金黄色的食品。

实践表明，在实验室内，只要采用合适的浸泡液、适当的浸泡和粉碎时间以及最佳的淀粉槽斜度，完全可以得到高产、优质的高粱淀粉。只要我们加大对高粱研究和应用的资金和力量，高粱籽粒必将成为另一个重要淀粉原料。

1.3.6　高粱色素业

近年来，随着人们生活水平的迅速提高，对食用色素的要求也不断提高，对天然色素的需求量逐渐加大，天然色素已成为食品添加剂的重要组成部分，并有取而代之之势。

高粱壳是高粱生产的副产物，资源非常丰富，是提取色素的最佳原料。不同品种高粱壳颜色各异，有浅到深，色素含量十分悬殊，但以紫黑色为佳。以高粱壳为原料提取色素，来源方便、价格便宜、供应丰富、色泽自然、安全可靠。高粱红色素为纯天然色素，无毒无特殊气味。产品分为醇溶、木溶及肉食品专用三大系列多种色素产品，可广泛用于食品、肉制品、饮料、化妆品和药品等许多行业。辽宁省农业科学院高粱研究所在"八五"期间，研究和完善了从高粱壳中提取色素技术，现已成立了中日合资科光天然色素有限公司。生产的高粱红色素为国家级产品，获国家发明专利并取得国际认证的天然食品证书，并取得了可观的社会经济效益。

1.3.7　其它应用

高粱应用不是仅限于此，还可用于制糖、制醋、制板材、造纸、加工成麦芽制品、日用品、编织品、制饴糖、做架材、做蜡粉等。总之，高粱的加工用途非常广泛，滚动增值潜力很大。

总之，随着全世界人口、环境、能源等诸多问题的日益严峻，可持续发展已成为世界性难题。由于高粱的用途非常广泛，滚动增值潜力很大，因此，只要我们不断努力，不断研究，高粱产业一定作大作强，为农业增效、农民增收做出自己的贡献。

第2章 分子标记技术及其应用

2.1 分子标记及其特点

广义的分子标记（molecular markers）是指可遗传的并可检测的 DNA 序列或蛋白质（蛋白质标记包括种子贮藏蛋白和同功酶及等位酶）。狭义的分子标记概念是指 DNA 标记，而这个界定现在被广泛采纳。分子标记是继形态学标记（morphologic markers）、细胞学标记（cytological markers）及生化标记（biochemical markers）之后，在近二十年来不断发展和广泛应用的一种新的遗传标记（genetic markers）。与其它遗传标记相比，分子标记有许多特殊的优点，如：无表型效应、不受环境制约和影响等。它直接利用 DNA 分子中的核苷酸序列变异信息，数量丰富、多态性强，能对各发育时期的个体、组织、器官甚至细胞进行检测。陆朝福（1995）、贾继增（1996）、黎裕等（1999，2004）认为，理想的分子标记需具备以下几个条件：理想的分子标记必须达到以下的几个要求：① 具有较高的多态性；② 共显性遗传，也就是即利用分子标记可鉴别二倍体中杂合和纯合的基因型；③能明确辨别其等位基因；④ 遍布整个基因组；⑤ 除特殊位点的标记外，要求分子标记均匀分布在整个基因组；⑥ 选择的中性（即无基因多效性）；⑦ 检测手段简单、快速（如实验程序自动化）；⑧ 开发成本和使用成本低廉；⑨ 在实验室内和实验室间重复性好（便于数据交换）。但是，目前发现的任何一种分子标记均不能满足所有的要求。

2.2 几种主要分子标记简介

分子标记是传统遗传标记的补充和发展，现在已经发展出了数十种技术，被广泛应用于生物遗传育种、基因组作图、系统学研究、基因克隆、基因定位、文库构建和品质鉴定、亲缘关系鉴定和新品种的开发利用等方面，成为现代分子遗传学和分子生物学研究与应用的主流之一。近年来，随着分子标记技术发展迅猛，出现了几十种分子标记技术，如 RFLP、RAPD、AFLP、SCAR、SSR、ISSR、AP – PCR、DAF、SNP 等。这些分子标记技术要么基于 DNA 分子杂交，要么以 PCR 技术为基础，或者是 DMA 分子杂交与 PCR 技术相结合。下面对一些常用的分子标记技术分别加以简要介绍。

2.2.1 RFLP

RFLP 是限制性片段长度多态性的英文（Restriction Fragment Length Polymorphism）缩写，是 Grodzicker 等 1974 年创立的。1980 年，Bostein 首先提出用 RFLP 作为标记构建遗传连锁图谱的设想，是发展最早的分子标记技术，至 1988 年 Paterson 在番茄上首次应用以来，二十多年一直居重要地位（徐吉臣，1992；郭仁，1990；郭小平，1998；Mullis KB，1987）。

2.2.1.1 RFLP 原理

生物性状之差的实质是核苷酸之差，即相应核苷酸链上的碱基排列序列不同。这种个体间核苷酸序列的不同表现在对某种特异性限制性核苷酸内切酶的结合点及酶切位点不同，酶切的结果表现在个体间的 DNA 长短不一。由于这些长短不同的 DNA 片段分子量大小不一，因而在进行琼脂糖凝胶电泳时，其在凝胶中扩散速度、移动距离分布情况产生差别，即出现不同的谱带。这实质上反映了核酸水平的多态性，故叫限制性片段长度多态性

（RFLP）。

2.2.1.2 方法

首先提取并纯化每个个体的总 DNA，建立总 DNA 库。然后用某种商品化的限制性内切酶与 DNA 库混合，给予适宜条件进行酶切，降解 DNA 分子，切成长度不等的 DNA 片段。第三步对降解物进行电泳检测。

因降解物的分子量大小不同，在凝胶上出现的谱带则不同。当一个基因组较小，只有十几万碱基时，就可以用溴化乙锭（EB）对凝胶直接进行染色后，在紫外反射透射仪下直接观察谱带的多态性。而对于大分子染色体 DNA 就不能直接观察限制性长度的多态性，这是因为各种长度的 DNA 片段在电泳胶上相互交盖，连成一片不宜分辨，这样要检测限制性片段长度多态性就必须借助分子杂交手段（Southern blotting）来实现。具体做法是：把谱带转移到硝酸纤维膜或尼龙膜上，再用制备好的探针（已知碱基序列的含有放射性标记的 DNA 分子片段），采用 Southern blotting 法，使探针与膜上的 DNA 酶切片段进行分子杂交，经放射自显影和底片冲洗，与探针具有高度同源性的双链杂交 DNA 片段留在底片上，其余的单链被水洗掉，这样就可以把目的 DNA 片段检测出来。

截至目前，各种作物的遗传图谱中 RFLP 标记占大多数。其主要特点是：①无表型效应，其检测不受环境条件和发育阶段的影响；②共显性，可以区别纯合基因型和杂合基因型；③可利用的探针很多，可以检测到很多遗传位点；④遍布整个基因组；⑤重复性好⑥对 DNA 质量要求高，需要量大（5~10μg），需要的仪器设备较多，操作复杂，通常要接触放射性辐射（Waugh 和 Powell，1922）。但由于 RFLP 标记技术复杂，因而目前尚难直接用于育种。为了解决这一问题，Talbert 等（1995）提出将 RFLP 标记转化成共显性 PCR 标记。

2.2.2 RAPD

RAPD 是随机扩增多态性 DNA 的英文（Random Amplified Polymorphic DNA）缩写。它是建立于 PCR 技术基础之上的第二代分子标记。是 1990 年由美国人 Williams 等首先提出来的。

2.2.2.1　原理

在生物体内，DNA 的聚合反应需要聚合酶，模板、底物和引物。底物是 4 种 dNTP（dATP，dTTP，dGTP，dCTP），模板是 DNA 链，引物是一种核苷酸片段。如果在条件适宜时，DNA 模板链先变性成二条单链，然后以每条单链为模板，在引物的引导下，以 4 种 dNTP 为原料，以 $3' - OH$ 端为起点，合成二条互补的 $5' - 3'$ 的与母链碱基顺序完全相同的子链。

利用这一模式，1985 年由美国人 K. B. Mullis 等发明了在生物体外的 DNA 扩增技术，即 PCR 技术。所谓 PCR 技术是在生物体外，在一种特殊设备里，将设计好的引物、含有目的基因的总 DNA 和 4 种 dNTP 按适量混合在一起，再加入耐热的 DNA 聚合酶及所需辅助试剂构成扩增系统，在适宜的条件下便可扩增，即进行链式反应。整个过程实际上是 DNA 的体外复制。这个链式反应由高温变性（92～94℃）—低温退火（35～55℃）—适温延伸（68～72℃）三步组成一个循环。每一次循环产生的 DNA 新链均能成为下次循环的模板，如此循环反复，其产物是以指数 2^n 方式扩增的。这个体外扩增技术称为聚合酶链式反应，其英文（Polymease Chain Reaction），简称为 PCR。PCR 反应过程见图 1-1（邹喻苹，1995；胡稳奇，1992；朱新产，1998）。

在这一扩增中，如果所用引物与某一片段的模板 DNA 有互补的核苷酸序列，该引物就会结合到单链模板 DNA 上，形成局部双链区。由于引物不同，结合点不同，二个结合点间的 DNA 片段长度不同，结果扩增出来的产物长度和分子量也不同，表现出一种多态性。另外，不同个体的相同位点上的 DNA 也表现出

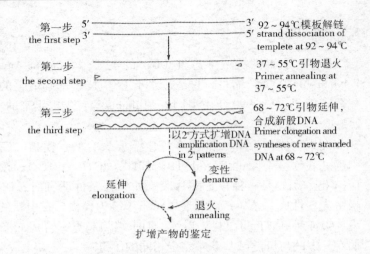

图 2 - 1　聚合酶链式反应（PCR）示意图

Fig2 - 1　idcatification of amplification product

差异，这主要是碱基序列不同，结果扩增出来的产物不同，表现出一种多态性，这种多态性可以通过跑电泳的方法来检测。（卢江，1993；邓务国，1993；李常保，1998；钱德荣，1998；傅荣昭，1998）

2.2.2.2 方法

　　首先提取植物个体的总 DNA，以总 DNA 为模板，用人工合成的各种核苷酸序列为引物，在一种热稳定的 DNA 聚合酶（Taq Polymerase）的催化下，通过 PCR 技术扩增 DNA 片段，用琼脂糖凝胶电泳分离各种不同引物扩增出来的不同长度的 DNA 片段，再用溴化乙锭染色，在紫外反射透射仪下观察 DNA 片段的多态性，就可以根据对产生的 DNA 多态性片段的分析进行遗传作图或物种鉴别（惠东威，1992；汪小全，1996；姜玲，1996；张志水，1998；傅俊骅，1997）。

　　RAPD 技术继承了 PCR 的优点，同 RFLP、DNA 指纹图谱法等其它 DNA 多态性技术相比，具有以下特点：①不使用 DNA 探针；②引物通用，且通常用一个引物就可以扩增出许多片段；③分析速度快，操作简单；④所需模板量少，且质量要求不高；⑤不需要放射性同位素；⑥成本较低；⑦一般为显性标记，难以区分杂合和纯合基因型；⑧易受反应条件的影响，重复性差（李玥莹，2000；Williamson，1994；Yoshimura，1995；Kojima，1998）。

2.2.3 SCAR

SCAR 是已标记序列扩增带的英文（Sequence – Characterized Amplified Regions）缩写，它是在 RAPD 基础上发展起来的，由 Paran 和 Michelmore 1993 年提出。

SCAR 的基本步骤是：先作 RAPD 分析，然后把目标 RAPD 片段（与某目的基因连锁的 RAPD 片段）进行克隆测序，根据原 RAPD 片段两末端的序列设计特定引物（一般在原来 RAPD 所用的 10bp 引物上增加合成上述序列的 14bp 的核苷酸），并以此为引物对基因组 DNA 再进行扩增分析，这样就可把与原 RAPD 片段相对应的某一位点鉴定出来。这样的标记方式就称为 SCAR。

SCAR 比 RAPD 及其它利用随机引物的方法在基因定位和作图中的应用更好，因为它具有更高的可重复性，而且待测 DNA 间的差异可直接通过有无扩增产物来显示。

2.2.4 AFLP

AFLP 是扩增片段长度多态性的英文（Amplified Fragment Length Polymorphism）缩写，为 1993 年荷兰人 Zabeau Marc 等发明创建的一种新的分子标记技术。AFLP 是介于 RFLP 和 RAPD 之间的一种标记方法，兼具 RFLP 的可靠性和 RAPD 的灵敏性、简便性。其特点是稳定性强，重复性好，且大部分 AFLP 片段与基因组的特定位点相对应，因此能用于构建高清晰度的遗传图谱

（Meksem 等 1995；翁跃进，1996；熊立仲，1998；杜生明，1998；易小平，1998），是一种十分理想和有效的遗传标记。

2.2.4.1　原理

　　生物个体间差异的实质是 DNA 片段上碱基序列不同，这种差异表现在限制性内切酶结合点，即酶切位点的不同上。这样用二种限制性内切酶对基因组总 DNA 做双酶切，切下来的分子量大小不等，这些大小不一的片段经用特定的接头（Adapter）连在两端，以两个接头为引物进行 PCR 预扩增，得到的预扩增液再以与接头和邻近酶切位点相匹配的引物进行第二次 PCR 扩增，结果所得的产物分子量的大小不同，经聚丙烯酰胺凝胶电泳检测便可反映出多态性。

2.2.4.2　方法

　　AFLP 整个过程包括模板准备、片段扩增和凝胶分析 3 个步骤，大致程序是：①提取样品的总 DNA，并进行浓度和质量检测；②用 MseI 和 SseI 对总 DNA 进行双酶切；③取酶切液在 T4－DNA 连接酶的作用下将接头连于酶切片段上；④预扩增以接头序列为引物进行 PCR 扩增；⑤取预扩产物与以接头序列设计的一系列引物为引物进行第二次扩增；⑥通过聚丙烯酰胺凝胶电泳（PAGE）观察酶切片段的多态性。

　　AFLP 的特点是：①多态性强；②共显性；③重复性好；④大部分 AFLP 片段与基因组的特定位点相对应，因此能用于构建高清晰度的遗传图谱；⑤对 DNA 质量要求高，需要量大（5～10μg）；⑥成本较高，标记片段较小。

2.2.5　SSR

　　SSR 是简单序列重复的英文（Simple Sequence Repeat）缩写，也称微卫星 DNA（Microsatellite DNA）、短串联重复（Short Tandem Repeats）或简单序列长度多态性（Simple Sequence Length Polymorphism SSLP）。是由 Moore 和 Sollotterer 于 1991 年

同时提出来的。SSR 重复单位很短，只有 1～5bp，总长度为几十个 bp。分布在整个基因组的不同区段（Litt 等，1986；Tautz 等 1989；Gupta 等 1994；贾继增，1996；Rogwen，1995；Senier，1993；Yang，1994）。

在真核生物基因组中，除了单拷贝的基因编码序列和调控序列外，还有很大比例的功能不详的重复序列。可以说高含量的重复序列是真核生物基因组的特征。植物基因组的重复序列一般占 50% 以上，许多研究表明，重复序列可有效地用作分子标记。

SSR 两端的序列一般是相对保守的单拷贝序列，据此通过设计特异引物进行 SSR – PCR 扩增来揭示微卫星 DNA 的多态性。由于重复的长度变化极大，所以是检查多态性的一种有效方法。

该标记包括 DNA 提取、用特异引物通过 PCR 技术扩增 DNA 片段、用聚丙烯酰胺凝胶电泳分离各种不同引物扩增出来的不同长度的 DNA 片段、再通过银染色进行观察和分析。

SSR 的特点是：①多态性强；②数量多，覆盖整个基因组；③多数为共显性标记，呈简单的孟德尔遗传；④可直接进行基因定位；⑤所需模板量少，且质量要求不高；⑥不需要放射性同位素；⑦重复性好；⑧需人工设计引物，成本较高。

2.2.6　ISSR

ISSR 是简单序列重复间多态性的英文（Inter Simple Sequence Repeats）缩写，由 Zietkiewicz 等（1994）提出，是由 SSR 衍生而来的微卫星标记。

ISSR 技术对基因组进行 PCR 扩增时，所用的引物是基于简单序列重复而设计的寡核苷酸引物，用来检测两个 SSR 之间的一段短 DNA 序列差异。利用真核生物基因组中广泛散布的简单序列重复（SSR）的特点，设计 SSR 序列单引物。一般在引物的 5′或 3′端上 2～4 个嘌呤或嘧啶碱基，对两个相邻较近、方向相反的重复序列间的 DNA 片段进行扩增。如果基因组在这些扩增区域内发生 DNA 片段插入、缺失或碱基突变以及其它结构变异，就可能导致这些区域与引物结合的数量和位置的改变，从而使 PCR 扩增片段数量及长度改变，因此基因组就可能给出丰富的 ISSR 多态信息。

ISSR 的特点是：①多态性强；②数量多，覆盖整个基因组；③大多为显性标记，以孟德尔方式遗传；④所需模板量少；⑤不需要放射性同位素；⑥重复性好；⑦不同物种间重复序列的含量会有变化，需进行筛选；⑧ISSR 标记尚不能在染色体上定位。

2.2.7　AP – PCR 和 DAF

AP – PCR 和 DAF 是与 RAPD 相类似的标记方法。

AP – PCR 是任意引物 PCR（Arbitrary Primed PCR）的简称，使用的引物长度与一般 PCR 反应中的引物相当，但在反应开始阶段退火温度较低，容许大量错配，引发具有随机性质的扩增（Welsh 和 Mcclelland 1990）。

DAF 是 DNA 扩增指纹（DNA Amplification Finger Printing）的简称，使用的引物比 RAPD 反应的更短，一般 5~8 个核苷酸，因而与模板 DNA 随机结合的位点更多，扩增得到的 DNA 条带也更多，需用聚丙烯酰胺凝胶电泳（PAGE）分离，银染检测（Caetano – Anolles 等，1991，1995；Prabhu 等，1994；Weaver 等，1995；石锐等，1998）。在多态性程度比较低、难以检测的作物如小麦上，DAF 技术是一种很有用的工具（Sen 等，1997）。

2.2.8　SNP

单核苷酸多态性（Single Nucleotide Polymorphism，SNP）是第三代分子标记技术（郝炳等，2009），是基于测序的一种分子标记。是指同一位点的不同等位基因之间个别核苷酸的差异，这种差异包括单个碱基缺失或插入，更常见的是单个核苷酸的替换，且经常发生在嘌呤碱基（A 与 G）和嘧啶碱基（C 与 T）之间。SNP 标记可帮助区分两个个体遗传物质的差异，被认为是应用前景较好的遗传标记。已有 2000 多个标记定位于人类染色体上，在拟南芥上已经发展出 236 个 SNP 标记。在这些 SNP 的标记中大约有 30 % 包含限制性位点的多态性。检测 SNP 的最佳方法是 DNA 芯片技术，最新报道的微芯片电泳（Microchip electrophoresis），可高速地检测临床样品的 SNP，它分别比毛细管电泳和板电泳的速度可提高 10 和 50 倍（Schmalzing 等，2000）。SNP 与 RFLP 及 SSR 标记的不同有 2 个方面：其一，SNP 不再以 DNA 片段的长度变化作为检测手段，而直接以序列变异作为标记；其二，SNP 标记分析完全摒弃经典的凝胶电泳，代之以最新的 DNA 芯片技术。

SNP 的特点是：①位点极其丰富，几乎遍及整个基因组；（2）自动化程度高；（3）成本高。

2.2.9　STS（序列标志位点）

STS 技术是一种将 RFLP 标记转化为 PCR 标记的方法。它通过 RFLP 标记或探针进行 DNA 序列分析，然后设计出特定的长度为 20 个碱基左右的引物，使其与基因组 DNA 序列中特定结合位点结合，从而可用来扩增基因组中特定区域，分析其多态性。它的扩增产物是一段长几百个 bp 的特异序列，此序列在基因组中往往只出现一次，因此能够界定基因组的特异位点 STS 标记的信息量大，多态性好，是共显性标记，能够鉴定不同的基因型（石运庆等，2008）。

自分子标记诞生短短 20 多年间，分子标记发展日新月异，随着科技水平的不断提高，新型的分子标记还在不断的涌现，除了上述分子标记之外，还有单引物扩增反应（Single Primer Amplification Reaction，SPAR）、染色体原位杂交（In Situ Hybridization），单链构型多态性（Single – Strand Comformation Polymorphism，简称 SSCP），变性梯度凝胶电泳技术（RAPD – Denaturing Gradient Gel Electrophoresis，简称 RAPD – DGGE），温度梯度凝胶电泳（Temperature Gradient Gel Electrophoresis，简称 TGGE），EST，IFLP（Intron Fragment Length Polymorphism），dCAPS（derived Cleaved Amplified Polymorphic Sequence）和 SSCP（Single Strand Conformation Polymorphism）（关强等，2008），除了上述分子标记之外，随着现代分子标记技术的迅速发展，随时都会有新的标记技术被发明、被应用，并且这些分子标记的应用越来越广泛，被广泛应用于动植物遗传育种、连锁图谱构建、基因定位与克隆和物种鉴定等方面。

2.2.10　RGA 标记

RGA 是抗性基因类似物的英文（Resistance Gene Analogs）缩写。是用基于抗病虫基因保守序列设计的引物扩增基因组得到的抗病虫基因类似序列，是一种新型的分子标记。RGA 作为分子标记的最大优点是它代表潜在的有用的基因。能很快用于种质资源评价（确定基因的起源和亲缘关系，鉴定种的基因型），确定抗病虫育种的亲本组合，抗病虫育种中标记辅助选择。它重复性好，不接触放射性，多态水平高，通过改变引物的组合，能进一步提高扫描基因组的能力。

2.2.11　几种主要分子标记技术的比较

DNA 分子是由于插入、易位、倒位、重排或是由于存在长短与排列不一的重复序列等机制而产生的多态性，检测这种多态性的技术即 DNA 分子标记技术现在已不下数十种，不同的方法有自己不同的特点。下面将常用的几种分子标记归纳如下（表2 –1）。

表 2 – 1　几种分子标记技术的比较

Table 2 – 1　Characterization comparison of different molecular markers

标记名称	RFLP	RAPD	SSR	AFLP	SCAR	SNPs
核心技术	电泳	电泳	电泳	电泳	PCR	DNA 测序
	分子杂交	PCR	PCR	PCR		
探针/引物来源	特定序列	9 – 10bp	特定引物	重复序列	特定引物	- - - - -
	DNA 探针	随机引物		设计引物		
检测基因组区域	单/低拷贝序列	整个基因组	重复序列	整个基因组	整个基因组	整个基因组
基因组丰富度	中等	很高	高	高	高	中
遗传特性	共显性	显性	共显性	显性/共显性	显性/共显性	共显性
DNA 质量要求	高	中	中	很高	低	高
多态性水平	中	较高	高	高	低	中
重演性	高	中	高	高	高	高
放射性同位素	通常用	不用	不用	不用	不用	不用

2.3　分子标记在植物遗传和育种研究中的应用

2.3.1　基因定位

基因定位一直是遗传学研究范畴之一，它对绘制生物的基因图谱，分离基因以及研究生物的进化关系都具有重要的意义（管敏强等，2005）。那些与优良性状或抗性位点连锁的分子标记，是进行分子标记辅助选择（Molecular Marker – Assisted Selection，简称 MMAS）和通过作图克隆基因（Map – Based Clone）的基础。通过分子标记，找出多态性标记，测算标记与目标基因的连锁距离，从而确定与目标基因紧密连锁的标记，可以用此标记设计特异性引物或进行分子杂交从而达到定位此基因的目的（刘玉勇，2003）。

确定某一基因在染色体上的位置（包括与相邻基因位点的顺序和遗传距离）就叫基因定位。应用分子标记方法进行基因定位的原理是：将选定好的材料提取总 DNA，然后进行标记，找出多态性标记，测算标记与目标基因的连锁距离，从而确定与目标基因紧密连锁的标记，可以此标记设计特异性引物或进行分子杂交从而达到定位此基因的目的。

2.3.1.1　质量性状基因定位

目前标记质量性状基因的方法主要有两种：近等基因系（Near Isogenic Lines，简称 NILs）分离法和分离群体分组分析法（Bulked Segregation Analysis，简称 BSA）（Michelmore 等，1991；郑康乐，1997；单卫星，1995）。

NILs 法是由提供目标基因的供体亲本作轮回亲本进行回交，然后对目标基因选择而获得的。这些近等基因系只有目标基因不同，其余性状均和轮回亲本相同，这样可利用分子标记对两个基因组进行 DNA 多态性检测，找出差异谱带，计算连锁距离，再以差异产物为探针或以差异产物为标准设计特异引物作进一步分析，从而达到定位基因的目的。

BSA 法是将分离群体 F_2 中的个体依据目标性状分成两组，如目标性状为抗病基因，则可分为为抗病、感病两组，分别提取每组 DNA，形成两个"DNA 混合池"，即"抗池"及"感池"，再分别提取抗病亲本和感病亲本的 DNA，得到"抗亲 DNA"和"感亲 DNA"。以这 4 组为试材进行分子标记分析，从中找出多态性，对多态性进行连锁分析，对紧密连锁的差异谱带进行克隆测序，以此为基础设计特异性引物或以此差异谱带为探针，通过连锁分析的方法，找到并定位与该分子标记连锁的基因，进行进一步分析，从而使目的基因得到定位。

由于 NILs 法须花费很长时间进行杂交、回交和选择来获得近等基因系，故用的不多，而 BSA 法较为常用。

2.3.1.2 数量性状基因定位

作物中的多数农艺性状都属于数量性状，如生育期、品质、产量、抗逆性等。数量性状受微效多基因的控制，在性状表现上呈连续性，而且受环境影响较大，遗传研究相对困难，分子标记使数量性状的遗传研究成为可能。作物的许多重要农艺性状均为数量性状，控制数量性状的基因在基因组中的位置称为数量性状位点，在染色体上呈不均匀分布。由许多微效基因控制，这些基因在染色体上的位置称为数量性状基因座（Quantitative Trait Locus，QTL）。传统的数量遗传学只是把这些微效多基因作为一个整体，用简单的统计学方法，分析其总的遗传效应，而无法把微效多基因分解成为一个个 Mendel 因子。20 世纪 80 年代，DNA 分子标记技术的发现与应用，使对单个 QTL 的研究成为可能（席章营等，2005）。

QTLs 定位就是检测分子标记与 QTLs 之间的连锁关系，同时估计 QTLs 的效应。QTLs 定位常用 F_2、BC、RI 等群体。由于用这些群体进行定位的精度不高，所以称为初级定位群体。QTLs 定位仍采取对个体进行分组的方法，但这种分组是不完全的。数量性状在分离群体中是连续分布的，可淘汰中间类型，将高值和低值两种极端类型个体分成两组；也可以采用 BSA 法，将高值和低值两种极端类型个体的 DNA 分别混合，形成"DNA 池"，检测两个池之间的多态性。如果某个标记与某个 QTLs 连锁，在杂交后代中，该标记与 QTLs 之间就会发生一定程度的共分离，因此该标记的不同基因型之间，在数量性状的分布、均值和方差上都存在差异，由此推断该标记是否与 QTLs 存在连锁关系。

利用分子标记定位 QTL，实质上就是分析分子标记与目标性状之间的连锁关系。即利用已知的分子标记来定位未知座位的 QTL，通过计算分子标记与 QTL 之间的交换率，来确定 QTL 的具体位置。

常用到的分子标记有：RFLP，RAPD，AFLP，SSR，SNP 等，其中 SSR 标记实验操作简单、方便、标记多态性高且适应大批量应用。

1. QTL 定位原理

QTL 定位的原理是，在全基因组中以一定密度均匀分布着许多分子标记，这些标记大多在基因组的非编码区，不能直接影响性状的表现，但当标记与特定性状连锁时，不同标记基因型个体的表型存在显著差异。QTL 定位的方法主要是以分子标记的基因型为依据，对分离群体中的个体进行分组，通过比较不同分子标记基因型的目标性状的表现型及差异，来推断影响该性状的基因（QTL）与分子标记座位的连锁关系及在染色体上的位置、遗传距离、效应及各个 QTL 间的相互作用。一般来说，QTL 定位的基本步骤包括：1、构建遗传连锁图；2、选择具有相对性状的两个纯系亲本进行杂交，获得适宜的作图群体；3、检测分离世代群体中每一个体的标记基因型和数量性状值；4、分析标记基因型和数量性状表型值之间的相互关联，确定决定表型性状的 QTL 在染色体上的相对位置，估计 QTL 的有关遗传参数（阮成江，2003）。

Welle，Luo 和 Kearsey 最早用单标记 QTL 作图，Lander 和 Bostin 提出了区间作图法，并获取这两个标记间某个染色体片断上有关 QTL 的最大连锁信息，Whitehead 据此发明了 Map Marker/QTL 软件，借助较为致密的分子连锁图谱迅速估算 QTL 的位置。

2. QTL 定位的前提条件

（1）在双亲之间差异较大，即性状表现差异大。

（2）目标性状在后代群体中的分离明显，符合正态分布。

（3）双亲的亲缘关系较远，有足够多的多态性分子标记。

（4）高密度的连锁图标记间平均距离小于 15～20 cM。

3. QTL 定位方法

利用分子标记进行 QTL 定位及其效应估计，有赖于 QTL 作图的数学模型及统计分析方法。自 20 世纪 80 年代以来，已相继提出了 20 余种 QTL 作图的统计分析方法。其中常用的有单一标记分析、单区间作图法、复合区间作图法、多区间作图法。

1）单一标记分析

单一标记分析（Single marker analysis），又叫零区间作图法，是利用单一分子标记，通过方差分析、回归分析或似然比检验，比较不同标记基因型数量性状平均值的差异显著性。如存在显著差异，则说明标记与控制该数量性状的 QTL 连锁。这种方法简便、直观、又不需要完整的分子标记连锁图谱，在早期 QTL 作图研究中多采用此法，是早期 QTL 定位研究采用最多的方法。

该法的分析结果与后来发展起来的区间作图法（interval mapping）、复合区间作图法（composite interval mapping）和多区间作图法（multiple interval mapping）的分析结果有较好的一致性。该法存在的主要问题在于不能明确标记是与 1 个 QTL 还是与几个 QTL 连锁；无法确切估计 QTL 的可能位置；由于遗传效应与重组率混合在一起，低估了 QTL 的遗传效应；容易出现假阳性；检测效率较低。

2）单区间作图法（Interval mapping，IM）

单区间作图法（Interval Mapping，IM）是指利用 QTL 两端的各一个分子标记，建立目标性状个体观察值对双侧标记基因型指示变量的对应关系，通过适当的统计分析方法，计算重组率、QTL 效应等参数。单标记作图法的效率随着标记与 QTLs 之间距离的增加而下降。为了提高效率，每一染色体必须定位更多的遗传标记。

单区间作图法是 Lander 和 Botstein 于 1989 年提出的。该法借助完整的分子标记连锁图谱,用正态混合分布的最大似然函数和简单回归模型,借助于完整的分子标记连锁图谱,可以计算全基因组任一对相邻标记之间 QTL 是否存在的似然函数比值的对数(LOD 值)。当 LOD 值超过某一给定的临界值(LOD = 2 or 3)时,即认定 QTL 存在。根据整个染色体上各座位处的 LOD 值,可以标出某一数量性状的所有可能 QTL 座位。

IM 法可用的数学模型及统计分析方法有回归法、最大似然法、最小二乘法等。与传统的零区间作图法相比较,IM 法有明显的优点:能推断 QTL 的可能位置;QTL 的定位及效应估计更准确;所需的个体数减少。

3)复合区间作图法(Composite interval mapping, CIM)

复合区间作图法(Composite Interval Mapping, CIM)是一种基于全基因组的所有标记进行 QTL 定位及效应分析的作图方法。然而,由于开始并不知道 QTL 的位置,因此同时对两个或更多的 QTL 进行搜寻,给计算带来了极大的问题。Zeng 等(1994)为解决区间作图法存在的问题,提出将多元线性回归与区间作图相结合。CIM 法以区间作图法为基础,仍采用 QTL 似然图来显示 QTL 的可能位置及显著程度,利用多元回归分析的区间检验法,对基因组各个区间同时检验,即它以区间检验为基础,通过利用了多元回归分析的性质,还需考虑来自其它 QTL 的方差,把特定标记区间外的其他标记拟合到模型中,以控制背景遗传效应,以提高 QTL 作图的精度,消除了 QTL 之间连锁和互作的干扰,较大程序上控制了背景遗传效应,提高了作图的精度和效率。但是 CIM 法也存在一些问题和不足,其中之一是它不能分析上位性及 QTL 与环境互作等复杂的遗传学问题(周明全等,2001)。

4)多区间作图法(Multiple interval mapping, MIM)

多区间作图法是近年来针对 QTL 作图的需要及传统作图方

法的局限性而发展起来的一种新的统计作图方法。它从 Cocker-ham 模型出发定义遗传参数，推导出似然估计的一般公式，利用逐步选择准则与 LRT 统计量相结合的方法检测 QTL 的主效应及上位性效应的存在。

2.3.1.3 抗病虫基因定位研究进展

据统计，通过分子标记已定位于染色体上的抗病基因至少有 33 个（Nace，1994；Causse，1994；Kinoshita，1995；Zhang，1996；Lin，1996），水稻的抗白叶枯病基因，抗稻瘟病基因，抗瘿蚊等抗虫抗病的研究都取得了重大进展。对玉米大斑病抗性基因（Rogwen，1995），番茄 Pto 抗病基因（Martin，1991）、大豆胞囊线虫病（陈万权，1999）、拟南芥、烟草、亚麻、甜菜和莴苣（王石平等，1998）等植物的抗病基因的研究也取得了很大的突破。林木抗病性的研究近年来进展也十分迅速，美国的 Newcome，比利时 Villar（1996）和 Cervera（1996）分别利用不同的方法对美洲黑杨的抗锈病基因进行研究，共发现了 8 个与抗锈病基因紧密连锁的分子标记，包括 1 个 RFLP 标记，1 个 PCR 标记，3 个 RAPD 标记及 3 个 AFLP 标记。德国 Max – Planck 研究所发现了马铃薯 V 染色体上 7 个与抗晚疫病的基因 R1 连锁的 AFLP 标记，其中距 R1 最近的 1 个标记与 R1 的遗传距离只有 0.8 cM（王斌，1996）。

在高粱方面1993 年，Gowda 等利用 RFLP 和 RAPD 标记示踪高粱丝黑穗病的抗性基因，从 SC325 和 RTx7080 品种中一共筛选出了 122 个高粱基因克隆，绘图标记的连锁分析表明，132 个 RFLP 标记中有一个和 168 个 RAPD 标记中有一个能与 SC325 在 11.2cM（OPG5－2）和 13.5cM（tam1294）处的抗性的基因连锁；李玥莹等（2003）利用 RAPD 技术筛选得到与抗蚜基因连锁的三个 RAPD 标记，遗传距离分别是 3.2 cM，6.5cM，11.7 cM；2005 年邹建秋、李玥莹寻找到了 2 个与抗高粱丝黑穗病 3 号生理小种基因紧密连锁的 SSR 标记，距离抗病基因的遗传图

距分别是 9. 6cM 和 10. 4cM；Wu 等（2008）利用 Westland A line
（抗亲）和 PI550610（感亲）杂交获得的 277 个 F_2 单株及其 F_2：
3 家系，获得了与抗蚜基因紧密连锁的 SSR 标记 Xtxp358，
Xtxp289，Xtxp67 和 Xtxp230 这些标记的获得，在作物的抗病虫
基因定位研究中，为抗病虫基因的定位、克隆奠定了基础。

目前 RFLP、RAPD、SSR、AFLP 等主要的分子标记已广泛
用于作物的抗病基因定位研究中，为抗病基因的定位、克隆提供
了快速有效的途径。

2.3.2　构建遗传图谱

长久以来，各种生物的遗传图谱都是根据形态、生化和传统
的细胞遗传方法来构建的。由于形态、生化标记数目少，特殊遗
传材料培育困难及细胞学工作量大，所构建的遗传图谱仅限少数
种类的生物且应用价值有限。随着分子生物学的发展，推动了遗
传学领域的发展，利用 DNA 分子水平上的变异作为遗传标记进
行遗传作图是遗传领域最令人激动的巨大变革。

把分子标记定位在物种的染色体上或连锁群上的过程就是分
子图谱的构建过程，在分子遗传学上称为分子作图（Molecular
Mapping）。

利用分子标记方法找出作图群体的标记位点，检测位点间的
连锁，在连锁群中，标记之间的顺序和遗传距离都可以估算出
来，从而绘制出遗传连锁图。连锁图谱构建的理论基础是染色体
的交换与重组。

2.3.2.1　图谱构建方法

图谱构建的方法主要包括：①选择亲本系；②建立一个适合
作图的群体；③对群体中不同植株或品系的标记基因型进行分
析；④标记间连锁群的确立。其中，建立一个适合作图的群体是
作图成功和高效的关键，标记作图的具体操作方法是：将选择好
的作图群体的每个个体进行多态性分析，以每条带为一行，每个

个体为一列，形成矩阵，一个条带的消失/出现可记为 0/1 或 −/＋等。然后应用计算机软件分析单个位点的分离；检测位点间的连锁；估算位点间的重组频率和图距；将位点组装成连锁群；估算连锁群各位点的线性顺序，即可构建出此群体的连锁图。

2.3.2.2　图谱构建成果

1980 年 Bostein 首先提出用 RFLP 作为标记构建遗传图谱的设想，1987 年由 Danis – keller 等建立了第一张人的 RFLP 图谱，自 1988 年 Paterson 在番茄上首次应用以来，许多生物的 RFLP 图谱相继问世。随着 DNA 标记技术的发展，生物遗传图谱名单上的新成员不断增加。现在业已建图的植物多达几十种，其中包括了所有重要的农作物（Tanksley，1995）。应用 RFLP 在玉米上建立遗传图谱标记已达 2500 个（Coe，1996）；水稻的基因组在禾谷类作物中属最小者，美国康耐尔大学的图谱含 726 个标记（Causse 1994），日本构建的 12 条高密度遗传图谱，有 1383 个标记（Kurata 1994；Williams 1996）；McCouch 等（2002）在水稻中构建了由 2240 个 SSR 组成的遗传图谱，并基本完成与 RFLP 图谱的整合工作；张启军等（2006）并利用由 90 个单株组成的日本晴/9311 F_2 作图群体，构建了一张包含 152 个 SSR 标记位点、覆盖基因组总长度 2455.7cM 的连锁图谱；近几年来，小麦族连锁图的绘制得到了迅速发展，美国康耐尔大学 James、C – Nelson 等人，于 1995 年绘制出的一套连锁图，该图中的遗传位点多达 1000 个左右。

此外刘新龙等（2010）利用 SSR 引物和 AFLP 引物构建甘蔗分子遗传连锁图谱，包含有 39 个连锁群，总遗传距离为 1458.3 cM；而在番茄、甜菜、马铃薯等的 RFLP 图谱均已构成，而过去被公认难以开展遗传作图的木本植物，如今也涌现了许多密度可观的连锁图。

在高粱方面已经构建了最完整也是最具有影响力的有两张高密度近于饱和的遗传图，自 Hulbert 1990 年发表第一张高粱分子遗传图谱以来，高粱的分子作图发展很快，美国 Texas A & M U-niversity 的 Klein 领导的课题组（2000、2001、2002）应用重组自交系群体构建的高粱综合遗传图谱，总长度为 1713cM，其中包含 203 个 RFLP 标记，2454 个 AFLP 标记，136 个 SSR 标记；2000 年 Menz et al. 发表了一张含有 2926 个标记的位点，以 AFLP 为主要标记的遗传图谱，该连锁图长度为 1713cM，用 BTx623 × IS3620C 的 RIL 群体构建，含有 2425 个 AFLP 标记，136 个 SSR 标记和 336 个 RFLP 标记，平均标记间距离为 0.5cM；2003 年 Bowers et al. 发表了一张含有 2512 个标记的遗传连锁图，连锁图长度为 1059cM，平均标记间距离为 0.4cM，约 300kb，最大间隙为 7.8cM；赵姝华等（2004）利用重组自交系为试材，采用 SSR 为分子标记，构建了包含 10 个连锁群、104 个 SSR 分子标记的组成的高粱连锁图谱。

2.3.3　研究植物遗传多样性

分子标记所检测的是作物基因组 DNA 水平的差异，它稳定、客观。借助分子图谱对品种进行比较，以确定品种间的遗传距离和亲缘关系的远近，为亲本选配和种质资源的鉴定提供依据。

应用分子标记技术可对选定的作物品种进行 DNA 多态性分析。由于品种间存在着遗传差异，因此在谱带上也表现出差异，这样就可以以条带为行，以品种为列，形成矩阵，应用统计程序构建关系图。根据图形来描述相关品种基因组内或基因组间的相互关系和亲缘关系远近，从而达到种质资源鉴定的目的，进而为育种服务。

2.3.3.1　遗传多样性检测方法

（1）选定进行种质资源研究的试材。

（2）对选定的试材分别提取 DNA，建 DNA 库。

（3）标记筛选。

（4）对形成的多态性进行分析，以条带为行，以品种为列，在相同迁移位置上条带的有/无记为 1/0 或 + / - ，形成原始矩阵数据。

（5）计算机统计分析绘制亲缘关系树状图。

2.3.3.2　成功范例

钱惠荣等（1998）应用 160 个 RFLP 标记对我国水稻部分广亲和品种进行检测，构建了亲缘关系树状图；Demeke（1993）应用 RAPD 标记分析了马铃薯无性系变异；郭小平（1998）应用 SSR 技术对 4 个玉米自交系进行鉴定；林凤（1998）应用 RAPD 标记划分玉米自交系杂种优势群，有效展示了玉米自交系间的遗传差异；应用 RAPD 技术在芸苔属（Demeke，1992）、花生属（Halward，1992）、葱属（Wilkie，1993）、芥菜（乔爱民，1998）和菊花（戴思兰，1998）等种间关系的研究已初见成效。

2.3.4　鉴定品种纯度

杂交种子的纯度受多种因素的影响，常规的种子质量检测方法如种子形态观察、苯酚染色、植株形态观察等很难做到快速而准确的检测。同功酶技术所能检测的多态性位点较少，由于串粉导致的种子不纯很难检测出来。利用分子标记技术揭示未知基因组指纹图谱可很好地反应其遗传差异。DNA 分子标记技术的迅速发展为品种遗传多样性评价提供了崭新的手段。除了广泛应用的 RFLP 标记之外，一系列以 PCR 为基础的分子标记技术如 RAPD、SSR 等也被应用于该领域（Lee，1995；Karp，1996）。但是，在应用过程中，RFLP 存在诸如需要 DNA 样品量大、操作复杂等缺点；RAPD 技术操作简单，价格低廉，但重复性和可靠性不高。由于 AFLP 技术集 RFLP 和 RAPD 的优点于一身，是当前比较适用于品种纯度鉴定的分子标记（Vos，1995）。

2.3.5　用于基因克隆

克隆基因是遗传标记和基因组作图最重要的应用之一。基因克隆后能够加深对其功能的了解，也可对其进行修饰创造新的表型，还可以实现在不同品种或物种间的转移。随着高密度、高饱和遗传图谱的建立，基于图谱克隆产物未知基因的图位克隆（Map – based cloning）成为可能，尤其是基因组较小的植物如拟南芥、番茄等。图位克隆基因技术的关键是所找到的分子标记与目标基因的距离和所构建的基因组文库插入片段的大小。分子标记与目标基因间的距离要尽可能地小，构建的基因组文库插入片段要尽可能地大，才能减少染色体步移的次数和重叠群的间隙，但也增加了后续亚克隆过程的难度。

利用克隆的插入因子作为分子探针来鉴别影响数量性状的基因位点，通过对基因组文库的筛选，从而获得目标基因。

2.3.6　分子标记辅助选择

长期以来，作物育种的选择都是依靠表现型进行的，而分子标记辅助选择 MMAS（Molecularr Marker – Assisted Selection），将给传统的育种研究带来革命性的变革。分子标记辅助选择在作物抗性育种方面显示出前所未有的优越性，特别是在抗病基因、抗虫基因及抗逆性基因聚合育种方面尤为突出。

2.3.6.1　分子标记辅助选择的概况

常规育种技术在选育农作物品种方面虽然取得了显著成就，但由于对复杂形状（如品质、耐旱性等）分析较难、选择效率较低、育种周期较长，已不能满足对优良品种的需求。因此遗传育种家们很早就提出利用标记和遗传图谱进行辅助选择以加速植物改良进程的理论。利用易于鉴定的遗传标记来辅助选择是提高选择效率和降低盲目性的一种常用手段。近一、二十年来迅速发展起来的基于 DNA 分子标记技术的新方法给育种提供了崭新的途径，这就是"分子标记辅助选择"（Marker – assisted selection，MAS）。分子标记辅助育种技术通过对基因的直接、准确、高效的操作与选择，可解决育种中对复杂性状或多个基因操作的重大难题，大幅度提高育种效率，进一步提升育种技术水平。

抗病育种中通常用人工接种的方法进行筛选，发病条件常受多种因素的影响，感病植株易逃脱病菌的感染，影响选择的准确性。如果已经找到与目标基因连锁的标记基因，那么在杂交后代群体里只要通过分子标记找到标记基因的个体，则该个体就是一个符合育种目标的个体。把它选出来进行繁衍成系，就可培育出一个新的抗病材料。利用与抗病基因紧密连锁的分子标记进行辅助选择可克服人工接种鉴定的局限性，打破季节限制，在早代进行选择，从而提高了工作效率和准确性，节省了时间和资金。

进行 MAS 的前提是：①建立尽量饱和的分子标记图谱；②建立目标基因与分子标记的连锁关系。这里的目标基因包括控制简单遗传的性状基因和控制数量性状的基因（QTL）。③检测的方法要简单、快速、成本低、比较准确

2.3.6.2　分子标记辅助选择的方法

（1）提取要进行选择试材的总 DNA，建立 DNA 库。

（2）进行分子标记。

（3）测定连锁距离。

（4）选定具有与目标基因紧密连锁分子标记的个体。

2.3.6.3　分子标记辅助选择的应用

Schachermayr（1994）用与 Lrq 基因连锁的 RAPD 标记鉴定了推测含抗锈病基因 Lrq 的 20 个小麦品系，其中 19 个品系含 Lrq 基因；刘金元等（1997）利用国外筛选的与小麦抗白粉病基因 Pm2、Pm4a 和 Pm21 紧密连锁的 RFLP 标记分析国内育成的抗白粉病小麦材料，发现即使在不同的背景下，这些 RFLP 标记仍可对 Pm2、Pm4a 和 Pm21 进行鉴定，证实了分子标记辅助选择的可靠性；对高粱丝黑穗病抗性基因的分子标记，国内尚无人做过。美国得克萨斯农业与机械大学 Oh B. J. 等（1993）对美国高粱丝黑穗病抗性基因进行了分子标记。他们用 4 个抗病品系（White Kafir、Lahoma Sudan、SC325 和 CS3541）和 4 个感病品

系（RTx7078、SC170 - 6 - 17、BTx399 和 BTx623）进行筛选，发现在 SC325 中有一个 RAPD（OPG5 - 2）与一个 RFLP（tam1294）分别在 12.5cM 和 11.2cM 处与丝黑穗病抗性基因连锁。

　　随着分子标记技术的日臻完善，分子标记在遗传研究及作物育种中将发挥越来越重要的作用。

第二篇　高粱丝黑穗病抗性分子机理研究

第3章 丝黑穗病及其对高粱生产的影响

高粱的高产育种已取得相当成就，一般推广良种的生产能力均可达到每公顷 6000kg 以上，然而世界高粱的平均产量却不到每公顷 1500kg，现有基因型与所处逆境之间的矛盾，不仅造成产量不稳，而且也严重限制了单位面积产量的再提高，如美国高粱单产年增长率 1950～1960 年间为 10.6%，1961～1971 年间为 4.1%，而 1971～1980 年间只有 2.2%。因此，自 70 年代以来，高粱品种的抗逆性情况倍受关注，表明高粱育种已进入抗性育种时代。

3.1 高粱丝黑穗病的分布

丝黑穗病（*Sphacelotheca reiliana*（Kühn）Clinton）是遍布世界的重要高粱病害。高粱丝黑穗病于 1868 年在埃及发现后，1876 年在印度、1895 年在美国、1910 年在澳大利亚及 1926 年在南非相继发生，此后这一病害几乎广泛分布于世界各高粱产区（马宜生，1982a）。丝黑穗病在中国各高粱产区均有发生，以东北和华北地区危害最为严重，是影响我国高粱生产发展的主要病害之一。在我国，高粱丝黑穗发病历史虽然较久，但直到1933 年才有正式的记载，当时东北各地平均发病率为 27.3%，1953 年东北南部严重发病区发病率高达 60% 以上，1977 年海城县平均发病率 12.2%，减产约 1.95 万 t（马宜生，1982b）；1994 年阜新市高粱丝黑穗病大爆发，发病之重历史罕见：发病面积 5.8 万 hm^2，发病率 15%～20%，高者达 80% 以上，减产损失严重，损失粮食 5.4 万 t（吕成军等，1995）。

3.2　高粱丝黑穗病的发病症状

感染丝黑穗病的高粱一般植株比较矮小，高粱穗（幼穗）比较细。病穗在未抽出旗叶以前即膨大，幼嫩时为白色棒状，早期在旗叶内仅露出病穗的上半部。病菌孢子堆生在花序中，侵染整个花序。最初，里面是白色丝状物，外面包一层薄膜。成熟以后变成一个大灰包，外面薄膜破裂，里面病菌孢子变成黑色粉末。随后黑粉脱落，留下像头发一样的一束一束的黑丝。有时也形成部分瘤状灰包，夹杂在橘红色不孕小穗中。个别的主穗不孕，分枝生成病穗，或者主穗健壮无病，分枝与侧生小穗为病穗。

3.3　高粱丝黑穗病病原菌及其生理分化

3.3.1　高粱丝黑穗病病原菌

丝黑穗病菌属担子菌纲黑粉菌目黑粉菌科。孢子堆一般只侵染花序，极少数发生在叶片上。厚垣孢子发芽时产生一枚 4 细胞的先菌丝，每个细胞形成 1 个小孢子，小孢子芽殖成许多次生小孢子。不同性系的小孢子或次生小孢子成对融合后，再萌发产生双核侵染丝，侵入幼苗蔓延到生长点，在花序内发病。

3.3.2　高粱丝黑穗病菌的生理分化

国内外大量研究表明，高粱丝黑穗病菌有明显的生理分化现象，存在不同的生理小种。据 Frederiksen（1978）和 Frowd（1980）报道，美国存在 1～4 号 4 个高粱丝黑穗病菌生理小种，其鉴别寄主分别为 Tx7078、SA281、Tx414 和 TAM2581。Herrera 等（1986）报道，墨西哥有 3 个丝黑穗病菌生理小种。吴新兰等（1982）的研究表明，在我国，侵染高粱的丝黑穗病菌在吉林、辽宁、山西等省存在两种不同的生理小种：对中国高粱和甜玉米致病力强，对甜高粱苏马克致病力弱，对白卡佛尔和 Tx3197A 几乎不侵染的为 1 号小种；对 Tx3197A、白卡佛尔、甜高粱苏马克致病力强，对中国高粱和甜玉米致病力弱的为 2 号小种。徐秀德等（1991）研究发现，在应用高粱 Tx622A、Tx622B 及其杂交种的地区已出现了新的高粱丝黑穗病菌生理小种，称为 3 号小种。3 号小种的致病力与 1、2 号小种明显不同，3 号小种能够侵染 1、2 号小种不能侵染的 Tx622A 和 Tx622B，并具有很强的致病力，其鉴别寄主为 Tx622A 和 Tx622B。

徐秀德等（1994）对中国高粱丝黑穗病菌生理小种与美国丝黑穗病菌生理小种进行比较发现，它们的致病力完全不同。中国和美国的生理小种属于不同的种群。

3.4　高粱丝黑穗病发病因素与防治措施

3.4.1　高粱丝黑穗病的发病因素

3.4.1.1　品种抗病性存在差异

不同高粱品种抵抗丝黑穗病菌感染的能力有较大变异，大多中国高粱品种不抗丝黑穗病。因此，上世纪五六十年代，高粱丝黑穗病一直是高粱生产上的主要病害。进入七十年代，由于高粱产区普遍推广了以 Tx3197A 为抗源的杂交种，基本上控制住了高粱丝黑穗病的发生。

3.4.1.2　病菌发生变异，新小种使抗病品种丧失抗病性

新出现的生理小种，其致病力更强。如：由于丝黑穗病 2 号生理小种的产生，使得以 Tx3197A 为抗源的杂交种丧失了抗病

性；由于出现了丝黑穗病 3 号生理小种，以 Tx622A 为抗源的杂交种也丧失了抗病性。长期大面积种植含有单一亲缘的品种或杂交种，给更强致病力小种的产生创造了有利条件，成为病菌产生变异的一个主要原因。

3.4.1.3　长期连作使土壤中丝黑穗病菌积累量增加

丝黑穗病俗称"乌米"，为土传病害，病菌可在土壤中存活 3 年以上。前东北农业科学研究所等（1953~1955）在吉林省梨树、白城和辽宁省锦西、义县的调查表明，连作一年的地块丝黑穗病发病率为 16.7%，连作两年、三年、四年的地块则为 24.5%、27.6%、38.9%。与此相反，轮作两年、三年、四年的地块发病率分别为 3.2%、3.0%、2.2%。可见，连作地块发病重，轮作地块发病轻；连作年限越久发病越重，轮作年限越长发病越轻。其原因在于连作使土壤中丝黑穗病菌积累量增加，侵染机会增多。

3.4.1.4　出苗时间过长，增加了病菌侵染的机会

高粱丝黑穗病菌通过胚芽鞘侵染幼苗，高粱出苗后一般不再受侵染。因此，一切能延缓出苗的因素（如：土壤墒情不好、土壤粘重、种子芽势弱、播种过深、地温过低等）都可能加重丝黑穗病的发生。

3.4.2　高粱丝黑穗病的防治措施

3.4.2.1　选用抗病品种

这是简便易行、效果显著且无污染的防治措施，因此，不断育成遗传背景丰富的抗丝黑穗病高粱品种，是育种工作者义不容辞的责任。

3.4.2.2　轮作倒茬

轮作倒茬可以使土壤中的丝黑穗病菌致病力不断下降，从而有效控制丝黑穗病的发生，而且轮作还有利于高粱的生长。但是，轮作必须 3 年以上才有效。

3.4.2.3　种子处理

用多菌灵、粉锈宁等杀菌剂拌种，可大大降低丝黑穗病的发病率。

3.4.2.4　适时播种

根据土壤的墒情和温度适期播种可大大降低丝黑穗病发病率。一般应在 5cm 耕层地温稳定通过 15℃以上方可播种。同时，应施用不含菌的农肥，提高播种质量，浅覆土，以利早出苗、出全苗。

3.4.2.5　及时拔出病株

拔出病株要在病穗外膜尚未破裂之前，越早越好，随时发现随时拔除，拔除的病株立即深埋，以防扩散。如能坚持大面积拔除病株 2～3 年，即可基本上控制丝黑穗病的发生。

3.5　高粱抗丝黑穗病鉴定技术

准确地评价高粱资源和品种的抗丝黑穗病能力是选育抗病品种并在生产上推广应用的重要保证。归纳起来，丝黑穗病的鉴定方法有以下几种：

3.5.1　土壤接种法

播种前 4～5d，将从上一年病穗收集来的厚垣孢子粉同过筛的细土混合成 0.6% 的菌土（重量比），用塑料布将菌土盖好，防止菌土风干。比正常播种时间提前一周。播种时，每穴用 100g 菌土覆盖种子，再覆土 4～5cm 并镇压，待植株抽穗后调查植株发病情况。

3.5.2　病圃鉴定法

King（1972）采用将病菌冬孢子在秋季采下，锄入土壤中，建立多年病菌累积的病圃的方法，每年将要鉴定的材料提前一周种于病圃中，调查其抗病性。

3.5.3　菌粉拌种法

将被鉴定材料与丝黑穗病菌厚垣孢子粉饱和拌种，直至种子变黑为止。播种时间比正常播种早一周左右；播种时，种子不再用菌土覆盖，与田间普通播种相同。

3.5.4　苗期注射接种法

取 0.5g 冬孢子与 15ml 无菌水于离心管中混合，离心后去上清液，留沉淀，沉淀中再加入无菌水制成孢子悬浮液。取悬浮液 1ml 放入 100ml 液体培养基（3% 蔗糖，2% 琼脂 W/V）中，25~26℃振荡培养 5~7d 制成接种液。

被鉴定材料出苗 40~45d、8~10 片叶、株高达 25~30cm 时，向生长点上部 1cm 处注入接种液，待抽穗后调查植株发病率。

3.5.5　苗期鉴定法

Craig 等（1992）报道了一种新的丝黑穗病鉴定方法。在高粱幼苗一叶期用孢子液进行接种，然后将幼苗放在 24±0.5℃、80%~85% 相对湿度的培养箱中培养 4d，剪掉中胚轴以下部位，将上部放入水中，淹没第一片叶。在 24±0.5℃ 下暗培养 5d 后观察症状。上胚轴处出现红色或黑色坏死斑、枯死状、第一片叶失绿等症状为不抗丝黑穗病。

上述五种方法中，在我国应用较多的是土壤接种法。这种方法不仅准确性较高，而且易于掌握，适合进行大量试材的鉴定。但这种方法受土壤温度和湿度的影响较大，不同年份结果有一定差异。

3.6　高粱抗丝黑穗病遗传机制

高粱抗丝黑穗病性状的遗传研究因病菌生理小种的不断分化、变异及互作而变得复杂。但到目前为止，尚无统一的定论。

Quinby 和 Schertz 均认为大多数高粱品种中，抗病性对感病性是显性，要获得抗病品种，只要一个抗病亲本就行了。但也有例外，卡佛尔 407 和卡普罗克两者都抗病，但它们的杂种却感病。马宜生（1982b）发现，绝大多数情况下，亲本之一抗病，其杂交种也抗病，抗病对感病为显性；试验中也发现了特殊情况，即：抗病不育 117A × 麦/卡与感病恢复系三尺三/白平的 F_1 代表现为感病，抗病性遗传为隐性。

Rosenow 和 Frederiksen（1982）认为，高粱抗丝黑穗病遗传大多为显性，少数为中间类型或隐性。高粱抗丝黑穗病性状由一对或几对主效基因控制，也可能有许多修饰基因在起作用。

曹如槐等（1988）研究发现，高粱对丝黑穗病的抗性遗传方式因品种而异，大体可分为质量性状和数量性状两种遗传方式。如果抗性属数量性状遗传，不同亲本及组合间的抗病性存在着极显著差异，其抗性遗传以加性效应为主，抗性可以固定和稳定遗传。具有质量性状遗传特点的抗病性称为小种专化性抗性（垂直抗性），受主效基因控制；具有数量性状遗传特点的抗病性成为非小种专化性抗性（水平抗性），受微效多基因控制。马忠良（1982）研究表明，高粱品种资源中有显性的抗病类型材料，也有不完全显性的抗病类型材料。由于显性的抗病材料在正反交中没有明显差异，故选用显性的抗病不育系与恢复系，对杂种一代的抗性具有同等作用；不育系和保持系在抗丝黑穗病方面不会有明显差异。

杨晓光等（1992a，1992b）研究了高粱对丝黑穗病菌 2、3 号生理小种的抗性遗传。结果表明，高粱对 2 号生理小种的抗性遗传受两对非等位的主效基因控制，免疫材料存在着基因功能上的差异。杂种一代的抗病性受亲本的抗病性制约，但是，双亲之一抗病，杂种一代未必都表现抗病；只有由纯合显性基因控制的抗源，其杂种一代的抗病性才是可靠的。高粱对 3 号生理小种的抗性遗传可能是由 2 ~ 3 对非等位基因共同控制的，而且它们之间具有某种互作效应，还可能有一些修饰基因在起修饰作用。

3.7　高粱抗丝黑穗病育种进展

实践证明，防治高粱丝黑穗病最有效的途径莫过于应用抗病品种。由于高粱丝黑穗病菌的分化，新的生理小种不断产生，原有的抗病品种不再抗病，因此必须不断选育出新的替代品种，才能使高粱生产不断向前发展。

高粱抗丝黑穗病育种主要采取杂交与回交相结合的方法，将抗病基因导入新品种中，使之产生抗病性。

3.7.1　抗病资源鉴定筛选

20 世纪 80 年代以来，我国开展了抗高粱丝黑穗病育种工作。许多学者对我国高粱品种和大量外引高粱资源进行了抗丝黑穗病鉴定研究。通过对 10000 余份中国高粱资源（含经长期在中国栽培驯化的外国高粱品种）鉴定发现，绝大多数中国高粱不抗丝黑穗病，只有 0.4% 左右的品种不发病，如莲塘矮、八棵杈、九头鸟等。通过对 3000 余份外引高粱资源进行鉴定，获得了包括 SPL132 B（421B）、B35、Tx378B、TP25DERB、B35/Tx625B 及 CROOKED ROW、92PV70 等一批抗丝黑穗病且农艺性状优良的新品系。

3.7.2　抗病杂交种选育

上世纪 70 年代，由于从美国引进了抗高粱丝黑穗病 1 号生理小种的 Tx3197A，选育和推广了一大批以此不育系为抗源的杂交种，基本上控制住了高粱丝黑穗病的发生。同时，还利用 Tx3197A 育成了一些抗丝黑穗病新不育系在育种和生产上应用。

70 年代后期，由于丝黑穗病菌生理小种的分化，以 Tx3197A 为抗源的杂交种逐步由高抗丝黑穗病变成高度感病。1979 年，辽宁省农业科学院高粱研究所从美国引进了新选育的高粱不育系 Tx622A、Tx623A、Tx624A，经过鉴定分发全国应用。这些不育系农艺性状优良，不育性稳定，抗已经分化出的高粱丝黑穗病 2 号生理小种。利用 Tx622A 为抗源，很快组配了一批高粱杂交种应用于生产，以辽杂 1 号、沈杂 5 号等为代表的高粱杂交种在春播晚熟高粱生产区发挥了巨大的作用。

1983 年，辽宁省农业科学院从国际热带半干旱地区作物研究所（ICRISAT）引进了新高粱不育系 SPL132A，因其在海南岛繁种、测配时的区号为 421，因此得名 421A。经过 7 个世代南繁北育观察和鉴定，表现农艺性状优良、配合力高、抗性佳，不仅抗叶病、抗倒伏，还抗丝黑穗病 3 号生理小种。以 421A 为母本育成的辽杂 4 号、辽杂 6 号、辽杂 7 号、锦杂 94、锦杂 99 的推广吹响了抗新分化出的丝黑穗病 3 号生理小种育种的号角。以 421B 为母本，以 TAM428B 为父本，通过人工去雄有性杂交技术育成的 7050A 现已成为我国高粱生产的骨干不育系。目前，以 7050A 为母本育成的一系列抗丝黑穗病高粱杂交种，如辽杂 10、11、12 号、锦杂 100 等已成为抵抗丝黑穗病的生力军。

2004 年，在对全国高粱区域试验参试品种抗丝黑穗病鉴定中发现，连续两年用 3 号生理小种鉴定为免疫的几个高粱品种，在生产上发现了丝黑穗病。虽然产生这种情况的原因还不清楚，但却提示我们，也许又有新的丝黑穗病菌生理小种出现了。

第 4 章　高粱抗丝黑穗病菌 3 号生理小种遗传机制研究

　　长期以来，对高粱抗丝黑穗病的遗传方式一直没有明确一致的结论，大部分学者认为有质量性状和数量性状两种遗传方式。高粱抗丝黑穗病性状由一对或几对主效基因控制，也可能有许多修饰基因在起作用。此前抗性遗传研究中的试验组合大多为保持系与保持系杂交或不育系与恢复系杂交，对恢复系与恢复系杂交后代抗性分离情况了解较少。本试验的目的就是通过对保持系间、恢复系间、以及不育系与恢复系间三类群体亲、子代高粱材料的抗丝黑穗病情况分析，探讨高粱材料对丝黑穗病 3 号生理小种的抗性遗传规律，为常规育种及分子标记辅助育种提供依据。

4.1　材料与方法

4.1.1　供试材料

　　经多年鉴定证明对丝黑穗病 3 号生理小种免疫的高粱亲本材料 S95062B（B35/Tx625B）、7050B、2381R、LR625；经多年鉴定对高粱丝黑穗病 3 号生理小种高度感病的高粱亲本材料 622A、622B、矮四；

　　采集高粱丝黑穗病菌 3 号生理小种菌粉，干燥后备用。

4.1.2　试验方法

4.1.2.1　进行去雄杂交得到三个组合的种子

分别以 622B、2381R 为母本，以 S95062B、7050B、矮四为父本进行去雄杂交，得到 622B/S95062B、622B/7050B、2381R/矮四三个组合的 F_0 种子；秋季收获后去海南加代，得到三个组合的 F_2 种子。

4.1.2.2　以 622A 为母本，以 LR625 为父本组配成 622A/LR625 组合

4.1.2.3　将菌土盖好，防止风干

播种前 4 ~ 5d，将从上一年病穗收集来的丝黑穗病菌 3 号生理小种厚垣孢子粉同过筛的细土混合成 0.6% 的菌土（重量比），用塑料布将菌土盖好，防止菌土风干。

4.1.2.4　采用土壤接种法接种丝黑穗病病菌

将 622B/S95062B、622B/7050B、2381R/矮四和 622A/LR625 的 F_2 种子及其亲本 622B、S95062B、7050B、2381R、矮四、LR625 提前一周播种。采用土壤接种法接种丝黑穗病病菌。播种时，每穴用 100g 菌土覆盖种子，再覆土 4 ~ 5cm 并镇压，待植株抽穗后调查植株发病情况。

4.1.2.5　亲本材料采用随机区组设计，顺序排列，无重复

2 行区，行长 4m，行距 0.6m，穴播，每穴留双株。杂交组合 F_2 随机排列，每组合 25 行，穴播，每穴留双株。

4.1.3　高粱丝黑穗病鉴定分级标准

在我国，高粱对丝黑穗病的抗病能力是根据人工接种条件下被鉴定材料的发病率进行划分，具体分级标准如表 4 - 1 所示。

表 4 – 1　高粱品种抗丝黑穗病分级标准

Table 4 – 1　Standard of sorghum resistance to head smut

抗性分级 Resistance classes	发病率（%） Disease incidence（%）
免疫	0
高抗	0.1~5.0
抗	5.1~10.0
中感	10.1~20.0
感	20.1~40.0
高感	40.0 以上

4.2　结果与分析

植株抽穗后，对参试材料丝黑穗病感病情况进行了调查，图 4 – 1 为高粱植株的发病症状，表 4 – 1 列出了接种鉴定结果。

4.2.1　F_1 代植株抗病性与亲本的关系

由表 4 – 2 可以看出，亲本材料中 622B、矮四高感丝黑穗病 3 号生理小种，S95062B 高抗丝黑穗病 3 号生理小种，2381R、7050B、LR625 对丝黑穗病 3 号生理小种免疫；以上述材料为亲本所组成的 4 个组合 622B/S95062B、622B/7050B、2381R/矮四和 622A/LR625 的 F_1 植株均对丝黑穗病 3 号生理小种免疫；说明高粱对丝黑穗病 3 号生理小种的抗性为显性遗传。

表 4 – 2　参试材料丝黑穗病 3 号生理小种接种鉴定结果

Table 4 – 2　Evaluation results of sorghum materials to

head smut physiological strain No 3

试材 Material	总株数 Total plants	健株数 Immune plants	病株数 Infection plants	发病率% Disease incidence
622B	53	17	36	67. 9
2381R	43	43	0	0
S95062B	61	60	1	1. 6
7050B	52	52	0	0
矮四	44	12	32	72. 7
LR625	50	50	0	0
622B/S95062B F_1	7	7	0	0
622B/7050B F_1	9	9	0	0
2381R/矮四 F_1	11	11	0	0
622A/LR625 F_1	42	42	0	0
622B/S95062B F_2	269	216	53	19. 7
622B/7050B F_2	768	645	123	16. 0
2381R/矮四 F_2	552	461	91	16. 5
622A/LR625 F_2	1024	839	185	18. 1

图 4 – 1　高粱植株丝黑穗病发病症状

Fig 4 – 1　Damage symptom of head smut on sorghum

4.2.2　F$_2$代对丝黑穗病 3 号生理小种的抗性遗传模型初探

　　表 4 - 3 为根据表现型推断出的参试组合 F$_2$ 代丝黑穗病 3 号生理小种抗性遗传模式。由表 4 - 2 和表 4 - 3 可见，参试的 4 个组合 622B/S95062B、2381R/矮四、622B/7050B 和 622A/LR625 F$_2$ 代对丝黑穗病 3 号生理小种的抗性表现为感病株占 16% ~ 19.7%，即：免疫株或抗病株约占 13/16，感病株约占 3/16。经 X^2 检验，这些组合的 F$_2$ 代抗病与感病的分离均符合 13∶3 的理论值。

表 4 - 3　参试组合 F$_2$ 代丝黑穗病 3 号生理小种抗性遗传模式

Table 4 - 3　Inheritance of sorghum resistance to head smut physiological strain No 3

试材 Materials	鉴定结果 Evaluation results		理论结果 Theoretical results		分离比例 Segregation ratio	X^2 值 X^2
	健株数 Immune plants	病株数 Infection plants	健株数 Immune plants	病株数 Infection plants		
622B/S95062B	216	53	219	50	13∶3	0.104
622B/7050B	645	123	624	144	13∶3	3.592
2381R/矮四	461	91	449	103	13∶3	1.712
622A/LR625	839	185	832	192	13∶3	0.271

$X_{0.05,1}^2 = 3.84$

　　假设高粱抗丝黑穗病 3 号生理小种受两对基因控制，抗病亲本基因型为 IIss，感病亲本基因型为 iiSS，其功能如下：

　　I 基因：本身不控制性状表现，但对 S 基因（感病）具有抑制作用；

　　S 基因：显性时感丝黑穗病 3 号生理小种。

这两对非等位基因互作的遗传模式如表4-4所示。由表4-4可见，只要i位点为显性I_时，无论s位点是显性还是隐性，该品系均表现为抗丝黑穗病；如果i位点为隐性，那么有两种情况：当s位点是显性S_时表现为感病，反之，当s位点是隐性纯合时则表现为抗病。这种情况说明，影响高粱对丝黑穗病3号生理小种抗性的基因之间存在着一定的互作，受一个对其起抑制作用的非等位基因的抑制，且属显性抑制作用。本实验中组合622B/S95062B、2381R/矮四、622B/7050B和622A/LR625均符合这种非等位基因互作类型。

表4-4　F_2代基因型、表现型及其分离比例

Table 4-4　Genotype and phenotype of F_2 and segregation ratio

试材 Materials	基因型 Genotype		基因型比例 Ratio of genotype	表现型 Phenotype	表现型比例 Ratio of phenotype
抗病亲本		IIss		抗病	
感病亲本		iiSS		感病	
F_1	I_ S_	IiSs		抗病	
F_2		IISS	1	抗病	
	I_ S_	IiSS	2	抗病	9
		IISs	2	抗病	
		IiSs	4	抗病	
	I_ ss	IIss	1	抗病	3
		Iiss	2	抗病	
	iiS_	iiSS	1	感病	3
		iiSs	2	感病	
	iiss	iiss	1	抗病	1

4.3　结论与讨论

4.3.1　高粱对丝黑穗病 3 号生理小种的抗性属于质量性状遗传，F₁ 代抗性为显性，只要亲本之一抗病，F₁ 代即表现抗病

高粱育种实践充分证明了这一点。不育系 421A、7050A 抗丝黑穗病 3 号生理小种，以它们为母本育成的辽杂 4 号、辽杂 6 号、辽杂 7 号、锦杂 99、辽杂 10 号、辽杂 11 号、辽杂 12 号、锦杂 100 等均抗丝黑穗病 3 号生理小种；恢复系 2381R 对丝黑穗病 3 号生理小种免疫，以 2381R 为父本育成的辽杂 18 号对丝黑穗病 3 号生理小种也表现为免疫。

4.3.2　高粱对丝黑穗病菌 3 号生理小种的抗性可能受 2 对彼此独立的非等位基因影响，并且基因之间存在着互作

高粱育种实践证明，不仅通过抗丝黑穗病材料之间杂交可获得抗病新材料，抗病材料与感病材料之间杂交，通过选择也可获得抗病后代。以抗丝黑穗病 3 号生理小种的 421B 为亲本育成的 7050B，对丝黑穗病 3 号生理小种免疫；以感丝黑穗病 3 号生理小种的 21B 和抗丝黑穗病 3 号生理小种的 Tx378 为亲本分别育成了不抗丝黑穗病 3 号生理小种的不育系 LB16 和抗 3 号小种的 LB17；以感丝黑穗病 3 号生理小种的 Ra214 和抗丝黑穗病 3 号生理小种的 9124 杂交，选育出了不抗丝黑穗病 3 号生理小种的新恢复系 03－3027 和抗丝黑穗病 3 号生理小种的 03－3029。

4.3.3　高粱育种选育要有适当的分离群体

在高粱育种实践中，针对抗丝黑穗病性状的选育要有适当大的后代分离群体，群体过小会影响选育效果。

4.3.4　高粱对丝黑穗病遗传机制研究的结果不完全一致

本研究结果中高粱对丝黑穗病 3 号生理小种的抗性遗传机制与杨晓光等（1992a，1992b）对高粱抗丝黑穗病 3 号生理小种遗传机制研究的结果不完全一致。原因可能有以下几方面：

1. 所用试验材料不同

不同品种可能有不同的抗性机制，因此不同试材会得出不同的结论。

2. 抗性鉴定的年份不同

不同年份鉴定的结果可能不完全一致。本作者 2001 年和 2004 年对 622B 进行了丝黑穗病 3 号生理小种的接种鉴定，发病率分别为 29.7% 和 67.9%；杨晓光、徐秀德等（1992b）对 3197B 的鉴定结果也存在较大的差异。

3. 分离群体可能还需加大

本试验分离群体中个体数为 269～1024 株；杨晓光等试验中分离群体大小为 266～592 株。如果分离群体的植株总数能达到 2000 株以上，也许更好一些。

第5章　高粱抗丝黑穗病
生理生化机制

　　植物对病原物的反应有抗病和感病两大类。从寄主－病原物相互作用角度，抗病反应又叫非亲和性反应，这一系统以寄主抗病和病原物无毒性为特征，寄主植物对病原物有抑制、排斥或减毒作用，病害不发生或受到限制；感病反应又叫亲和性反应，其特征是寄主感病和病原物毒性，结果严重发病。与脊椎动物不同，植物尚未进化到以一种基本机制就能有效地抗衡多种病菌的程度，而是以多种结构和生化防卫机制与一种病原物抗衡才勉强奏效（王金生，1995）。

　　目前国内外的研究主要集中在病害发生规律和品种资源的抗性鉴定方面，而丝黑穗病的抗性机制方面，还没有人进行系统研究，但在其它真菌病害方面植物的抗性机制研究则较多，并取得了很多成果。

　　植物对病原物侵染的反应取决于植物与病原物互作的遗传基础（王海华等，2000）。所以不管是植物的抗病基因的表达，还是病原物的致病基因的表达，一般都是先从寄主和病原物接触开始，通过表面分子互作，把信号传递到细胞内，启动一系列相关联的生理、生化反应来改变寄主的代谢特性而起作用（刘胜毅等，1999）。因此，植物受到病原物侵染后的生理、生化变化过程，实际上是寄主遗传基因开始表达，到出现病害表型的过程。

　　植株体内参与防卫反应的防御酶与对病原表现不同抗感病性的关系的研究，一直是植物病害及植物生理等基础性研究的热点，近年来，随着人们对蛋白质研究的侧重和偏爱，植株对病原的抗感病性生理生化反应机制又越来越受到重视，并进一步提高了研究的深度与广度。虽然各防御酶在寄主抵御病原物等外界干扰的过程中各自起着非常重要的作用，但作为植物防卫反应系统的组成部分，各防御酶的防卫反应具有协同作用。这种协同作用主要表现在两方面：第一，植物抗病性在结构和生化上都是分层次起作用的，当结构抗病性不能有效抵御病原物侵染时，植物就会调动下一步的抵抗反应；第二，在植物诱导抗病性的不同机制中，各种机制是与其它反应相关联的。

过氧化物酶、多酚氧化酶等酶类参与植物过敏性反应的信息传递，过氧化物酶在抗病性中虽不是主导因素，然而，它在寄主-病原物相互关系中都起作用，如参与木质素、酚类物质及植保素的形成。在植物体内一般都具有相当高的含量而足以起着抗病作用的固有的抗菌化合物。许多研究表明，植株经诱导物诱导后，体内产生 PR 蛋白，其过氧化物酶、多酚氧化酶、苯丙氨酸解氨酶、几丁酶活性都大大增加，侵染点周围迅速木质化；在植物的诱导抗病进程中有两套基因先后起作用，即抗病基因和防卫反应基因，抗病基因产物与病菌无毒基因产物有识别作用，从而诱导防卫反应基因表达。生物体内的酶性和非酶性抗氧化系统能清除生命活动中产生的活性氧，维持机体的活性氧水平处于动态平衡状态。前者主要包括 SOD、GSH-Px、CAT 等；后者存在于细胞内外水相中的自由基清除剂，如维生素 C，GSH 等，其对清除氧自由基、减少细胞脂质过氧化损害具有重要作用。过氧化物酶是植物抗逆反应过程中的关键酶之一，是普遍存在于植物组织中的一种氧化还原酶，已被广泛用于植物的抗性研究中。

早在 1964 年，Staples 等人就研究了菜豆受菜豆单孢锈菌侵染后几种酶活性的变化。在最近多年的研究中，已积累了大量的资料。涉及的植物有菜豆、辣椒、马铃薯、玉米、高粱、黄瓜等；涉及的酶有氧化酶（过氧化物酶、多酚氧化酶、过氧化氢酶、苯丙氨酸解氨酶等）（胡景江等，1991；李靖等，1991）。

目前，有关高粱丝黑穗病的抗性机制报道很少，但在玉米品种中却有研究证明，不同抗性的玉米自交系和杂交种受玉米丝黑穗病菌侵染后，体内 VC 和总糖的含量越高，冬孢子在其胚芽鞘上的萌发率越高。感病的玉米自交系和杂交种受丝黑穗病菌侵染后胚芽鞘内表皮细胞丧失质壁分离的能力显著高于抗病的玉米自交系和杂交种（李兴红等，1995）。当丝黑穗病菌侵染玉米后，激活寄主体内相关防御酶系，使 PAL、SOD、EST 和 PPO 四种酶活性明显提高，而 POD 和 CAT 酶活性却下降（贺字典等，2006）。这可以作为早期鉴定玉米抗丝黑穗病性的手段。

苯丙氨酸解氨酶活性变化在玉米抗、感品种和不同生育期与叶鞘位之间也存在差异。在玉米（川单 10 号）的不同生育期和叶鞘位中，随生育期的发展和叶鞘位的下降，苯丙氨酸解氨酶活性降低。在受纹枯病菌侵染后，抗病品种（R15）的苯丙氨酸解氨酶活性增加的速度和程度明显高于感病品种（K09）。这一结果表明，玉米对纹枯病的阶段抗性变化以及品种抗性与苯丙氨酸解氨酶活性变化相关（金庆超等，2003）。

玉米弯孢菌叶斑病抗性机制的初步研究中表明：在病菌侵染前抗性品种的 POD，SOD，$\beta-1,3-$葡聚糖酶的活性都比感病品种高，说明它们在既存抗性中均发挥作用。不仅如此包括 PAL 在内的 4 种酶在病菌侵染后也与植物抗病性有一定相关性，一般品种在侵染后的 2~5d 内酶活达到最高峰（陈捷等，1999）。

苯丙烷类代谢合成黄酮植保素和木质素的反应中，苯丙氨酸解氨酶、肉桂酸 4-羟化酶和羟基肉桂酸辅酶 A 连接酶为该反应的三个关键酶（李盾等，1991）。而苯丙氨酸解氨酶是定速酶，催化苯丙氨酸裂解，生成反式肉桂酸，该物质迅速转入植保素合成的莽草酸途径体系中，是过敏性代谢中的重要酶类。人们认为苯丙氨酸解氨酶活性与被激活的程度和产生植保素是同步并正相关。已报道在花生锈病菌（陈璋，1993）、水稻稻瘟菌（王敬文等，1981）、棉花枯萎菌（冯洁等，1991）、小麦白粉菌（杨家书等，1986）和豇豆锈病菌（曾永三，2003）等互作系统中，PAL 活性与植物体抗病性呈正相关关系。苗则彦（2003）研究结果发现，葡萄抗、中抗品种的 PAL 活性，在白腐病菌病原菌侵染后呈上升趋势，而感病品种呈下降趋势呈正相关关系。在健康组织中抗病品种的 PAL 活性低于感病品种。

PPO 能将酚类物质氧化成对病原菌有毒的醌类物质，因此该酶也常作植株抗病性的指标之一。于凤鸣（1998）在研究葡萄抗霜霉病品种 3 项生化指标时证明 PPO 活性在抗、感葡萄品种的健康组织存在极显著差异，可以作为葡萄抗霜霉病的较理想指标。

在植物体的防御酶系中，SOD 酶起着活性氧清除剂作用。当植物受到病原菌侵染时，体内发生一系列变化，使活性氧增加，导致膜脂过氧化作用和膜差别透性丧失。王雅平（1993）在研究小麦抗赤霉病时发现健株体内的 SOD 活性与小麦抗赤霉病呈显著正相关。

Quinby 等研究指出，在高粱大多数品种中，抗病性对感病性是显性，而要获得抗病的品种，通常只要一个亲本抗病即可。马忠良（1982）研究表明，不育系和保持系在抗丝黑穗病方面没有明显的差异，不育系抗性是由保持系决定的，而不受不育系细胞质的影响。曹如槐等（1988）用 17 个抗性不同的品种（系）研究，结果表明，高粱对丝黑穗病的抗性遗传方式因品种而异。有的品种（系）具有数量性状遗传特点，有的则表现为质量性状遗传特点。杨晓光等（1992）研究了高粱对丝黑穗病2，3 号生理小种的抗性遗传规律，结果表明，高粱对丝黑穗病2号生理小种的抗性遗传受两对主效非等位基因控制，免疫材料存在着基因功能上的差异。杂种一代的抗病性受亲本的抗病性制约。双亲之一抗病，杂种一代未必都表现抗病，只有由纯合显性基因控制的抗源，其杂种一代的抗病性才是可靠的。Gowda 等（1994）利用 RFLP 和 RAPD 标记示踪高粱丝黑穗病的抗性基因，从 SC325 和 RTx7078 品种中一共筛选出 122 个高粱基因克隆，绘图标记的连锁分析表明，132 个 RFLP（tam1294 用 EcoRI）标记中有一个和 168 个 RAPDs（OPG5 - 2）标记中有一个能与 SC325 在 11.2cM（OPG5 - 2）和 13.5cM（tam1294）处的抗性基因连锁。

高粱品种间对丝黑穗病的抗病性存在明显的差异。阐明品种抗病性差异的内在基础，对于了解寄主 - 病原物相互关系，摸清病害的侵染规律，以及进一步探明栽培免疫和化学免疫的机制，从而提高病害防治的质量，无论是在理论上或实践上，都具有重大的指导意义。因此，有必要对高粱的抗性机制进行进一步的研究。

5.1　材料与方法

5.1.1　实验材料

以经多年鉴定证明对丝黑穗病菌 3 号生理小种免疫的高粱亲本 7050B 与高度感病的高粱亲本 622B 及其二者杂交后的 F_2 代为实验试材，由辽宁省农科院高粱研究所提供。

5.1.2　实验设计

5.1.2.1　室内实验

经多年鉴定证明对丝黑穗病 3 号生理小种免疫的高粱亲本 7050B（3735）与高度感病的高粱亲本 622B（3736）及其二者杂交后的 F_2 代种子（18 个抗性株系和 16 个感性株系），由辽宁省农科院高粱研究所提供，浸种 8h 后，播于育苗钵中（蛭石和土 1 : 1 比例配置的土壤）。光照培养箱培养（昼夜温度为 26℃/21℃，光周期为 12h/12h，空气相对湿度 80%，光照强度 $300\mu\mathrm{mol}\ \mathrm{m}^{-2}\mathrm{s}^{-1}$），待幼苗出土后一个星期（约 2 叶期左右），选取抗感高粱长势一致的植株幼苗叶片和根部进行取样测定。

5.1.2.2 田间实验：

于辽宁省农科院高粱研究所试验田取样。亲本材料采用随机区组设计，顺序排列，2 行区，行长 4m，行距 0.6m，穴播，每穴留双株。杂交组合 F_2 随机排列，每组合 25 行，穴播，每穴留双株。分别从 2008 年 6 月开始，对抗感高粱拔节期（2008 年 6 月下旬）和成熟期（2008 年 8 月下旬）叶片取样测定。

田间自然条件下分别于早上八点前，取有代表性的抗感高粱植株倒二叶健康叶片，迅速放入冰盒带回实验室用于测定各项指标。

5.1.3 测定指标

5.1.3.1 防御酶活性测定

1. 超氧化物歧化酶（SOD）活性测定

采用氯化硝基四氮唑蓝法（NBT）（朱广廉，1988）测定。称取高粱叶片 0.5 g 加入 50 mmol·L^{-1} 磷酸缓冲液（pH7.8）及少量石英砂，于研钵中冰浴条件下研磨成匀浆，4℃ 10000 r·min^{-1} 离心 15 min，取上清作为供试酶液，冰浴中保存，用于 SOD 活性测定（POD、PPO 提取方法同 SOD）。3 mL 反应体系中含甲硫氨酸 13μM，氯化硝基四氮唑蓝（nitrotetrazolium blue，NBT）63μmol L^{-1}，50 mmol·L^{-1} 磷酸缓冲液（pH7.8）。加入适量酶液后，于光强度 4000 lx（勒克斯）日光灯下光照 15 min，测定 560 nm 的吸光值，以黑暗中放置相同时间加酶液的管为对照空白调零。SOD 抑制此反应。酶活单位采用抑制 NBT 光还原 50% 的酶用量为 1 个酶活单位。

2. 过氧化物酶（POD）活性测定

采用愈创木酚法（张志良，1996）测定。取光径 1cm 比色杯 2 只，于 1 只中加入反应混合液 3 ml（含 0.2% 愈创木酚 0.95 ml，0.05mol·L^{-1} pH7.0 PBS1 ml，0.3% 过氧化氢 1mL）作为校零对照，另一只中加入反应混合液 3 ml，酶提取液 10 μl，立即用秒表记录时间，于 470 nm 下测定 1 min、2 min 的光吸收值变化。以每分钟 A_{470} 变化 0.01 为 1 个酶活力单位。

5.1.3.2　多酚氧化酶（PPO）活性测定

PPO 活性测定参照李靖等（1991）的方法并略做修改。与小试管中加入 0.02mol·L^{-1} 邻苯二酚 1.5ml，0.05M pH6.8 磷酸盐缓冲液 1.5ml，酶液 20 μl，以不加酶液作对照。于 30℃水浴中反应 2min，398 nm 波长测 OD 值，酶活力单位用 OD_{398}／（mg·min）表示。

5.1.3.3　苯丙氨酸解氨酶（PAL）活性测定

PAL 活性测定参照薛应龙（1985）的方法，略有改动。称取高粱叶片 0.5 g 加入 5 ml 0.1mol·L^{-1} pH 8.8 硼酸缓冲液（内含 0.1% 巯基乙醇）的提取介质，于研钵中冰浴条件下研磨成匀浆，于 4℃冷冻离心机 12000 r·min^{-1} 离心 15 min，取上清作为供试酶液，冰浴中保存，用于测定 PAL 的活性。取粗酶提取液 0.1ml，加 2.4ml 的 0.1MpH8.8 的硼酸钠缓冲液，摇匀后加入以此硼酸钠缓冲液配制的 0.02mol·L^{-1} 的 L－苯丙氨酸 1ml 混匀。在 40℃水浴中反应 15min，放入冰浴中终止反应，以 1ml 水代替底物进行同样的反应为对照，用紫外－可见分光光度计在 290nm 处测光吸收值。以 0.1△OD_{290} 为一个酶活力单位，计算酶比活性 $U·g^{-1}·FW·h^{-1}$。

5.1.3.4　细胞壁酶活性测定

1. 果胶酶（PG）活性测定

采用 DNS 比色法（薛应龙，1985）。0.5 g 高粱叶片用 5 ml 细胞壁酶提取液（酶提取液为 6 % NaCl，内含 0.16 % EDTA，1 % PVP），在冰浴中研磨，3500 r·min^{-1} 离心 15min，取上清液为酶液用于测定 PG 活性（CX 提取方法同 PG）。取酶液 1mL，37℃预热 3 min，加 0.5%、pH4.0 果胶 2 mL，对照为 pH4.0 醋酸缓冲液，37℃恒温反应 30 min 后加 1.5 mL DNS，沸水浴 5 min，双蒸水定容 10 mL，于 540 nm 比色。以 D－（+）半乳糖醛酸作标准曲线。以每分钟每克鲜样 37℃时分解果胶产生 1 μg

的游离半乳糖醛酸为一个果胶酶活性单位（U）。

2. 纤维素酶（CX）活性测定

采用 DNS 比色法（薛应龙，1985）。操作步骤同 PG，但反应温度为 40℃，底物为 1% 羧甲基纤维素钠（CMC），缓冲液为 pH5.0 柠檬酸 - 磷酸体系，以葡萄糖为标样作标准曲线。以每分钟每克鲜样 40℃分解羧甲基纤维素钠产生 1 μg 葡萄糖为一个纤维素酶活性单位（U）。

5.1.3.5　可溶性糖含量测定

可溶性糖含量测定 采用蒽酮比色法（张治安等，2004）测定。0.1~0.3g 高粱叶片加 50 ml 蒸馏水，盖盖，沸水浴 30min（准确计时）。提取液滤入 10 ml 刻度试管，用水冲洗残渣等，定容至刻度（混匀）。取糖的提取液 0.2 ml 加入 0.8 mlH_2O，加 0.25 ml 蒽酮乙酸乙酯，加 2.5 ml 浓 H_2SO_4 后充分震荡。立即放沸水浴中，逐管均匀准确保温 1min，取出冷却至室温。以空白（1 ml + 0.25 ml 蒽酮乙酸乙酯 + 2.5 ml 浓 H_2SO_4）调零，测 630nm 的 OD 值。

5.1.4　数据分析

所有指标均重复三次。采用 SPSS17.0 进行方差分析及最小差异显著性检验（LSD，$P < 0.05$），所有测定值均表示为均值 ± 标准误

5.2　结果与分析

5.2.1　苗期抗、感高粱的生理差异

5.2.1.1　苗期抗、感高粱防御酶活性差异

1. 苗期抗、感高粱 SOD 活性差异

正常情况下，植物体内活性氧的产生和清除处于动态平衡状

态。活性氧浓度的适度升高有利于激发植物产生抗病反应，但活性氧浓度过高又会对细胞内生物大分子造成氧化伤害。超氧化物歧化酶（Superoxide dismutase，SOD）、过氧化氢酶（Catalase，CAT）及过氧化物酶（Peroxidase，POD）是细胞内活性氧代谢的主要调节酶（董金皋等，1999），调节着活性氧代谢的动态平衡。

SOD 的重要功能是清除 $O_2^- \cdot$，而 POD 则主要是清除经 SOD 歧化（$2O_2^- \cdot + 2H^- \cdot OH + H_2O_2$）和 Haber–Weiss 反应（$O_2^- \cdot + H_2O_2^- \cdot OH + O_2$）产生的 $\cdot OH$ 和 H_2O_2，以避免对细胞的伤害（阚光锋，2002）。当病原微生物侵染时，被侵染组织的活性氧（$O_2^- \cdot$、H_2O_2、$\cdot OH$ 等）猝发，而活性氧清除酶系统为维持活性氧的代谢平衡表现特殊性变化，因此众多学者认为，该酶系统的变化动态反应了植物机体的抗性机理。

酶是基因的直接产物，与生物的遗传、生长发育、代谢调节等有密切关系，其结构的差异主要反应了基因的差异（Gooding P S et al.，2001；Bucheli C S et al.，1996；Thygesen P W et al.，1995；Dry I B et al.，1994；Cantos E et al.，2001）。当植物受到病菌侵害时，植物细胞中控制物质代谢的酶首先做出反应，尤其是一些次生代谢物质形成过程中的关键酶类会很快执行保护性反应（Qubbaj T et al.，2005；Noa Lavid et al.，2001；Nun N B et al.，1999；Gilber Vela et al.，2003）。

本实验以抗、感丝黑穗病高粱品种为试材，从总体水平上研究了抗、感丝黑穗病品种 SOD 活性差异。实验结果由表 5–1、图 5–1 所示，苗期抗性亲本高粱株系叶片内 SOD 活性（1607.2 U/g·h·FW）以及抗性品种的平均值（1691.8U/g·h·FW）均显著高于感性亲本品种（1044.2U/g·h·FW）和感性株系的平均值 1377.8U/g·h·FW；抗、感丝黑穗病高粱品种根内 SOD 活性却基本大致相同。通过 SPSS 软件比较抗、感高粱叶片和根系 SOD 活性，也证实了抗、感性高粱品种（系）叶片内 SOD 活性差异显著，而根系内 SOD 活性则无一定规律。由此可见，抗

性高粱品种叶片清除活性氧的能力显著高于感性高粱品种，高粱
对丝黑穗病的抗性与苗期叶片内 SOD 活性有一定关系。

表 5 - 1　苗期抗、感亲本及 F_2 代叶片和根系 SOD 活性

（单位：U/g・h・FW）

Table 5 - 1　The SOD activity of resistant and susceptible parents and
their F_2 at the leaf and root seeding stage

株系	叶片	根系
3735（抗亲）	1607. 2 ±2. 8	1776. 3 ±43. 0
3701（R）	1157. 9 ±302. 3	1646. 0 ±13. 9
3703（R）	1080. 3 ±216. 3	1876. 2 ±30. 5
3708（R）	1085. 8 ±149. 8	1787. 5 ±52. 7
3710（R）	1302. 1 ±147. 0	1675. 2 ±92. 9
3712（R）	1318. 8 ±36. 1	1761. 1 ±31. 9
3713（R）	1915. 1 ±433. 9	1762. 5 ±5. 5
3714（R）	1549. 0 ±34. 7	1820. 8 ±49. 9
3718（R）	1291. 0 ±166. 4	1762. 5 ±2. 8
3719（R）	1368. 7 ±81. 8	1898. 4 ±25. 0
3720（R）	1257. 8 ±55. 5	1708. 4 ±51. 3
3721（R）	1310. 5 ±783. 0	1748. 7 ±74. 9
3725（R）	1338. 2 ±152. 5	1747. 3 ±29. 1
3728（R）	1327. 1 ±15. 3	2010. 7 ±56. 9
3730（R）	1407. 5 ±61. 0	1611. 4 ±12. 5
3731（R）	1440. 8 ±48. 5	1768. 1 ±27. 7
3732（R）	1446. 4 ±34. 7	1579. 5 ±13. 9
3733（R）	1524. 0 ±130. 4	1672. 4 ±45. 8
3734（R）	1449. 1 ±45. 8	1736. 2 ±12. 5
3736（感亲）	1044. 2 ±102. 9	1576. 6. 4 ±55. 5
3737（S）	1995. 5 ±330. 0	1740. 3 ±25. 0
3738（S）	1718. 1 ±291. 2	1623. 9 ±13. 9
3739（S）	1643. 3 ±245. 5	1700. 1 ±34. 7
3740（S）	1723. 7 ±249. 6	1689. 0 ±12. 5
3741（S）	1790. 3 ±298. 1	1854. 0 ±2. 8
3742（S）	1773. 6 ±306. 5	1745. 9 ±11. 1
3743（S）	1795. 8 ±305. 1	1719. 5 ±29. 1
3744（S）	1915. 1 ±206. 6	1898. 4 ±144. 2
3745（S）	1610. 0 ±278. 7	1872. 1 ±40. 2
3746（S）	1698. 7 ±84. 6	1934. 5 ±160. 9
3747（S）	1593. 3 ±152. 5	1773. 6 ±113. 7
3748（S）	1781. 9 ±274. 6	1808. 3 ±12. 5
3749（S）	1784. 7 ±77. 7	1852. 7 ±129. 0
3750（S）	1665. 5 ±294. 0	1970. 5 ±77. 7
3751（S）	1604. 4 ±169. 2	1863. 8 ±165. 0
3752（S）	1621. 1 ±281. 5	2103. 7 ±144. 2

注：R 抗性品种 S 感性品种

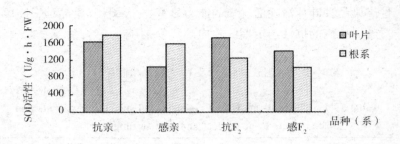

图 5 - 1　苗期抗、感亲本及 F_2 代叶片、根系 SOD 活性

Fig 5 - 1　The SOD activity of resistant and susceptible parents and

their F_2 at the leaf and root seeding stage

2. 苗期抗、感亲本及 F_2 代 POD 活性差异

本实验通过比较苗期抗性高粱亲本及其 F_2 代 18 个抗性品种与感性高粱品种及其 F_2 代 16 个感性品种，实验结果由表 5 - 2、图 5 - 2 所示，苗期抗性高粱品种亲本叶片内 POD 活性（23.8U/g·min·FW）以及抗性株系的平均值（29.3U/g·min·FW）显著高于感性品种亲本 POD 活性（21.3U/g·min·FW）和感性株系的平均值（26.4U/g·min·FW）。抗性高粱品种亲本根系内 POD 活性为 35 U/g·min·FW，感性高粱亲本根系内 POD 活性为 54.3 U/g·min·FW；抗性株系的平均值为 40.2 U/g·min·FW，感性株系的平均值为 34.6 U/g·min·FW，抗感丝黑穗病高粱品种根内 POD 活性变化无一定规律。通过 SPSS 差异显著性分析软件比较抗、感高粱叶片和根系内 POD 活性差异，可以得到苗期叶片内 POD 活性差异显著，而根系内 POD 活性无差异。由此可见，抗性高粱品种清除活性氧的能力显著高于感性高粱品种，高粱对丝黑穗病的抗性与苗期 POD 活性有一定关系。

表 5 – 2　苗期抗、感亲本及 F_2 代叶片和根系 POD 活性

（单位：$U/g \cdot min \cdot FW$）

Table 5 – 2　The POD activity of resistant and susceptible parents and their F_2 at the leaf and root seeding stage

株系	叶片	根系
3735（抗亲）	23.8 ± 2.1	35.0 ± 0.03
3701（R）	33.0 ± 1.6	54.7. ± 0.04
3703（R）	31.5 ± 1.9	42.4 ± 0.04
3708（R）	35.3 ± 2.8	41.7 ± 0.04
3710（R）	29.5 ± 3.0	36.7 ± 0.03
3712（R）	29.3 ± 0.9	44.1 ± 0.05
3713（R）	28.0 ± 2.3	37.5 ± 0.03
3714（R）	34.5 ± 2.1	61.8 ± 0.03
3718（R）	24.3 ± 1.0	41.7 ± 0.05
3719（R）	25.3 ± 0.1	33.9 ± 0.02
3720（R）	28.8 ± 1.4	41.4 ± 0.03
3721（R）	37.0 ± 4.9	38.4 ± 0.03
3725（R）	27.8 ± 1.9	36.2 ± 0.01
3728（R）	28.0 ± 3.7	42.4 ± 0.02
3730（R）	28.5 ± 1.4	44.9 ± 0.03
3731（R）	26.3 ± 0.7	36.3 ± 0.01
3732（R）	30.8 ± 1.5	30.7 ± 0.03
3733（R）	30.3 ± 0.9	32.0 ± 0.01
3734（R）	24.5 ± 0.9	32.0 ± 0.02
3736（感亲）	21.3 ± 1.8	53.4 ± 0.05
3737（S）	28.5 ± 0.5	34.8 ± 0.03
3738（S）	28.8 ± 1.9	44.8 ± 0.04
3739（S）	26.5 ± 1.0	24.5 ± 0.01
3740（S）	28.8 ± 1.1	41.4 ± 0.05
3741（S）	28.0 ± 2.4	41.0 ± 0.04
3742（S）	26.0 ± 1.0	42.4 ± 0.05
3743（S）	28.0 ± 1.0	25.7 ± 0.003
3744（S）	28.0 ± 0.9	43.8 ± 0.004
3745（S）	26.3 ± 1.5	41.9 ± 0.05
3746（S）	26.8 ± 1.7	40.2 ± 0.01
3747（S）	23.5 ± 0.3	25.9 ± 0.01
3748（S）	21.8 ± 6.4	33.0 ± 0.03
3749（S）	29.5 ± 1.1	28.4 ± 0.03
3750（S）	26.5 ± 4.7	17.4 ± 0.007
3751（S）	26.3 ± 4.0	23.7 ± 0.02
3752（S）	24.8 ± 0.7	26.5 ± 0.02

注：R 抗性品种　S 感性品种

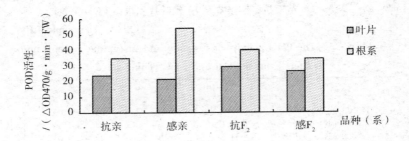

图 5 - 2　苗期抗、感亲本及 F_2 代叶片、根系 POD 活性

Fig 5 - 2　The POD activity of resistant and susceptible parents
and their F_2 at the leaf and root seeding stage

3. 苗期抗、感亲本及 F_2 代 PPO 活性差异

多酚氧化酶（Patyphenol oxidase，PPO）可催化邻苯二酚、一元酚和多元酚及单宁物质氧化还原，同时促进植物木质素类物质的生物合成。多酚氧化酶还能将酚类化合物氧化为醌类物质，而该醌类化合物可破坏氧化还原电位，钝化病原菌产生胞外毒素及相关酶类，阻止病原菌进一步侵入。PPO 是酚类物质氧化的主要酶，氧化可产生醌类（咖啡酸、绿原酸），以杀死病原微生物或形成木质素的前体 - 预苯酸，从而修复伤口、抑制病原菌的繁殖。故 PPO 经以上 2 种功能起到保护寄主的作用，使寄主免于病原微生物的危害，表现出机体抗病的反应特性（Overeen J C et al.，1976）。

研究表明酚类物质的抗菌性，其抗菌机制一般认为由于寄主体内酚氧化物特别是多酚氧化酶和过氧化物酶的氧化作用，使酚类物质转变为具有高毒性的醌类物质。醌类物质可以抑制病原物的磷酸化酶、转氢酶的活性，作为氧化磷酸化的非共轭剂而起作用，并进一步对病原物的果胶分解酶、纤维素分解酶等酶活性具有强烈的抑制作用。

抗、感性高粱品种（系）叶片内 PPO 的活性从表 5 - 3、图

5 - 3 可见，苗期抗性高粱品种亲本 PPO 活性为 0. 522 U/g・FW，感性高粱品种亲本 0. 595 U/g・FW，抗性亲本活性低于感性亲本活性。抗性 F_2 代株系叶片内 PPO 活性平均值为 0. 738 U/g・FW，感性 F_2 代株系叶片内 PPO 活性平均值为 0. 611U/g・FW，抗性株系 F_2 活性反而高于感性株系 F_2 代活性。抗、感性亲本与各自的 F_2 代均出现了不一致的规律。通过 SPSS 软件进行差异显著性分析，得到抗、感性高粱苗期叶片内 PPO 活性差异不显著。这表明苗期抗、感丝黑穗病高粱品种体内 PPO 活性与抗病性无显著相关。

表 5 - 3　苗期抗、感亲本及 F_2 代叶片 PPO 活性（单位：U/g・FW）

Table 5 - 3　The PPO activity of resistant and susceptible parents and their F_2 at the leaf and root seeding stage

株系	叶片
3735 （抗亲）	0. 522 ± 0. 074
3701 （R）	0. 726 ± 0. 025
3703 （R）	0. 789 ± 0. 153
3708 （R）	0. 893 ± 0. 374
3710 （R）	0. 587 ± 0. 129
3712 （R）	0. 826 ± 0. 086
3713 （R）	0. 883 ± 0. 029
3714 （R）	0. 579 ± 0. 048
3718 （R）	0. 751 ± 0. 246
3719 （R）	0. 633 ± 0. 025
3720 （R）	0. 876 ± 0. 162
3721 （R）	0. 781 ± 0. 387
3725 （R）	0. 641 ± 0. 064
3728 （R）	0. 751 ± 0. 051
3730 （R）	0. 710 ± 0. 190
3731 （R）	0. 737 ± 0. 147
3732 （R）	0. 884 ± 0. 041
3733 （R）	0. 765 ± 0. 167
3734 （R）	0. 681 ± 0. 037
3736 （感亲）	0. 595 ± 0. 025
3737 （S）	0. 825 ± 0. 315
3738 （S）	0. 739 ± 0. 359

株系	叶片
3739（S）	0.646 ± 0.069
3740（S）	0.508 ± 0.054
3741（S）	0.675 ± 0.033
3742（S）	0.656 ± 0.149
3743（S）	0.507 ± 0.179
3744（S）	0.533 ± 0.081
3745（S）	0.627 ± 0.066
3746（S）	0.720 ± 0.221
3747（S）	0.568 ± 0.112
3748（S）	0.633 ± 0.346
3749（S）	0.549 ± 0.457
3750（S）	0.595 ± 0.136
3751（S）	0.489 ± 0.349
3752（S）	0.516 ± 0.156

注：R 抗性品种 S 感性品种

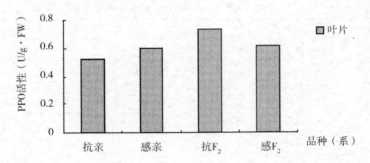

图 5 - 3　苗期抗、感亲本及 F_2 代叶片、根系 PPO 活性

Fig 5 - 3　The PPO activity of resistant and susceptible parents
and their F_2 at the leaf and root seeding stage

4. 苗期抗、感亲本及 F_2 代 PAL 活性差异

苯丙氨酸解氨酶（Phenylalanine ammonia - lyase，PAL）是
连接初级代谢和苯丙烷类代谢、催化苯丙烷类代谢第一步反应的
酶，是高等植物体内苯丙基类物质代谢过程的定速酶，它对木质

素，酚类、类黄酮类等次生物质的形成起着重要作用，与细胞分化及植株防卫反应有密切关系。早在 1964 年 Minamiauka 和 Uritani 首先发现植物感染病原菌后 PAL 活性有明显增强的现象，以后陆续发现多种植物在受到不同的病原菌侵染后 PAL 活力均有升高，并与植物抗病性有密切关系（董艳珍，2006；曾永三等，1999）。众多学者认为植物体内 PAL 的含量可作为植物抗病性的一个生理指标。PAL 的活性与木质素及其次生产物的合成密切相关，这在 20 世纪 70 年代已被证实，如菜豆素、豌豆素、大豆素等植保素的产生依赖于 PAL 的活性，活性愈大，这些物质的合成代谢愈强，品种的抗病性也就越高（杨家书，1986）。

由表 5 - 4、图 5 - 4 所示，抗、感性亲本及其 F_2 代株系叶片内 PAL 活性为 0.686 ~ 1.295 U/g·FW 和 0.591 ~ 1.270U/g·FW，抗、感性亲本及其 F_2 代株系根系内 PAL 活性 0.090 ~ 0.137U/g·FW 和 0.089 ~ 0.157 U/g·FW 基本无明显差别。通过 SPSS 软件对抗、感丝黑穗高粱亲本及其 F_2 代叶片和根系内 PAL 活性进行数据分析加以验证可以得到抗、感丝黑穗高粱品种本体水平体内 PAL 活性无差异的结论，因此 PAL 无法作为苗期高粱抗性的鉴定指标。

表 5 - 4　苗期抗、感亲本及 F_2 代叶片和根系 PAL 活性

（单位：U/g·FW）

Table 5 - 4　The PAL activity of resistant and susceptible parents and their F_2 at the leaf and root seeding stage

株系	叶片	根系
3735（抗亲）	1.270 ± 0.076	0.103 ± 0.004
3701（R）	1.365 ± 0.047	0.129 ± 0.001
3703（R）	1.094 ± 0.043	0.115 ± 0.000
3708（R）	1.037 ± 0.046	0.133 ± 0.002
3710（R）	1.295 ± 0.256	0.113 ± 0.002
3712（R）	0.941 ± 0.202	0.100 ± 0.002
3713（R）	0.932 ± 0.011	0.098 ± 0.005
3714（R）	0.686 ± 0.059	0.094 ± 0.002

续　表

株系	叶片	根系
3718（R）	1.133 ± 0.050	0.095 ± 0.007
3719（R）	1.020 ± 0.070	0.097 ± 0.004
3720（R）	1.240 ± 0.011	0.109 ± 0.000
3721（R）	1.121 ± 0.036	0.090 ± 0.002
3725（R）	1.244 ± 0.041	0.107 ± 0.019
3728（R）	0.898 ± 0.047	0.137 ± 0.011
3730（R）	0.930 ± 0.002	0.124 ± 0.024
3731（R）	1.132 ± 0.017	0.107 ± 0.007
3732（R）	1.060 ± 0.040	0.122 ± 0.009
3733（R）	0.900 ± 0.201	0.123 ± 0.009
3734（R）	1.013 ± 0.039	0.115 ± 0.001
3736（感亲）	0.914 ± 0.064	0.120 ± 0.004
3737（S）	1.224 ± 0.085	0.118 ± 0.024
3738（S）	1.044 ± 0.186	0.089 ± 0.004
3739（S）	1.270 ± 0.068	0.095 ± 0.023
3740（S）	1.020 ± 0.007	0.129 ± 0.015
3741（S）	1.168 ± 0.076	0.113 ± 0.012
3742（S）	1.007 ± 0.001	0.106 ± 0.009
3743（S）	0.839 ± 0.038	0.119 ± 0.017
3744（S）	0.591 ± 0.068	0.089 ± 0.008
3745（S）	0.894 ± 0.025	0.103 ± 0.011
3746（S）	0.876 ± 0.153	0.116 ± 0.023
3747（S）	1.081 ± 0.157	0.157 ± 0.037
3748（S）	0.733 ± 0.045	0.099 ± 0.002
3749（S）	1.068 ± 0.144	0.096 ± 0.004
3750（S）	0.937 ± 0.129	0.101 ± 0.005
3751（S）	0.753 ± 0.004	0.110 ± 0.006
3752（S）	0.821 ± 0.179	0.106 ± 0.006

注：R 抗性品种 S 感性品种

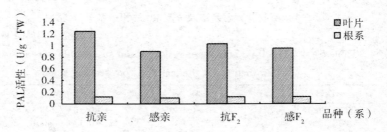

图 5-4　苗期抗、感亲本及 F_2 代株系叶片、根系 PAL 活性

Fig 5-4　The PAL activity of resistant and susceptible parents
and their F_2 at the leaf and root seeding stage

5.2.1.2 苗期抗、感亲本及 F_2 代细胞壁酶活性差异

1. 苗期抗、感亲本及 F_2 代 CX 活性差异

细胞壁是植物细胞与外界环境之间的第一道物理屏障，是由多聚糖、酚类化合物和结构蛋白构成，它在植物防御病原物入侵上起着重要作用。禾本科植物的细胞壁主要由纤维素、木聚糖和果胶质等成分构成，这些成分构成了植物体的天然屏障阻碍了病菌侵入（冯晶，2002）。PG 是以果胶质为基质的水解酶，而 CX 能分解纤维素并使其最终水解成葡萄糖（赵蕾，2002）。

抗、感性高粱品种（系）叶片和根系内 CX 的活性从表 5 – 5、图 5 – 5 可以看到，苗期抗性品种叶片内 CX 活性是 0.356 ~ 0.817 U/g·FW，感性品种高粱叶片内的 CX 活性为 0.354 ~ 0.741 U/g·FW；抗性品种根系内 CX 活性是 0.289 ~ 0.874U/g·FW，感性品种高粱根系内的 CX 活性为 0.275 ~ 0.689 U/g·FW。从这两组对比数据，我们可以看出，抗、感性亲本及其 F_2 代叶片和根系内 CX 活性均无明显差异。通过 SPSS 进行数据差异显著性分析，得到二者差异不显著的结论，亦可证明苗期抗感丝黑穗病高粱品种体内 CX 活性无差异。这表明，苗期 CX 活性与高粱抗丝黑穗病性无显著相关性，因此，CX 无法作为苗期高粱抗、感丝黑穗病品种鉴定的指标。

表 5 – 5 苗期抗、感亲本及 F_2 代叶片和根系 CX 活性
（单位：U/g·FW）

Table 5 – 5 The CX activity of resistant and susceptible parents and their F_2 at the leaf and root seeding stage

株系	叶片	根系
3735（抗亲）	0.446 ± 0.023	0.495 ± 0.084
3701（R）	0.510 ± 0.005	0.509 ± 0.027
3703（R）	0.458 ± 0.047	0.220 ± 0.006
3708（R）	0.773 ± 0.014	0.666 ± 0.030
3710（R）	0.817 ± 0.036	0.874 ± 0.006
3712（R）	0.499 ± 0.024	0.536 ± 0.039
3713（R）	0.444 ± 0.008	0.526 ± 0.118

续　表

株系	叶片	根系
3714（R）	0.362 ± 0.001	0.402 ± 0.004
3718（R）	0.444 ± 0.013	0.418 ± 0.049
3719（R）	0.356 ± 0.007	0.289 ± 0.007
3720（R）	0.457 ± 0.004	0.433 ± 0.075
3721（R）	0.441 ± 0.030	0.361 ± 0.003
3725（R）	0.473 ± 0.009	0.433 ± 0.075
3728（R）	0.464 ± 0.010	0.411 ± 0.044
3730（R）	0.595 ± 0.007	0.733 ± 0.006
3731（R）	0.619 ± 0.052	0.565 ± 0.009
3732（R）	0.402 ± 0.023	0.511 ± 0.060
3733（R）	0.429 ± 0.022	0.511 ± 0.003
3734（R）	0.551 ± 0.004	0.559 ± 0.099
3736（感亲）	0.584 ± 0.006	0.679 ± 0.022
3737（S）	0.560 ± 0.045	0.673 ± 0.034
3738（S）	0.584 ± 0.051	0.689 ± 0.127
3739（S）	0.578 ± 0.026	0.589 ± 0.022
3740（S）	0.741 ± 0.022	0.570 ± 0.047
3741（S）	0.412 ± 0.023	0.297 ± 0.025
3742（S）	0.405 ± 0.015	0.337 ± 0.030
3743（S）	0.402 ± 0.022	0.525 ± 0.040
3744（S）	0.354 ± 0.026	0.275 ± 0.016
3745（S）	0.398 ± 0.006	0.582 ± 0.102
3746（S）	0.467 ± 0.024	0.350 ± 0.008
3747（S）	0.398 ± 0.004	0.418 ± 0.015
3748（S）	0.402 ± 0.008	0.307 ± 0.005
3749（S）	0.489 ± 0.073	0.427 ± 0.043
3750（S）	0.689 ± 0.084	0.502 ± 0.057
3751（S）	0.653 ± 0.045	0.566 ± 0.023
3752（S）	0.630 ± 0.032	0.483 ± 0.007

注：R 抗性品种 S 感性品种

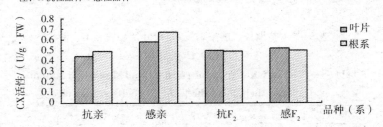

图 5 - 5　苗期抗、感亲本及 F_2 代叶片、根系 CX 活性

Fig 5 - 5　The CX activity of resistant and susceptible parents
and their F_2 at the leaf and root seeding stage

2. 苗期抗、感高粱亲本及 F_2 代株系 PG 活性差异

植物细胞壁是病原菌入侵、扩展的最大屏障。因此，在入侵过程中病菌产生的一些细胞壁降解酶是决定病原菌成功入侵植物的重要因子，这些相关细胞壁降解酶与病原菌的致病性有一定的关系（赵蕾，2002）。许多研究表明，非专性寄生菌在入侵过程中产生大量的细胞壁降解酶，而有关专性寄生菌细胞壁降解酶的研究却很少（李宝聚等，2003；芦晓飞，2005）。对小麦锈菌、菜豆锈菌等研究后认为，在专性寄生菌入侵寄主的过程中的确存在细胞壁降解酶，并对入侵发挥重要的作用（Xu H et al,. 1997）。

抗、感性高粱品种（系）叶片和根系内 PG 的活性从表 5 - 6、图 5 - 6 可以看到，苗期抗性品种叶片内 PG 活性是 0.407 ~ 0.965 U/g·FW，感性品种高粱叶片内的 PG 活性为 0.459 ~ 0.901 U/g·FW；抗性品种根系内 PG 活性是 0.268 ~ 0.817U/g·FW，感性品种高粱根系内的 PG 活性为 0.421 ~ 0.800 U/g·FW。从这两组对比数据，我们可以看出，抗、感性亲本及其 F_2 代叶片和根系内 PG 活性均无明显差异。通过 SPSS 进行数据差异显著性分析，得到二者差异不显著的结论，亦可证明苗期抗感丝黑穗病高粱品种体内 PG 活性无差异。这表明，苗期 PG 活性与高粱抗丝黑穗病性无显著相关性，因此，PG 无法作为苗期高粱抗、感丝黑穗病品种鉴定的指标。

表 5 - 6　苗期抗、感亲本及 F_2 代叶片和根系 PG 活性（单位：U/g·FW）

Table 5 - 6　The PG activity of resistant and susceptible parents and their F_2 at the leaf and root seeding stage

株系	叶片	根系
3735（抗亲）	0.407 ± 0.073	0.482 ± 0.124
3701（R）	0.858 ± 0.025	0.433 ± 0.251
3703（R）	0.678 ± 0.004	0.475 ± 0.304
3708（R）	0.965 ± 0.055	0.817 ± 0.171
3710（R）	0.792 ± 0.059	0.676 ± 0.049

续　表

株系	叶片	根系
3712（R）	0.818 ± 0.244	0.590 ± 0.035
3713（R）	0.800 ± 0.125	0.534 ± 0.027
3714（R）	0.567 ± 0.075	0.268 ± 0.055
3718（R）	0.698 ± 0.078	0.469 ± 0.047
3719（R）	0.520 ± 0.067	0.418 ± 0.033
3720（R）	0.572 ± 0.029	0.578 ± 0.132
3721（R）	0.567 ± 0.055	0.514 ± 0.002
3725（R）	0.622 ± 0.016	0.617 ± 0.011
3728（R）	0.608 ± 0.003	0.426 ± 0.202
3730（R）	0.771 ± 0.000	0.678 ± 0.086
3731（R）	0.851 ± 0.095	0.478 ± 0.004
3732（R）	0.583 ± 0.001	0.617 ± 0.004
3733（R）	0.663 ± 0.024	0.675 ± 0.033
3734（R）	0.796 ± 0.023	0.724 ± 0.078
3736（感亲）	0.689 ± 0.011	0.629 ± 0.004
3737（S）	0.797 ± 0.030	0.800 ± 0.014
3738（S）	0.661 ± 0.034	0.705 ± 0.144
3739（S）	0.754 ± 0.018	0.711 ± 0.043
3740（S）	0.842 ± 0.044	0.729 ± 0.012
3741（S）	0.635 ± 0.178	0.488 ± 0.009
3742（S）	0.580 ± 0.006	0.523 ± 0.007
3743（S）	0.476 ± 0.097	0.619 ± 0.039
3744（S）	0.459 ± 0.023	0.421 ± 0.038
3745（S）	0.551 ± 0.087	0.729 ± 0.030
3746（S）	0.621 ± 0.004	0.531 ± 0.049
3747（S）	0.530 ± 0.053	0.663 ± 0.016
3748（S）	0.459 ± 0.020	0.559 ± 0.025
3749（S）	0.589 ± 0.131	0.640 ± 0.000
3750（S）	0.901 ± 0.267	0.756 ± 0.027
3751（S）	0.664 ± 0.026	0.664 ± 0.115
3752（S）	0.582 ± 0.044	0.672 ± 0.068

注：R 抗性品种 S 感性品种

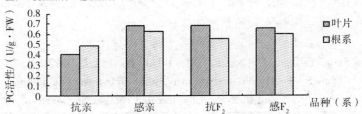

图 5 - 6　苗期抗、感亲本及 F_2 代叶片、根系 PG 活性

Fig 5 - 6　The PG activity of resistant and susceptible parents
and their F_2 at the leaf and root seeding stage

5.2.1.3　苗期抗、感亲本及 F_2 代可溶性糖含量差异

植物体内可溶性糖的含量与植物对环境胁迫的抵抗力关系密切，可溶性糖也是植物体内一种有机渗透调节物质。从表 5 - 7、图 5 - 7 看出，抗性高粱亲本叶片内可溶性糖含量（0. 384 mg/g）及抗性株系叶片内可溶性糖含量的平均值（0. 34 mg/g）明显高于感性亲本（0. 253 mg/g）及感性株系平均值（0. 26 mg/g）。抗性品种根系内可溶性糖含量是 0. 227 ~ 1. 087U/g·FW，感性品种高粱根系内可溶性糖含量为 0. 389 ~ 1. 100 U/g·FW。我们可以看出，抗性高粱叶片内可溶性糖含量高于感性高粱，抗、感高粱品种根内可溶性糖含量却无明显差异。通过 SPSS 软件对可溶性糖含量进行差异显著性分析，可以得到抗感性高粱叶片内可溶性糖含量差异显著，根系内可溶性糖含量无差异。这或许说明，苗期抗丝黑穗病性高粱品种叶片比感性高粱品种叶片抵抗外界病菌侵染的能力强。因此，我们可把苗期叶片中可溶性糖含量差异作为高粱抗丝黑穗病品种鉴定的辅助指标。

表 5 - 7　苗期抗、感亲本及 F_2 代叶片和根系可溶性糖含量

（单位：mg/g）

Table 5 - 7　**The soluble sugar content of resistant and susceptible parents and their F_2 in leaf and root at seeding stage**

株系	叶片	根系
3735（抗亲）	0. 384 ± 0. 015	0. 495 ± 0. 020
3701（R）	0. 405 ± 0. 007	0. 696 ± 0. 004
3703（R）	0. 357 ± 0. 035	0. 538 ± 0. 006
3708（R）	0. 315 ± 0. 012	0. 478 ± 0. 102
3710（R）	0. 332 ± 0. 012	0. 227 ± 0. 000
3712（R）	0. 379 ± 0. 002	0. 308 ± 0. 001
3713（R）	0. 278 ± 0. 001	0. 521 ± 0. 015
3714（R）	0. 389 ± 0. 056	0. 698 ± 0. 029
3718（R）	0. 328 ± 0. 031	0. 411 ± 0. 044
3719（R）	0. 384 ± 0. 000	0. 482 ± 0. 046
3720（R）	0. 375 ± 0. 066	0. 710 ± 0. 047
3721（R）	0. 357 ± 0. 021	0. 478 ± 0. 002

续　表

株系	叶片	根系
3725（R）	0.374 ± 0.022	0.766 ± 0.013
3728（R）	0.389 ± 0.015	0.393 ± 0.000
3730（R）	0.374 ± 0.011	0.612 ± 0.012
3731（R）	0.245 ± 0.011	1.087 ± 0.143
3732（R）	0.356 ± 0.029	0.583 ± 0.054
3733（R）	0.219 ± 0.018	0.532 ± 0.052
3734（R）	0.274 ± 0.050	0.435 ± 0.038
3736（感亲）	0.253 ± 0.042	0.583 ± 0.015
3737（S）	0.272 ± 0.059	0.539 ± 0.167
3738（S）	0.187 ± 0.026	0.562 ± 0.063
3739（S）	0.236 ± 0.057	0.389 ± 0.021
3740（S）	0.286 ± 0.021	0.613 ± 0.057
3741（S）	0.243 ± 0.022	0.686 ± 0.097
3742（S）	0.279 ± 0.065	0.417 ± 0.014
3743（S）	0.251 ± 0.055	0.520 ± 0.103
3744（S）	0.348 ± 0.037	0.536 ± 0.156
3745（S）	0.270 ± 0.043	0.593 ± 0.054
3746（S）	0.286 ± 0.032	0.574 ± 0.004
3747（S）	0.273 ± 0.034	1.100 ± 0.076
3748（S）	0.268 ± 0.012	0.533 ± 0.031
3749（S）	0.250 ± 0.023	0.485 ± 0.001
3750（S）	0.278 ± 0.058	0.443 ± 0.083
3751（S）	0.275 ± 0.004	0.543 ± 0.104
3752（S）	0.214 ± 0.010	0.509 ± 0.041

注：R 抗性品种　S 感性品种

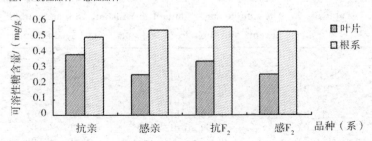

图 5-7　苗期抗、感亲本及 F_2 代叶片、根系可溶性糖含量

Fig 5-7　The soluble sugar content of resistant and susceptible parents

and their F_2 in leaf and root at seeding stage

5.2.2　拔节期和抽穗期抗、感高粱差异

5.2.2.1　拔节期和抽穗期抗、感亲本及 F_2 代防御酶活性差异

1. 拔节期抗、感亲本及 F_2 代 SOD 活性差异

实验结果由图表 5 - 8、图 5 - 8 所示，拔节期抗性高粱品种叶片内 SOD 活性显著高与感性品种无明显差异，抗性高粱及其 F_2 代叶片内活性为 3848 U/g・h・FW，感性高粱叶片内活性为 3758 U/g・h・FW。通过 SPSS 软件差异显著性分析可以得到二者差异不明显，由此可见，拔节期抗感性高粱品种叶片 SOD 清除活性氧的能力无差别。因此，拔节期叶片内 SOD 活性不能做为抗、感丝黑穗病高粱品种鉴定的指标。

表 5 - 8　拔节期抗、感亲本及 F_2 代 SOD 活性（单位：U/g・h・FW）

Table 5 - 8　The SOD activity the resistant and susceptible parents and their F_2 at the tillering stage

株系	拔节期
3735（抗亲）	3848.0 ± 237.8
3701（R）	2344.9 ± 977.0
3703（R）	1451.6 ± 111.6
3708（R）	1674.9 ± 100.0
3710（R）	5527.3 ± 164.0
3712（R）	1289.8 ± 139.8
3713（R）	8216.6 ± 362.9
3714（R）	2818.5 ± 558.3
3718（R）	2245.2 ± 614.1
3719（R）	3726.1 ± 173.8
3720（R）	6496.8 ± 642.1
3721（R）	4076.1 ± 156.3
3725（R）	6032.6 ± 307.7
3728（R）	3206.5 ± 258.2
3730（R）	4402.2 ± 114.5
3731（R）	5054.3 ± 921.2
3732（R）	1684.8 ± 136.9
3733（R）	4184.8 ± 83.7
3734（R）	2608.7 ± 131.0
3736（感亲）	3758.0 ± 206.8
3737（S）	5163.0 ± 125.2

续　表

株系	拔节期
3738（S）	978. 3 ± 55. 8
3739（S）	3152. 2 ± 121. 6
3740（S）	7173. 9 ± 217. 4
3741（S）	3706. 5 ± 530. 4
3742（S）	2349. 2 ± 614. 1
3743（S）	4750. 6 ± 558. 3
3744（S）	2610. 2 ± 893. 3
3745（S）	1331. 2 ± 307. 1
3746（S）	5899. 1 ± 100. 0
3747（S）	2558. 0 ± 209. 7
3748（S）	991. 9 ± 670. 0
3749（S）	730. 9 ± 390. 8
3750（S）	13834. 1 ± 307. 1
3751（S）	3288. 9 ± 108. 7
3752（S）	1774. 9 ± 418. 7

注：R 抗性品种 S 感性品种

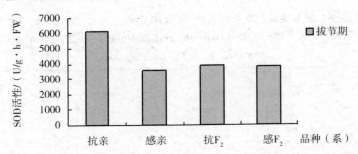

图 5 - 8　拔节期抗、感亲本及 F_2 代 SOD 活性

Fig 5 - 8　The SOD activity the resistant and susceptible parents
and their F_2 at the tillering stage

2. 拔节期和抽穗期抗、感亲本及 F_2 代 POD 活性差异

实验结果由表 5 - 9、图 5 - 9 所示，拔节期抗性高粱品种叶片内 POD 活性显著高与感性品种无明显差异，通过 SPSS 软件差异显著性分析可以得到二者差异不明显，因此，拔节期叶片内 POD 活性不能做为抗、感丝黑穗病高粱品种鉴定的指标。

表 5 - 9 拔节期和抽穗期抗、感亲本及 F₂ 代叶片 POD 活性

(单位：U∕g · min · FW)

Table 5 - 9 The POD activity of the resistant and susceptible parents
and their F_2 in the leaf at the tillering and heading stage

株系	拔节期	抽穗期
3735（抗亲）	51.5 ±0.6	101.1 ±4.0
3701（R）	32.3 ±0.4	125.4 ±4.1
3703（R）	39.0 ±1.3	157.9 ±0.8
3708（R）	27.3 ±1.3	80.6 ±3.90
3710（R）	28.5 ±0.1	97.1 ±2.80
3712（R）	25.8 ±1.0	108.6 ±6.3
3713（R）	48.3·±6.9	122.3 ±2.8
3714（R）	29.3 ±1.0	108.6 ±0.3
3718（R）	29.5 ±0.1	65.3 ±1.60
3719（R）	32.0 ±0.1	101.6 ±3.1
3720（R）	30.8 ±0.0	72.1 ±0.10
3721（R）	23.0 ±0.0	80.3 ±0.30
3725（R）	21.3 ±0.3	131.4 ±8.0
3728（R）	28.0 ±1.1	105.1 ±1.4
3730（R）	30.0 ±0.3	103.8 ±1.0
3731（R）	33.3 ±0.8	127.4 ±0.9
3732（R）	29.5 ±0.1	164.6 ±7.5
3733（R）	28.5 ±0.4	110.1 ±1.3
3734（R）	28.5 ±0.1	88.8 ±2.40
3736（感亲）	34.5 ±0.6	111.8 ±1.9
3737（S）	26.0 ±0.8	95.3 ±1.40
3738（S）	24.0 ±0.0	52.0 ±1.60
3739（S）	33.8 ±1.9	127.4 ±5.8
3740（S）	24.8 ±0.9	116.3 ±3.3
3741（S）	21.5 ±0.5	57.5 ±0.30
3742（S）	39.3 ±0.5	129.6 ±7.8
3743（S）	49.8 ±0.8	98.3 ±2.30
3744（S）	24.8 ±0.0	156.4 ±1.9
3745（S）	27.8 ±0.0	110.8 ±2.0
3746（S）	26.5 ±0.4	119.6 ±0.0
3747（S）	21.3 ±0.4	68.3 ±1.60
3748（S）	34.0 ±0.1	87.6 ±2.00
3749（S）	42.8 ±0.1	214.7 ±9.8
3750（S）	28.5 ±0.8	150.9 ±6.3
3751（S）	32.3 ±1.5	154.9 ±0.5
3752（S）	28.3 ±0.0	70.3 ±3.10

注：R 抗性品种 S 感性品种

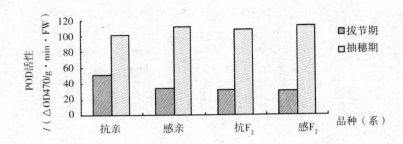

图 5 – 9　拔节期和抽穗期抗、感亲本及 F_2 代叶片 POD 活性

Fig 5 – 9　The POD activity of the resistant and susceptible parents

and their F_2 in the leaf at the tillering and heading stage

3. 拔节期和抽穗期抗、感亲本及 F_2 代 PAL 活性差异

实验结果由表 5 – 10、图 5 – 10 所示，本实验拔节期抗性高粱亲本及其 F_2 代株系 PAL 活性的平均值为 0.46 U/g·FW，感性高粱品种及其 F_2 代株系 PAL 活性为 0.40 U/g·FW，拔节期抗性高粱品种（系）叶片内 PAL 活性明显高于感性高粱品种（系），通过 SPSS 软件分析可以得到拔节期抗、感丝黑穗病高粱 PAL 活性差异显著。这可能是，在拔节期抗性高粱品种（系）叶片内木质素及其次产物的合成多于感性品种，因此可以把 PAL 活性作为拔节期筛选抗、感丝黑穗病高粱品种的生化指标。

抽穗期抗性高粱亲本及其 F_2 代株系 PAL 活性的平均值为 0.65 U/g·FW，感性高粱品种及其 F_2 代株系 PAL 活性的平均值为 0.63 U/g·FW，抗性与感性品种间差异不显著。通过 SPSS 对抗、感丝黑穗高粱亲本及其 F_2 代 PAL 活性进行差异显著性分析，证明抽穗期抗、感丝黑穗高粱品种本体水平体内 PAL 活性无差异，因此无法作为此阶段的抗性鉴定指标。

表 5 - 10　拔节期和抽穗期抗、感亲本及 F$_2$ 代叶片 PAL 活性

(单位：U/g·FW)

Table 5 - 10　The PAL activity of the resistant and susceptible parents and their F$_2$ in the leaf at the tillering and heading stage

株系	拔节期	抽穗期
3735 （抗亲）	0.508 ± 0.008	0.484 ± 0.009
3701 （R）	0.517 ± 0.001	0.549 ± 0.019
3703 （R）	0.485 ± 0.008	0.621 ± 0.003
3708 （R）	0.551 ± 0.035	0.631 ± 0.000
3710 （R）	0.426 ± 0.018	0.753 ± 0.012
3712 （R）	0.374 ± 0.255	0.825 ± 0.017
3713 （R）	0.395 ± 0.025	0.755 ± 0.002
3714 （R）	0.381 ± 0.011	0.744 ± 0.004
3718 （R）	0.439 ± 0.032	0.686 ± 0.018
3719 （R）	0.434 ± 0.021	0.577 ± 0.012
3720 （R）	0.468 ± 0.033	0.661 ± 0.000
3721 （R）	0.519 ± 0.003	0.518 ± 0.005
3725 （R）	0.503 ± 0.008	0.763 ± 0.001
3728 （R）	0.458 ± 0.008	0.445 ± 0.002
3730 （R）	0.370 ± 0.007	0.626 ± 0.009
3731 （R）	0.407 ± 0.054	0.784 ± 0.001
3732 （R）	0.493 ± 0.064	0.533 ± 0.007
3733 （R）	0.481 ± 0.051	0.705 ± 0.005
3734 （R）	0.438 ± 0.001	0.711 ± 0.004
3736 （感亲）	0.538 ± 0.085	0.621 ± 0.006
3737 （S）	0.281 ± 0.039	0.764 ± 0.011
3738 （S）	0.354 ± 0.088	0.891 ± 0.004
3739 （S）	0.332 ± 0.021	0.546 ± 0.018
3740 （S）	0.440 ± 0.005	0.748 ± 0.010
3741 （S）	0.321 ± 0.003	0.696 ± 0.006
3742 （S）	0.497 ± 0.030	0.718 ± 0.009
3743 （S）	0.313 ± 0.028	0.531 ± 0.012
3744 （S）	0.291 ± 0.006	0.724 ± 0.008
3745 （S）	0.451 ± 0.016	0.460 ± 0.003
3746 （S）	0.444 ± 0.021	0.490 ± 0.011
3747 （S）	0.478 ± 0.043	0.493 ± 0.005
3748 （S）	0.480 ± 0.021	0.588 ± 0.013
3749 （S）	0.419 ± 0.085	0.656 ± 0.008
3750 （S）	0.372 ± 0.041	0.631 ± 0.005
3751 （S）	0.443 ± 0.000	0.566 ± 0.002
3752 （S）	0.364 ± 0.000	0.555 ± 0.006

注：R 抗性品种　S 感性品种

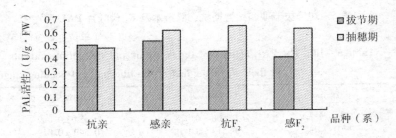

图 5 - 10   拔节期和抽穗期抗、感亲本及 F_2 代叶片 PAL 活性

Fig 5 - 10   The PAL activity of the resistant and susceptible parents
and their F_2 in the leaf at the tillering and heading stage

5.2.2.2   拔节期和抽穗期抗、感亲本及 F_2 代细胞壁酶活性差异

1. 拔节期和抽穗期抗、感亲本及 F_2 代 CX 活性差异

抗、感性高粱品种（系）拔节期和抽穗期叶片内 CX 活性由表 5 - 11、图 5 - 11 所示，本实验拔节期抗性高粱品种（系）CX 活性 0.398 ~ 1.225U/g·FW，抗性亲本及其 F_2 代株系 CX 活性的平均值为 0.741/g·min·FW；感性高粱品种（系）CX 活性 0.398 ~ 1.225U/g·FW，感性亲本及其 F_2 代株系 CX 活性的平均值为 0.739U/g·min·FW，可以看出，拔节期抗、感丝黑穗病高粱品种间 CX 活性无明显差异。抽穗期抗性高粱品种（系）叶片内 CX 活性是 0.157 ~ 0.332 U/g·FW，感性高粱品种（系）叶片内的 CX 活性为 0.179 ~ 0.307 U/g·FW；抽穗期抗 CX 活性的平均值为 0.25 U/g·FW，感 CX 活性的平均值为 0.23 U/g·FW。

通过 SPSS 进行分析，证明拔节期抗、感丝黑穗病高粱品种体内 CX 活性无差异，因此，CX 无法作为拔节期抗、感丝黑穗病高粱品种鉴定的指标。而抽穗期的 SPSS 差异显著性分析，我们可以得到，抽穗期抗、感丝黑穗病高粱品种体内 CX 活性有差异，但是没有达到显著程度。因此，在未接种丝黑穗病的高粱成熟期，可用 CX 作为高粱抗、感丝黑穗病品种辅助筛选手段。

表 5 – 11　拔节期和抽穗期抗、感亲本及 F_2 代叶片 CX 活性

（单位：U/g·FW）

Table 5 – 11　The CX activity of the resistant and susceptible parents and their F_2 in the leaf at the tillering and heading stage

株系	拔节期	抽穗期
3735（抗亲）	0.728 ± 0.012	0.172 ± 0.018
3701（R）	1.011 ± 0.087	0.298 ± 0.001
3703（R）	0.899 ± 0.013	0.332 ± 0.006
3708（R）	0.798 ± 0.006	0.278 ± 0.008
3710（R）	1.225 ± 0.026	0.250 ± 0.005
3712（R）	0.951 ± 0.015	0.279 ± 0.004
3713（R）	0.557 ± 0.029	0.261 ± 0.003
3714（R）	0.625 ± 0.032	0.291 ± 0.008
3718（R）	0.866 ± 0.006	0.266 ± 0.006
3719（R）	0.716 ± 0.038	0.202 ± 0.002
3720（R）	0.370 ± 0.053	0.259 ± 0.007
3721（R）	1.026 ± 0.023	0.193 ± 0.014
3725（R）	0.549 ± 0.025	0.225 ± 0.002
3728（R）	0.477 ± 0.024	0.195 ± 0.001
3730（R）	0.694 ± 0.084	0.259 ± 0.006
3731（R）	0.398 ± 0.005	0.258 ± 0.010
3732（R）	0.447 ± 0.001	0.157 ± 0.005
3733（R）	0.883 ± 0.012	0.252 ± 0.031
3734（R）	0.857 ± 0.015	0.250 ± 0.007
3736（感亲）	0.741 ± 0.007	0.242 ± 0.014
3737（S）	0.981 ± 0.005	0.307 ± 0.075
3738（S）	0.677 ± 0.005	0.267 ± 0.009
3739（S）	0.868 ± 0.012	0.196 ± 0.006
3740（S）	1.010 ± 0.017	0.248 ± 0.018
3741（S）	1.058 ± 0.016	0.238 ± 0.002
3742（S）	1.009 ± 0.012	0.224 ± 0.005
3743（S）	1.005 ± 0.003	0.261 ± 0.005
3744（S）	0.427 ± 0.008	0.258 ± 0.003
3745（S）	0.405 ± 0.005	0.159 ± 0.006
3746（S）	0.368 ± 0.021	0.183 ± 0.005
3747（S）	0.436 ± 0.000	0.212 ± 0.006
3748（S）	0.414 ± 0.000	0.231 ± 0.010
3749（S）	0.372 ± 0.000	0.179 ± 0.014
3750（S）	0.472 ± 0.000	0.199 ± 0.005
3751（S）	0.409 ± 0.015	0.277 ± 0.000
3752（S）	0.521 ± 0.001	0.199 ± 0.002

注：R 抗性品种 S 感性品种

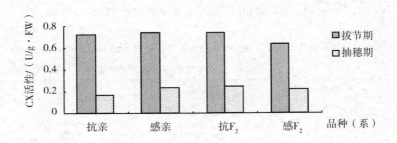

图 5 - 11　拔节期和抽穗期抗、感亲本及 F_2 代叶片 CX 活性

Fig 5 - 11　The CX activity of the resistant and susceptible parents
and their F_2 in the leaf at the tillering and heading stage

2. 拔节期和抽穗期抗、感高粱亲本及 F_2 代株系 PG 活性差异

由表 5 - 12、图 5 - 12 可以看到，拔节期抗性高粱品种（系）PG 活性的平均值为 0.84 U/g·FW 高于感性高粱品种（系）PG 活性的平均值为 0.62 U/g·FW；抗性亲本 PG 活性 1.030 U/g·FW 亦高于感性亲本 0.340 U/g·FW。通过 SPSS 分析，证明苗期抗、感丝黑穗病高粱品种体内活性有差异，且差异达到显著水平，我们可以把高粱拔节期叶片中 PG 活性差异作为高粱抗丝黑穗病鉴定的辅助指标。抽穗期抗性品种叶片内 PG 活性是 0.638～0.833U/g·FW，抗性品种高粱叶片内的 PG 活性为 0.575～0.856 U/g·FW；抗性品种亲本叶片内 PG 活性是 0.708 U/g·FW，感性品种亲本叶片内 PG 活性是 0.693U/g·FW。通过 SPSS 软件分析，证明抽穗期抗感丝黑穗病高粱品种体内 PG 活性有差异，但没有达到显著程度，抗性品种苗期叶片内 PG 高于感性品种。

表 5 – 12　拔节期和抽穗期抗、感高粱亲本及 F_2 代叶片 PG 活性

(单位：$U/g \cdot FW$)

Table 5 – 12　The PG activity of the resistant and susceptible parents and their F_2 in the leaf at the tillering and heading stage

株系	拔节期	抽穗期
3735（抗亲）	1.030 ± 0.031	0.708 ± 0.019
3701（R）	1.031 ± 0.006	0.790 ± 0.021
3703（R）	1.255 ± 0.040	0.833 ± 0.002
3708（R）	1.051 ± 0.047	0.751 ± 0.006
3710（R）	1.459 ± 0.040	0.770 ± 0.000
3712（R）	1.239 ± 0.065	0.784 ± 0.008
3713（R）	0.665 ± 0.120	0.762 ± 0.013
3714（R）	0.823 ± 0.118	0.769 ± 0.006
3718（R）	1.060 ± 0.030	0.723 ± 0.022
3719（R）	0.899 ± 0.072	0.690 ± 0.003
3720（R）	0.428 ± 0.021	0.803 ± 0.001
3721（R）	1.260 ± 0.054	0.751 ± 0.012
3725（R）	0.373 ± 0.315	0.653 ± 0.063
3728（R）	0.209 ± 0.009	0.805 ± 0.083
3730（R）	0.581 ± 0.180	0.794 ± 0.014
3731（R）	0.331 ± 0.018	0.656 ± 0.118
3732（R）	0.351 ± 0.039	0.638 ± 0.000
3733（R）	1.105 ± 0.098	0.777 ± 0.019
3734（R）	0.892 ± 0.026	0.750 ± 0.009
3736（感亲）	0.340 ± 0.019	0.693 ± 0.008
3737（S）	0.925 ± 0.270	0.856 ± 0.074
3738（S）	0.847 ± 0.075	0.752 ± 0.103
3739（S）	0.754 ± 0.020	0.785 ± 0.046
3740（S）	0.708 ± 0.046	0.850 ± 0.017
3741（S）	1.075 ± 0.089	0.672 ± 0.021
3742（S）	0.799 ± 0.041	0.575 ± 0.024
3743（S）	0.860 ± 0.078	0.706 ± 0.021
3744（S）	0.715 ± 0.000	0.752 ± 0.009
3745（S）	0.662 ± 0.059	0.656 ± 0.004
3746（S）	0.603 ± 0.026	0.669 ± 0.002
3747（S）	0.400 ± 0.101	0.719 ± 0.019
3748（S）	0.338 ± 0.018	0.752 ± 0.008
3749（S）	0.337 ± 0.013	0.662 ± 0.002
3750（S）	0.334 ± 0.116	0.684 ± 0.011
3751（S）	0.331 ± 0.000	0.752 ± 0.005
3752（S）	0.441 ± 0.042	0.694 ± 0.008

注：R 抗性品种　S 感性品种

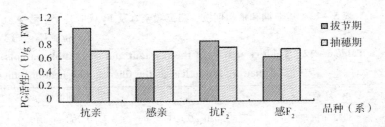

图 5 – 12　拔节期和抽穗期抗、感高粱亲本及 F_2 代叶片 PG 活性

Fig 5 – 12　The PG activity of the resistant and susceptible parents
and their F_2 in the leaf at the tillering and heading stage

3. 拔节期和抽穗期抗、感亲本及 F_2 代可溶性糖含量差异

抗、感性高粱品种（系）拔节期和抽穗期叶片内可溶性糖含量由表 5 – 13、图 5 – 13 所示，本实验拔节期抗性高粱品种（系）叶片内可溶性糖含量为 0. 11 ~ 0. 483 mg/g，抗性亲本及其 F_2 代株系叶片内可溶性糖含量的平均值为 0. 226 mg/g；感性高粱品种（系）叶片内可溶性糖含量为 0. 18 ~ 0. 293 mg/g，感性亲本及其 F_2 代株系叶片内可溶性糖含量的平均值为 0. 247 mg/g，拔节期抗、感丝黑穗病高粱品种间可溶性糖含量无明显差异。

抽穗期抗性高粱品种（系）可溶性糖含量为 0. 071 ~ 0. 59 mg/g，抗性亲本及其 F_2 代株系可溶性糖含量的平均值为 0. 191U/g·min·FW，感性高粱品种（系）可溶性糖含量为 0. 024 ~ 0. 232 mg/g，感性亲本及其 F_2 代株系可溶性糖含量的平均值为 0. 116U/g·min·FW，抽穗期抗、感高粱品种间可溶性糖含量无明显差异。

通过 SPSS 软件差异显著性分析进一步验证，拔节期和抽穗期抗、感高粱品种叶片内可溶性糖含量无显著差异这个结论。因此，拔节期和抽穗期抗、感高粱叶片内可溶性糖均不能做为抗、感丝黑穗病高粱品种鉴定的生理指标。

表 5 – 13　拔节期和抽穗期抗、感高粱亲本及 F_2 代叶片可溶性糖含量

（单位：mg/g）

Table 5 – 13　The soluble sugar content of resistant and susceptible parents and their F_2 in leaf at tillering and heading stage

株系	拔节期	抽穗期
3735（抗亲）	0. 237 ± 0. 043	0. 098 ± 0. 033
3701 （R）	0. 195 ± 0. 018	0. 346 ± 0. 029
3703 （R）	0. 227 ± 0. 020	0. 105 ± 0. 022
3708 （R）	0. 214 ± 0. 018	0. 110 ± 0. 053
3710 （R）	0. 147 ± 0. 030	0. 254 ± 0. 000
3712 （R）	0. 305 ± 0. 025	0. 308 ± 0. 019
3713 （R）	0. 246 ± 0. 007	0. 724 ± 0. 000
3714 （R）	0. 483 ± 0. 010	0. 098 ± 0. 000
3718 （R）	0. 294 ± 0. 011	0. 097 ± 0. 010
3719 （R）	0. 085 ± 0. 031	0. 120 ± 0. 004
3720 （R）	0. 219 ± 0. 011	0. 078 ± 0. 010
3721 （R）	0. 193 ± 0. 028	0. 021 ± 0. 016
3725 （R）	0. 091 ± 0. 055	0. 049 ± 0. 000
3728 （R）	0. 118 ± 0. 046	0. 930 ± 0. 000
3730 （R）	0. 364 ± 0. 021	0. 097 ± 0. 002
3731 （R）	0. 206 ± 0. 017	0. 058 ± 0. 009
3732 （R）	0. 129 ± 0. 025	0. 060 ± 0. 020
3733 （R）	0. 273 ± 0. 002	0. 041 ± 0. 013
3734 （R）	0. 262 ± 0. 024	0. 037 ± 0. 002
3736（感亲）	0. 249 ± 0. 037	0. 100 ± 0. 040
3737 （S）	0. 279 ± 0. 023	0. 092 ± 0. 062
3738 （S）	0. 189 ± 0. 001	0. 041 ± 0. 023
3739 （S）	0. 378 ± 0. 038	0. 013 ± 0. 008
3740 （S）	0. 231 ± 0. 039	0. 031 ± 0. 018
3741 （S）	0. 274 ± 0. 009	0. 232 ± 0. 059
3742 （S）	0. 273 ± 0. 011	0. 294 ± 0. 017
3743 （S）	0. 336 ± 0. 010	0. 014 ± 0. 003
3744 （S）	0. 218 ± 0. 016	0. 232 ± 0. 018
3745 （S）	0. 189 ± 0. 005	0. 140 ± 0. 033
3746 （S）	0. 232 ± 0. 018	0. 087 ± 0. 014
3747 （S）	0. 293 ± 0. 038	0. 066 ± 0. 001
3748 （S）	0. 180 ± 0. 012	0. 024 ± 0. 001
3749 （S）	0. 187 ± 0. 007	0. 135 ± 0. 039
3750 （S）	0. 244 ± 0. 005	0. 198 ± 0. 033
3751 （S）	0. 232 ± 0. 020	0. 124 ± 0. 016
3752 （S）	0. 216 ± 0. 008	0. 141 ± 0. 000

注：R 抗性品种　S 感性品种

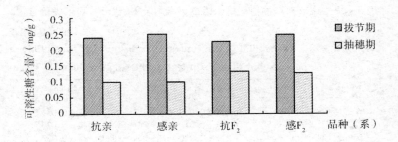

图 5 – 13　拔节期和抽穗期抗、感亲本及 F$_2$ 代叶片可溶性糖含量

Fig 5 – 13　The soluble sugar content of resistant and susceptible parents and their F$_2$ in leaf at tillering and heading stage

5.3　讨论

5.3.1　抗、感高粱防御酶与抗丝黑穗病的关系

植物在处于诸如条件胁迫、病虫害等不良外界环境时，常通过诱导或抑制某些同工酶的产生来适应环境而使其得以生存（梁琼等，2004；陈青等，2004），SOD、PPO、POD、PAL 等酶是植物次生代谢过程中的四个关键酶，当植物处于逆境如病虫害等不良环境时，被侵组织的活性氧突增，而该保护酶系统具有清除活性氧，防止植物受害的作用四种酶会很快地执行保卫反应。

SOD、PPO、POD 和 PAL 活性的升高，会促进了木质素的大量合成，而木质素是构成细胞壁的主要成分。木质素合成的加速有利于细胞壁损伤的修复，使细胞壁进一步木质化而形成木质化壁即防御壁（胡新生等，1999）。李润植等对棉花抗蚜性的研究中也认为棉蚜迫害使和酶活性增加。

本实验是从抗、感丝黑穗病高粱品种亲本及其 F$_2$ 代未受侵染的本体水平进行研究的，结果表明：从苗期、拔节期、抽穗期三个阶段来看，只有苗期抗性高粱品种叶片内 SOD、POD 显著高于感性品种，PPO、PAL 抗感高粱则无差异；抗感高粱株系根内各项防御酶活性均无差异。然而到了拔节期和抽穗期，抗感高粱品种叶片内 POD、SOD、PPO、PAL 都无差异。表明苗期 SOD、POD 活性与高粱的抗丝黑穗病性存在相关性，我们可把高粱叶片内 SOD、POD 活性作为鉴定高粱抗丝黑穗病的生化指标之一，在未接种丝黑穗病的高粱苗期，进行抗感丝黑穗病品种的辅助筛选。

5.3.2　抗、感高粱可溶性糖与抗丝黑穗病的关系

植物对某一病菌的抗性并非是一种简单的性状，而是由多种方式、多种因素所形成的综合性状，是多种机制以不同方式和不同部位而表达的联合作用，如蛋白质含量、总糖含量都有密切关系，研究这些指标的变化能更准确的鉴定寄主的抗病性和感病性（冯东昕等，2004）。

植物受病原物侵染后体内的总糖含量发生变化与品种抗病性之间具有一定的相关性。石振亚（1981）和云兴福（1993）及丁九敏等（2005）认为可溶性糖作为新陈代谢的呼吸基质，在叶片中的含量越高，植株营养状态越好，其抗病性越强。

植物组织中含糖量对害虫可能是必需的，在关键时缺少它会表现为抗病；李玥莹等（2002）在对高粱抗蚜品种叶片化学物质含量进行了分析，通过对亲本及 F_2 单株的可溶性糖测定指出，感性材料的可溶性糖含量高于抗性材料，且差异显著；在棉花等作物的抗蚜生化机制中也表明蚜害后苗平均含糖量明显高于受害苗，说明在棉蚜危害后，棉株含糖量升高，进而增强了抗蚜性程度（王琛柱等，1998）。

而周博如等（2000）在大豆细菌性疫病的研究结果表明：接种后感病品种可溶性总糖含量明显降低；而抗病品种可溶性总糖含量明显增加，在未接种健株中，感病品种的可溶性总糖含量比抗病种高。也有学者得出结论：可溶性总糖含量与抗病性并

没有关系，例如：陈厚德等（1989）对大麦植株含糖量与白粉病抗性的研究。蔡昌玲（1997）报道小麦品种抗白粉病性，可溶性糖含量在抗、感品种间无明显差异。

　　然而前人研究结果均是对感病后材料的分析来判断，仅李海英等（2002）在对大豆灰斑病研究中曾发现，接种前，抗感灰斑病品种可溶性糖含量并无明显差别。本实验通过对抗感丝黑穗高粱三个不同生长阶段对照分析，得出结果：高粱在苗期表现为可溶性糖含量抗丝黑穗病品种显著高于感病品种，而在拔节期和抽穗期抗感高粱品种叶片内可溶性糖含量则无明显差异。根据结论可以把可溶性糖含量作为苗期鉴定高粱抗丝黑穗病的生化指标，以便于对苗期抗丝黑穗病的高粱品种进行辅助筛选。

5.3.3　抗、感高粱细胞壁酶与抗丝黑穗病的关系

　　禾本科植物的细胞壁主要由纤维素、木聚糖和果胶质等成分构成，这些成分构成了植物体的天然屏障阻碍了病菌侵入。因此，在入侵过程中病菌产生的一些细胞壁降解酶是决定病原菌成功入侵植物的重要因子。其中，PG 是以果胶质为基质的水解酶，而 CX 能分解纤维素并使其最终水解成葡萄糖。

　　本实验中对抗感丝黑穗高粱品种不同生长阶段叶片内 PG、CX 含量进行了全面的测定，PG 活性在拔节期和抽穗期抗性亲本及其 F_2 代明显高于感性亲本及其 F_2 代，在苗期抗感丝黑穗病高粱品种却无明显差异；而 CX 活性在苗期、拔节期和抽穗期抗感高粱叶片内都无明显差异。通过对三个时期抗感丝黑穗病高粱品种叶片内 PG、CX 活性测定，我们可以把 PG 作为鉴定拔节期和成熟期高粱抗丝黑穗病的生化指标，诱导机制下使酶活性升高来增强植株的抗病性。

5.4　结　论

本研究采用室内苗期、大田拔节期与抽穗期培养的方法，对高粱抗感丝黑穗病亲本 622B、7050B 及其 F_2 代株系品种进行抗丝黑穗病本体水平的鉴定，通过比较抗感高粱亲本 622B、7050B 及其 F_2 代株系防御酶系及几种抗性物质差异与抗病性的关系，得出以下结论：

5.4.1　高粱抗丝黑穗作用过程是多种因子起作用

通过测定高粱抗、感丝黑穗病品种亲本及其 F_2 代三个不同生长时期 PPO、POD、SOD、PAL、细胞壁酶（PG、CX）活性、可溶性糖含量的差异，探讨其与品种抗病性的关系。结果表明：在苗期抗性品种叶片内 SOD、POD 活性以及可溶性糖含量明显高于感性品种，因此可以把 SOD、POD 活性和可溶性糖含量作为苗期抗、感高粱品种鉴定的生理生化指标。抗感高粱品种叶片中 PPO、PAL 和 PG 以及 CX 比活性没有显著差异，这说明，高粱抗丝黑穗作用过程很可能是多种因子综合起作用。

5.4.2　酶活性升高来增强植株的抗病性

通过上面的实验结果我们可以看到，拔节期抗、感高粱品种间只有 PAL 和 PG 活性有差异，抗性品种叶片内 PAL 和 PG 活性明显高于感性品种，其它各项指标在这两个时期均无明显差异。由此可见，诱导机制下使酶活性升高来增强植株的抗病性。据此，我们可以把 PAL 和 PG 活性差异作为拔节期鉴定抗、感高粱品种的辅助指标指标。

5.4.3　鉴定成熟期高粱抗、感丝黑穗病的生化指标

抽穗期抗性高粱品种 PG、CX 活性显著高于感性品种，而

SOD、POD、PPO、PAL 活性以及可溶性糖含量均无明显差异。据此可以把 PG、CX 活性作为鉴定成熟期高粱抗、感丝黑穗病的生化指标。

第6章　高粱DNA提取方法的优化与比较

研究和应用DNA的基础是提取高质量的DNA，因此高效的DNA提取方法意义重大。在提取植物组织DNA时遇到的主要困难是自身DNA酶的剪切和次生代谢产物的干扰。DNA的提取与纯化过程要避免内源DNA酶剪切，清除蛋白质、RNA以及各种次生代谢物。要提高DNA产率和质量，分离提取与纯化方法的选择尤为重要。一般认为，高质量的DNA标准是：①分子量应至少保留大约50kb，可与λDNA（48 kb）比较；②PCR扩增谱带清晰；③可被限制性内切酶完全消化。

20世纪60年代的技术，以酸、碱、去垢剂作为抽提的主要手段，条件剧烈，操作复杂，难以得到完整的DNA分子（王传堂等，2002）。近年来，由于酶、分子筛等理化技术手段的应用，高等植物DNA分离方法得到了完善，但仍有需解决的问题，主要是：如何破细胞壁的同时保持DNA的完整性；提取过程中DNase的剪切和次生代谢物的干扰；由于多酚类化合物的介导使得降解DNA；多糖抑制限制酶、连接酶及DNA聚合酶等酶类的生物活性（张宁等，2004），而一些污染物的存在也影响了DNA的分离提取和纯化。因此针对不同植物种类必须确定与之相适应的DNA提取方法。

影响DNA分离提取纯化的主要因素：①pH值：核酸在pH值4.0~11.0间较稳定，制备过程应避免过酸过碱。②DNA分子结构：DNA分子量大，具有双螺旋结构，强机械作用如剧烈震荡会使DNA分子断裂。③酶的作用：核酸酶易将释放出来

DNA 分子降解。故在提取过程中要控制溶液的 pH 值, 避免剧烈震荡, 同时使用酶的变性剂、抑制剂, 整个操作过程要在低温 (4℃左右) 下进行。

适宜的 DNA 提取方法应具获得完整的、高纯度的、产量高的 DNA, 同时操作程序也应快速、简单、成本低, 并尽可能避免使用有毒试剂 (韩美丽等, 2009)。目前, 国内外已建立了多种植物 DNA 的提取方法, 如 CTAB 法、SDS 法、高盐低 pH 值法等提取植物 DNA 技术。邹喻苹等利用高盐低 pH 值法提取几种濒危植物总 DNA, 取得了较好的效果。到目前为止, 已有多种植物材料的 DNA 提取采用了这种方法 (张继红等, 2007; 侯艳霞等, 2009))。

CTAB (十六烷基三甲基溴化铵) 是一种阳离子去污剂。CTAB 与核酸形成复合物, 此复合物在高盐 (> 0.7mol/L) 浓度下可溶, 并稳定存在, 但在低盐 (0.1 ~ 0.5mol/L NaCl) 浓度 CTAB - 核酸复合物就因溶解度降低而沉淀, 而大部分的蛋白质及多糖等仍溶解于溶液中。通过有机溶剂抽提, 去除蛋白、多糖、酚类等杂质后加入乙醇沉淀即可使核酸分离出来。经离心弃上清后, CTAB - 核酸复合物再用酒精浸泡可洗脱掉 CTAB。

高盐低 pH 值法利用 SDS 在高温 (55 ~ 65℃) 条件下能裂解细胞, 使染色体离析, 蛋白变性, 采用 pH 值为的酸性提取液避免多酚类物质电离化及进一步氧化, 同时利用 PVP - 40 结合酚类物质; 高浓度 K+ 利于 SDS 与蛋白质及多糖形成复合物, 复合物经离心或过滤除去, 用异丙醇醇沉淀水相中的 DNA。

6.1   材料与方法

6.1.1   实验材料

供试高粱材料: 622B (感丝黑穗病保持系) 与 7050B (抗

丝黑穗病品保持系），由辽宁省农业科学院作物研究所提供。

高粱种植采用盆栽法，在人工培养箱中生长 6d，待材料长至 2 叶期时取用。人工培养箱程序：光照 12h，光强 1800lx，温度 30℃，湿度 75%；黑暗 12h，温度 20℃，湿度 75%。

6.1.2　实验方法

6.1.2.1　DNA 提取方法

1. CTAB 法步骤

参照 CTAB（李玥莹等，2008）法，略有改动

（1）取高粱植株鲜叶 1g 左右，剪碎，加入液氮，在冰上研磨，将粉末转入 1.5ml 的离心管中，加入 0.6ml 的 2% CTAB，放入 60~65℃水浴锅中保温 60min；

（2）加入等体积的氯仿/异戊醇（24:1），摇匀，不要用力过猛，大致摇动 30~40 次，离心 10min（12000r/min，4℃）；取上清液，再加入等体积的氯仿/异戊醇（24:1），离心 10min（12000r/min，4℃）；

（3）取上清液，加入 0.6~0.7 倍的异丙醇，混匀，室温放置沉淀 30min，离心 8min（9000r/min），留沉淀；

（4）沉淀用 75% 乙醇洗 2 次，每次离心 3min，放置在 37℃恒温箱中干燥，干燥后加 100μl TE（Tris – EDTA）溶解，–20℃保存备用。

2. 高盐低 pH 值法

参照高盐低 pH 值法（许理文等，2009），略有改动

（1）幼苗整株（约 0.2 g）液氮研磨，加入 0.6 mL 提取液（100 mmol/L、pH 4.8 NaAc，50 mmol/L、pH 8.0EDTANa2，500 mmol/L NaCl，2% PVP，2% SDS，其 pH 为 5.5），迅速混匀，65℃水浴提取 30 min；

（2）4℃14 000 r/min 离心 20 min，弃沉淀；

（3）加入 2/3 体积的 pH 4.8、2.5mol/LKAc，混匀，室温静

置 20 min，沉淀蛋白质。4℃14 000 r/min 离心 5 min，弃沉淀；

（4）取上清液中加入 0.7 倍体积的异丙醇，室温放置30min，使核酸充分沉淀；

（5）4℃ 10 000 r/min 离心 5min，收集沉淀；

（6）用 1mL 70% 乙醇洗涤两次，空气干燥 120 min，使乙醇充分挥发；

（7）加入 100 μL TE 溶解沉淀，DNA 完全溶解后 4℃ 或 −20℃保存备用。

6.1.2.2　检测方法

1. DNA 浓度检测

取少量纯化 DNA 稀释适当倍数，在紫外分光光度计下测定波长 230nm、260nm、280nm 的光吸收值。若 OD260/OD230 ≥ 2.0OD260/OD280≥1.7～1.8 时，即表明提取的 DNA 达到纯度指标，此时 DNA 中蛋白质，酚类及色素，RNA 等杂质含量合乎要求。

DNA 的质量浓度计算：DNA 的质量浓度（μg/ml）= OD260 ×50×稀释倍数。

2. DNA 电泳检测 DNA 的产量及完整性

在 100ml 的 0.7% 琼脂糖凝胶中加入 5μl EB（溴化乙锭），代凝胶完全凝结后在加样孔内加入 5μlDNA 样品和 1μL 溴酚蓝上样缓冲液的混合液，于 90V 稳定电压下电泳 20min，然后在凝胶成像仪上观察并拍照，检测 DNA 降解情况。

6.1.2.3　PCR 反应条件

1. PCR 基本反应体系

25μl 反应体系中：10 × Buffer 2.0μl，25mmol/L MgCl$_2$ 2.0μl，10mmol/L dNTPs 1.5μl，1U/μl Taq 酶 2.5μl，2μmol/μl 引物 1.5μl，DNA 模版 100ng（2μd），用 dd water 补足 25μl。

2. PCR 扩增参数

反应条件：94 ℃ 5 min →（94 ℃变性 20s →57 ℃退火 30 s →72 ℃延伸 40 s）35 次循环→72 ℃延伸 10 min →4 ℃保存。

6.2 结果与分析

6.2.1 DNA 样品纯度分析

6.2.1.1 DNA 样品纯度紫外分析

从表 6-1 可以看出，两种方法的 OD260/230 大于 2，表明溶液中残存的盐离子和小分子杂质，如核苷酸、氨基酸和酚等符合要求水平。CTAB 方法的 OD260/280 大于 2，表明有 RNA 污染，而高盐低 pH 值法的比值在 1.8～1.9，RNA 污染较小，符合标准。就产率而言，CTAB 方法的产率为 718.26μg/g，高于高盐低 pH 值法，高盐低 pH 值法的 DNA 产率为 689.36μg/g。

表 6-1 高粱基因组 DNA 光密度比值及得率

Table 6-1 Optical density ratio and yield of sorghum DNA extracted through CTAB method and high-salt, low-pH method

样品编号	OD260/230	OD260/280	DNA 产率/(μg/g)
CTAB-1	2.20	2.18	662.64
CTAB-2	2.15	2.14	500.27
CTAB-3	2.02	2.22	750.35
CTAB-4	2.22	2.16	947.59
CTAB-5	2.21	2.12	730.50
高盐低 pH 值法-1	2.13	1.84	922.20
高盐低 pH 值法-2	2.16	1.82	835.33
高盐低 pH 值法-3	2.14	1.83	497.20
高盐低 pH 值法-4	2.17	1.86	641.68
高盐低 pH 值法-5	2.01	1.92	550.37

6.2.1.2 DNA 样品纯度电泳检测

从两种方法提取的 DNA 电泳图（图 6-1）可知：DNA 条带清晰，亮度均一，DNA 片段大小较一致，无降解弥散。说明采用 CTAB 和高盐低 pH 法提取的高粱基因组 DNA 纯度高、完整性好。

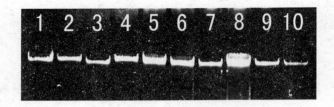

图 6 - 1　高粱基因组 DNA 琼脂糖电泳图

Fig 6 - 1　Agarose electrophoresis of sorghum genomic DNA

1 - 5 为高盐低 pH 法提取高粱基因组 DNA 电泳图；6 - 10 为 CTAB 法提取高粱基因组 DNA 电泳图

Agarose electrophoresis of sorghum genomic DNA extracted through high - salt, low - pH method (1 - 5)

Agarose electrophoresis of sorghum genomic DNA extracted through CTAB method (6 - 10)

6.2.2　DNA 的 SSR - PCR 扩增结果

将 CTAB 和高盐低 pH 法提取的高粱基因组 DNA 进行 SSR 分析，选用 1 对 SSR 引物扩增提取的各组 DNA，进行 1.4% 的琼脂糖检测和非变性 PAGE 检测。

从图 6 - 2 中可以看出：高盐低 pH 提取的高粱基因组 DNA 扩增产物谱带清晰，且以对照的 CTAB 法结果无明显差异。从两种 SSR 检测体系可以看出，高盐低 pH 法提取的高粱基因组 DNA 完全可以满足分子生物学实验。

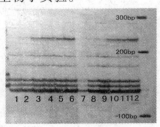

图 6 - 2　SSR - PCR PAGE

Fig 6 - 2　PAGE of SSR - PCR

1 - 6 DNA 模板采用高盐低 pH 法提取高粱基因组 DNA；

7 - 12DNA 模板采用 CTAB 法提取高粱基因组 DNA

1 - 6 The template DNA extracted through high - salt, low - pH method,

7 - 12 The template DNA extracted through CTAB method

6.2.3　高盐低 pH 法提取高粱 DNA 过程的优化

6.2.3.1　缓冲液中 SDS 浓度对 DNA 提取的影响

SDS 广泛应用于传统的 DNA 提取中，其作用主要是溶解细胞膜，是染色体分离，蛋白质变性，同时与蛋白质和多糖结合成复合物。本实验中应用三种不同 SDS 浓度提取 DNA（结果见表6-2），试验中均可得到干净的白色絮状沉淀。从表6-2 的结果表明：各浓度的 SDS 去除蛋白质的效果较好，DNA 电泳带型清晰、完整、均匀一致，DNA 含量高，符合 DNA 提取的要求。2% 的 SDS 的提取率较高。

表 6 - 2　不同浓度 SDS 提取高粱基因组 DNA 光密度比值及得率
Table 6 - 2　Optical density ratio and yield of sorghum DNA
extracted through different concentration of SDS

SDS 浓度	提取比率平均值/(μg/g)	OD260/280
1.4%	457.57	1.876
2%	537.08	1.864
3%	497.92	1.893

如结果所示：各浓度的 SDS 去除蛋白质的效果较好，DNA 电泳带型清晰、完整、均匀一致，DNA 含量高，符合 DNA 提取的要求。2% 的 SDS 的提取率较高。

6.2.3.2　不同沉淀方法的优化

在使用不同方法进行 DNA 沉淀时，3 中方式都可以观察到有白色的絮状或颗粒状出现，证明以上方式都可以达到沉淀 DNA 的目的。

从表6-3 可以看出：不同沉淀方法的提取率和纯度不同。就沉淀比例而言：相同时间内 0.7 倍体积异丙醇室温沉淀获得的 DNA 量较多。就沉淀纯度看，使用异丙醇的沉淀 DNA 质量明显好于使用乙醇沉淀的方法。

表 6 – 3 不同沉淀方法提取高粱基因组 DNA 光密度比值及得率

Table 6 – 3　Optical density ratio and yield of sorghum DNA
extracted through different precipitation method

不同沉淀方法	提取比率平均值/($\mu g/g$)	OD260/280
0.7 倍体积异丙醇室温沉淀	537.09	1.876
0.7 倍体积异丙醇低温沉淀	426.53	1.864
醋酸钾 + 乙醇室温沉淀	275.77	2.050

6.2.3.3　不同组织器官的高粱 DNA 提取纯化

为了尽量减少杂质的残留，影响 DNA 提取的纯度，实验中应用了高粱的根部作为 DNA 提取的材料。从图 6 – 3 中可以看出，不同材料的提取结果与叶片的结果相似，DNA 电泳带型清晰、完整、均匀一致，但亮度较暗。通过分光光度计检测的结果分析 OD260/280 为 1.87，与叶片提取量相当。但提取比率只有 66.52$\mu g/g$，远远小于叶片提取量。

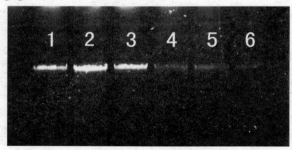

图 6 – 3　高粱基因组 DNA 琼脂糖电泳图

Fig 6 – 3　Agarose electrophoresis of sorghum genomic DNA

1 – 3 高粱叶片提取的 DNA 琼脂糖电泳图，4 – 6 高粱根提取的 DNA 琼脂糖电泳图

Agarose electrophoresis of sorghum genomic DNA extracted using the sorghum leaves （1 – 3）

Agarose electrophoresis of sorghum genomic DNA extracted using the sorghum root （4 – 6）

实验中发现，根部提取 DNA 的优势在于其色素含量少，提取沉淀时肉眼观察溶液无色透明，相比之下叶片在沉淀时成溶液成淡黄色，沉淀的 DNA 有时会带有颜色。但根部的 DNA 浓度较低，平均为 $375\mu g/ml$，提取率 $66.52\mu g/g$，与琼脂糖电泳的结果一致，远远低于叶片的提取量。

6.3　结　论

（1）紫外分析结果表明高盐低 pH 值法 RNA 污染与 CTAB 法相比较小。高盐低 pH 法的提取环境比较温和，RNase 并没有失去活性，在除去 RNA 的同时避免了蛋白质的引入。而 CTAB 法需要加入 RNase 才可以有效去除 RNA，不但增加了实验步骤和成本，还会对 DNA 的纯度造成影响。

（2）有机溶剂污染减少。CTAB 法中主要的抽提液为酚、氯仿和异戊醇，毒性强，易挥发，对环境和实验人员造成的危害。而高盐低 pH 法不再使用酚、氯仿和异戊醇，从而减小了实验过程中对环境和实验人员的危害。

（3）快速。实验中得出：CTAB 法提取 DNA 时至少要使用有机溶剂抽提 3 次才可以去除杂质。工作量大，耗时。而高盐低 pH 法只需一步醋酸钾沉淀便可以有效的除去杂质，工作量小，时间短。

（4）高盐低 pH 法提取高粱基因组 DNA 的反应体系：提取液中含有 2% SDS、2% PVP、2% β - 巯基乙醇；65℃水浴时间为30min；KAc 沉淀蛋白质，室温下 0.7 体积异丙醇沉淀 DNA。每次离心转速为 14000 r/min。

（5）而不同组织器官的高粱 DNA 提取纯化结果表明：选用高粱叶片作为 DNA 提取纯化的最佳试材。

第7章 高粱抗丝黑穗病3号生理小种基因 RAPD 标记的筛选以及 SCAR 标记的建立

目前对高粱主要农艺性状的分子标记大多采用 RFLP、RAPD 和 SSR 技术。对高粱丝黑穗病抗性基因的分子标记，国内尚无人做过。美国得克萨斯农业与机械大学 B. J. Oh 博士等对美国高粱抗丝黑穗病基因进行了分子标记。他们发现了一个 RAPD 标记（OPG5 - 2）和一个 RFLP（tam1294）标记与丝黑穗病抗性基因连锁。但美国高粱丝黑穗病菌的生理小种与中国完全不同，因此，他们的研究结果不适合我国。十五年高粱育种的实践，使我深知田间鉴定的弊端。所以，本研究就是想找到与抗中国高粱丝黑穗病基因紧密连锁的 DNA 片段，筛选出相应的引物，达到对抗丝黑穗病基因的标记，只要对苗期叶片进行分析，即可实现对抗丝黑穗病的选择，在育种中免去对抗丝黑穗病的田间鉴定，实现实验室内的选择。

RAPD 标记是以 PCR 技术为基础，在全基因组水平上检测 DNA 变异的一种快速、有效的技术体系。RAPD 标记不需要预先知道目的 DNA 的序列，且引物具有通用性，标记多态性强，灵敏度高，模板 DNA 用量少，成本低，自动化程度高，无放射性危害，快速、方便、效率高，因此本实验首先采用 RAPD 技术进行抗丝黑穗病基因分子标记的筛选。

7.1　材料与方法

7.1.1　实验材料

7.1.1.1　植物材料

（1）抗病恢复系 2381R、抗病保持系 7050B、感病恢复系矮四、感病保持系 Tx622B。

（2）恢复系分离群体：抗病恢复系 2381R 与感病恢复系矮四经去雄杂交、自交组成 2381R /矮四 F_2 群体。

（3）保持系分离群体：感病保持系 Tx622B 与抗病保持系 7050B 经去雄杂交、自交组成 Tx622B/7050B F_2 群体。

（4）采用土壤接种法给 2381R/矮四、622B/7050B 的 F_2 群体及其亲本 2381R、矮四、622B、7050B 接种丝黑穗病 3 号生理小种病菌。

7.1.1.2　RAPD 引物及 PCR 反应试剂

（1）引物：1000 条 10 – mer 引物分别购自北京鼎国生物技术有限责任公司由 Operon 公司生产（600 条）和上海生工生物工程技术服务有限公司合成（400 条）（详见附录Ⅲ）。

（2）Taq 酶、dNTP、DNA Marker 分别购自北京鼎国生物技术有限责任公司和上海生工生物工程技术服务有限公司。

7.1.1.3　仪器设备

（1）高速冷冻离心机：德国产 Sorvall Biofuge Primo R，型号：D – 37520 Osterode

（2）制冰机：意大利产 Scotsman AF 100 AS – E 230/50/1

（3）超低温冰箱：日本产 SANYO MDF – 382E

（4）PCR 仪：美国产 Bio – Rad（伯乐），型号：MyCyclerTM Thermal Cycler

（5）水平电泳仪：EC250 – 90 Thermo Electron Corporation，

电泳槽：EC330

（6）凝胶成像系统：美国产 Kodak Digital Science Image Station 440 CF

（7）紫外分光光度计：上海光谱仪器有限公司生产 Spectrum 756PC

7.1.1.4 有关试剂配制

（1）CTAB 缓冲液的配制

100 mmol/L Tris－HCl pH8.0

1.4 mol/L NaCl

20 mmol/L EDTA pH8.0

2% CTAB

40 mmol/L β－巯基乙醇（此药品单独存放，用时现加）

配好后贮存于棕色瓶中

（2）TE 缓冲液的配制

10 mmol/L Tris－HCl pH8.0

1 mmol/L EDTA pH8.0 （pH 值若不是 8.0，则沉淀不溶解）

（3）5×电泳缓冲液 TBE 原液的配制 pH 8.0

Tris：54g

硼酸：27.5g

EDTA：20ml 0.5mol/L pH8.0

将上述各项用蒸馏水定溶至 1000ml

（4）溴酚蓝指示剂的配制

0.25% 的溴酚蓝与 40% 的蔗糖水溶液按体积比 1:1 配制。

7.1.2 实验方法

7.1.2.1 DNA 提取（参考第二篇第4章）

1. CTAB 法步骤

（1）取抽穗期高粱植株鲜叶 2g 左右，剪成 $0.5cm^2$ 的碎片，加入液氮，在冰上研磨，将粉末转入 2.0ml 的离心管中，加入 0.7ml 的 2% CTAB，放入 60 - 65℃水浴锅中保温 60min。

（2）加入等体积的氯仿/异戊醇（24:1），摇匀，不要用力过猛，大致摇动 30～40 次，离心 12min（9000r/min，4℃）；取上清液，再加入等体积的氯仿/异戊醇（24:1），离心 10min（9000rpm，4℃）。

（3）取上清液，加入 0.6～0.7 倍的异丙醇，混匀，室温放置沉淀 30min，离心 8min（8000r/min），留沉淀。

（4）沉淀用 75% 乙醇洗 2 次，每次离心 3min，放置在 37℃恒温箱中干燥，干燥后加 100μl TE（Tris - EDTA）溶解，-20℃保存备用。

2. 高盐低 pH 值法

（1）幼苗整株（约 0.2 g）液氮研磨，加入 0.6 mL 提取液（100 mmol/L、pH 4.8 NaAc，50 mmol/L、pH 8.0EDTANa$_2$，500 mmol/L NaCl，2% PVP，2% SDS，其 pH 为 5.5），迅速混匀，65℃水浴提取 30 min。

（2）4℃14 000 r/min 离心 20 min，弃沉淀。

（3）加入 2/3 体积的 pH 4.8、2.5mol/LKAc，混匀，室温静置 20 min，沉淀蛋白质。4℃14 000 r/min 离心 5 min，弃沉淀。

（4）取上清液中加入 0.7 倍体积的异丙醇，室温放置 30min，使核酸充分沉淀；4℃ 10 000 r/min 离心 5min，收集沉淀；用 1mL 70% 乙醇洗涤两次，空气干燥 120 min，使乙醇充分挥发。

（5）加入 100 μL TE 溶解沉淀，DNA 完全溶解后 4℃或 -20℃保存备用。

7.1.2.2　DNA 浓度检测

取 1ml 测 260nm 时的光吸收值，DNA 浓度（μg/ml）= OD260 ＊ 50 ＊ 稀释倍数

7.1.2.3　DNA 纯度检测

取 100～200ng DNA 于 0.8% 琼脂糖凝胶中电泳，电压

100V，电泳 30～45min，利用凝胶成像系统检测 DNA 降解情况及 RNA 消化情况。

7.1.2.4　近等基因池的建立

应用分离群体分组分析法（Bulked Segregation Analysis）即 BSA 法，将 F_2 代分为抗池及感池。本实验建立了两个分离群体。

（1）群体 1：恢复系分离群体：抗病恢复系 2381R 与感病恢复系矮四经去雄杂交、自交组成 2381R（抗亲 1）/矮四（感亲 1）F_2 群体。抗池和感池分别由 F_2 代 63 株抗病株叶片及 35 株感病株叶片提取的 DNA 混匀而成，制备时每株均取 2ng DNA。

（2）群体 2：保持系分离群体：感病保持系 Tx622B 与抗病保持系 7050B 经去雄杂交、自交组成 Tx622B（抗亲 2）/7050B（感亲 2）F_2 群体。抗池和感池分别由 F_2 代 75 株抗病株叶片及 33 株感病株叶片提取的 DNA 混匀而成，制备时每株均取 2ng DNA。

7.1.2.5　PCR 基本反应体系

反应总体积 $25\mu l$：dNTP 10mm $1\mu l$，$10 \times$ Buffer $2.5\mu l$，25 mmol/L $MgCl_2$ $2.5\mu l$，Primer 8pmol/L $1\mu l$，Taq 酶 5U/μl $1\mu l$，模板 40ng/μl DNA $1\mu l$，超纯水 $16\mu l$。

7.1.2.6　PCR 扩增参数

RAPD 扩增参数：预变性 94 ℃ 3min→（94℃30s →38℃20s →72℃1min20s）→35 个循环→72℃10min→4℃保存。

SCAR 扩增参数：预变性 95℃4min→［94℃1min→（56 - 66）℃50s→72℃1min］→35 个循环→72℃10min→4℃保存。

7.1.2.7　琼脂糖电泳

琼脂糖浓度 1.4%，每 100 ml 琼脂糖溶液中加入 $5\mu l$ 溴化乙锭（EB），用 $0.5 \times$ TBE，电泳时以 60 - 90 V 电压稳压进行，一般 30～45min，点样量 $5\mu l$。

7.1.2.8　记录分析实验结果

利用凝胶成像系统在紫外光下检测、拍照，进行结果分析。

7.1.2.9　重组率及遗传距离的计算

重组率 = 交换型株数／（抗性株数 + 感性株数）× 100%

交换型株数 = 抗性单株样本群中不含多态性谱带的株数 + 感性单株样本群中含有多态性谱带的株数。

重组率转换成遗传距离（cM）计算公式：cM =（1/4）ln（1 + 2r）／（1 - 2r），其中 r 为重组率。

当图距单位 < 10cM 时，可用于基因的精确定位（余诞年，1998），当图距单位 < 20cM 可用于基因的精确作图（熊立仲等，1998）。

7.2　结果与分析

7.2.1　DNA 纯度检测

将提取的 DNA 进行琼脂糖凝胶（0.8%）电泳，所得图谱如图 7 - 1 所示。提取出的 DNA 均是一条清晰条带，基本无降解现象，说明提取的 DNA 纯度合格，可用于分子标记。

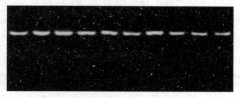

图 7 - 1　DNA 纯度检测

Fig 7 - 1　DNA purity test

7.2.2　RAPD 反应体系的优化

7.2.2.1　不同来源酶对 RAPD 反应的影响

分别应用上海生工生物工程技术服务有限公司和另一家公司生产的 Taq 酶进行了 RAPD 扩增，结果见图 7 - 2。

　　由图 7-2 可见，不同厂家生产的 Taq 酶对 RAPD 反应效果有着不同的影响，不同谱带显示效果不同。经过对比，我们选择了反应效果较好的上海生工生物工程技术服务有限公司产的 Taq 酶。

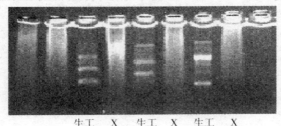

生工　X　　生工　X　　生工　X

图 7-2　不同来源 Taq 酶对 RAPD 反应的影响
Fig7-2　Effect of different Taq enzyme on RAPD reaction

7.2.2.2　Taq 酶浓度对 RAPD 扩增反应的影响

　　在反应体系中应用不同浓度 Taq 酶（Taq 酶浓度分别为 2U、3U、4U、5U，各有 2 个重复）对 DNA 样品进行了 RAPD 扩增，结果见图 7-3。

　　由图 7-3 可见，不同 Taq 酶浓度对 RAPD 反应有着不同的影响。众所周知，浓度低效果不佳，而浓度过高同样有不良影响。通过实验发现，RAPD 反应体系中的酶浓度为 2U~3U 时较好，这样既可以保证扩增效果，又利于降低实验费用。

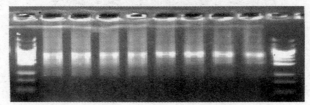

marker　5U　5U　4U　4U　3U　3U　2U　2U　marker

图 7-3　不同 Taq 酶浓度对 RAPD 反应的影响
Fig 7-3　Effect of different Taq enzyme concentration on RAPD reaction

7.2.2.3 引物浓度对 RAPD 扩增反应的影响

为了确定反应体系中的最佳引物浓度，本实验设计了 2 个引物浓度，分别是 $0.04\mu mol/\mu l$ 和 $0.08\mu mol/\mu l$。由图 7 - 4 和图 7 - 5 对比可以明显看出，引物浓度在 $0.08\mu mol/\mu l$ 时图像更加清晰，RAPD 反应能扩增出更多产物。

图 7 - 4 引物浓度对 RAPD 的影响 （$0.04\mu mol/\mu l$）
Fig 7 - 4 The effect of random sequence primer concentration
on RAPD （$0.04\mu mol/\mu l$）

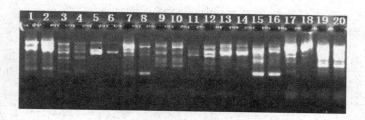

图 7 - 5 引物浓度对 RAPD 的影响 （$0.08\mu mol/\mu l$）
Fig 7 - 5 The effect of random sequence primer concentration
on RAPD （$0.08\mu mol/\mu l$）

7.2.2.4 dNTPs 浓度对 RAPD 扩增反应的影响

本实验设计了两种浓度的 dNTPs，40mmol/L dNTPs 与 10mmol/L dNTPs。一般认为，在较大范围内，dNTPs 浓度变化对 RAPD 结果影响不大。若浓度太高则容易拖尾，识别并去除错配碱基的机会下降，导致错误率升高；太低则 DNA 合成速率较低，扩增效果差。如图 7 - 6 所示，不同浓度的 dNTPs 对 RAPD 结果影响比较明显，dNTPs 浓度为 10mmol/L 时，没有扩增产物，说明该 dNTPs 浓度过小；dNTPs 浓度为 40mmol/L 时有扩增谱带，并且比较明显，说明在 25μlRAPD 体系中，当 dNTPs 浓度为 40mmol/L 时有利于扩增产物生成。

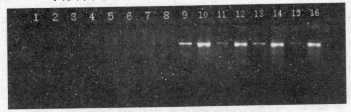

图 7-6　dNTPs 浓度变化对 RAPD 的影响

Fig 7-6　Different concentration of dNTPs on RAPD 10mmol/L
dNTPs（1~8），40mmol/L dNTPs（9~16）

7.2.2.5　MgCl₂浓度对 RAPD 扩增反应的影响

为了确定最佳的反应体系中的 MgCl₂ 浓度，本实验设计了三个浓度，即 2mmol/L、2.5mmol/L、3mmol/L。Mg^{2+} 为 Taq 酶活性不可缺少的辅助因子，Mg^{2+} 浓度对反应特异性和扩增效率有重大影响。Mg^{2+} 浓度过高会使非特异性扩增产物增加，过低会使扩增产物减少，电泳谱带不明显。如图 7-7 所示，当 MgCl₂ 为 2.5 mmol/L 时，五条引物均能扩增出条带，而且条带清晰。

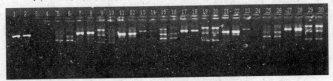

图 7-7　不同 MgCl₂浓度对 RAPD 的影响

Fig 7-7　Different concentration of MgCl₂ on RAPD

2mmol/L MgCl₂（1~10），2.5mmol/L MgCl₂（11~20），3mmol/L MgCl₂（21~30）

7.2.2.6　DNA浓度对RAPD扩增反应的影响

本实验设计了五种浓度，分别为10ng/μl DNA模版、20ng/μl DNA模版、30ng/μl DNA模版、40ng/μl DNA模版和50ng/μl DNA模版。模板浓度过低，分子碰撞的概率低，偶然性高，扩增产物无或不稳定；浓度过高，会相应增加非专一性扩增产物。如图7－8，明显可见，当DNA模板浓度为40ng/μl，条带较多，并且清晰。

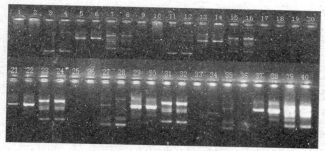

图7－8　DNA浓度变化对RAPD的影响

Fig 7－8　Different concentration of DNA on RAPD

10ng/μl（1~8），20ng/μl（9~16），30ng/μl（17~24），

40ng/μl（25~32），50ng/μl（33~40）

7.2.2.7　退火温度对RAPD扩增反应的影响

图7－9是RAPD在三个退火温度下扩增的结果，三个温度分别为36℃、38℃、40℃。退火温度是影响RAPD反应灵敏度的最重要条件。降低退火温度，可在很大程度上增加RAPD反应的敏感性. 升高温度可以有效减少非特异性扩增产物，增加RAPD的稳定性，提高RAPD结果的可信度。由图可见退火温度为36℃时，第二条引物的感亲扩增出条带，第三条引物的抗亲感亲均扩增出条带；退火温度为38℃时，第二条与第三条引物的抗亲与感亲均扩增出条带；退火温度为40℃时，第三条引物的感亲扩增出条带。

图 7 – 9　不同退火温度对 RAPD 的影响

Fig 7 – 9　The effect of different annealing temperature on RAPD

36℃（1～6），38℃（7～12），40℃（13～18）

7.2.2.8　RAPD 循环次数对 RAPD 扩增反应的影响

本实验设计了两个循环，分别是 35 个循环与 40 个循环。循环次数对反应的产物起着至关重要的作用，常用的是 45 次循环。但是经过 35 次循环以后，由于长时间的高温，Taq 酶活性会变低，反应产物基本不会增加，进入一个平台期，且有一定程度的非特异性扩增，因此，应尽可能减少循环的次数。如图 7 – 10 可见，PCR 条件为 35 个循环时扩增出的条带较多，PCR 条件为 40 个循环时扩增出的条带较少。

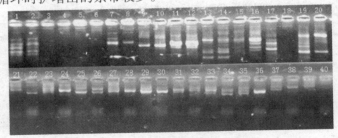

图 7 – 10　不同循环次数对 RAPD 的影响

Fig 7 – 10　The effect of different cycles on RAPD

35 cycles（1～20），40 cycles（21～40）

7.2.2.9　不同电泳时间对 RAPD 扩增反应的影响

本实验设有 3 个电泳时间，分别是 15min、30min、45min，结果见图 7 – 11、图 7 – 12、图 7 – 13。通过对三张图谱进行比较发现，电泳时间不同，琼脂糖电泳的图谱有很大差异：电泳时间过短，谱带分不开；电泳时间过长，会使谱带跑得过散，难以识别。通过实验，发现电泳时间在30min时较好，带纹清晰，Marker分离较好，而电泳15min时，条带仍聚集在一起并没有分开；45min时，不但带纹不够清晰明亮，而且Marker的小片段已经看不清了。因此，本实验最佳电泳时间为30min。

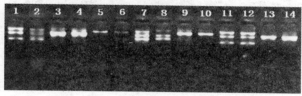

图 7 – 11　15min 对 RAPD 的影响

Fig 7 – 11　The result of RAPD in the fifteen minute

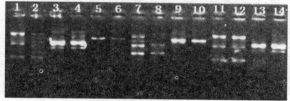

图 7 – 12　30min 对 RAPD 的影响

Fig 7 – 12　The result of RAPD in the thirty minute

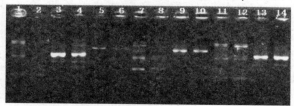

图 7 – 13　45min 对 RAPD 的影响

Fig 7 – 13　The result of RAPD in the forty – five minute

7.2.2.10　RAPD 电泳电压对 RAPD 扩增反应的影响

本实验在其他条件相同的条件下设置 60V 和 90V 两个不同电压，由图 7 – 14、图 7 – 15 比较看出，60V 时谱带清晰，90V 时谱带模糊并有降解现象，因此 60V 是本实验的最佳反应电压。

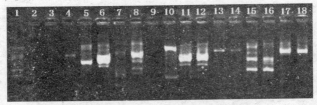

图 7 – 14　60V 电压对 RAPD 的影响

Fig 7 – 14　Effect of voltage 60V on RAPD

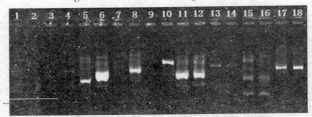

图 7 – 15　90V 电压对 RAPD 的影响

Fig 7 – 15　Effect of voltage 90V on RAPD

7.2.3　抗丝黑穗病基因的 RAPD 多态性标记筛选

本实验用 900 个随机引物（引物详见附件Ⅲ）对两个 F_2 群体进行了抗丝黑穗病基因的 RAPD 筛选分析，其中 777 个引物扩增出产物，123 个引物未扩增出产物扩增率为 86.3%。最少的扩增出一条谱带，最多的扩增出 10 多条谱带，其中 Operon 公司生产的部分引物扩增结果见图 7 – 16 ～ 7 – 19，S 组的部分引物扩增结果见图 7 – 20 ～ 7 – 25

图 7 – 16 从左至右分别为引物 OPB4、OPB5、OPB7 的扩增

图谱。每个引物分别以群体 1 的抗亲 1、感亲 1、抗池 1、感池 1 及群体 2 的抗亲 2、感亲 2、抗池 2、感池 2 的 DNA 为模板进行扩增。引物 OPB4 只有抗亲 1 和感池 2 各扩增出 3 条带，其它均未有产物扩出；引物 OPB5 群体 1 和群体 2 之间存在明显差异，群体 1 有一条带，群体 2 有 3 条带，但群体内无差异；引物 OPB7 扩增出 2 条谱带，虽然与引物 OPB5 不同，但无 DNA 片段多态性。

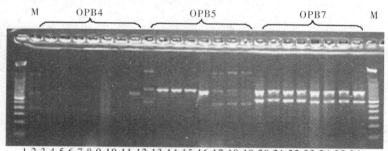

图 7 - 16　引物 OPB4、OPB5、OPB7 的 PCR 扩增结果

Fig 7 - 16　PCR results of primer OPB4, OPB5 and OPB7

抗亲 1(2,11,18),感亲 1(3,12,19),抗池 1(4,13,20), 感池 1(5,14,21)；

抗亲 2(6,10,22),感亲 2(7,15,23),抗池 2(8,16,24), 感池 2(9,17,25),

Marker 100bp ladder(1, 26)(最大片段为3000bp)

resistant parent 1 (2,11,18), susceptible parent 1 (3,12,19),

resistant bulk 1 (4,13,20), susceptible bulk 1 (5,14,21)

resistant parent 2 (6,10,22), susceptible parent 2 (7,15,23),

resistant bulk 2 (8,16,24), susceptible bulk 2 (9,17,25)

图 7 - 17 从左至右分别为引物 OPD1 ~ OPD9 的扩增图谱。每个引物分别以群体 1 的抗亲 1、感亲 1、抗池 1、感池 1 的 DNA 为模板进行扩增。从图中可见，大部分引物都有扩增产物，而且扩增出的谱带不同，但没有规律性的片段多态性。

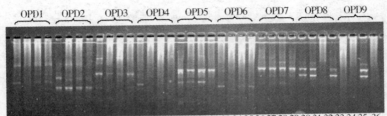

图 7 – 17　引物 OPD1 – OPD9 的 PCR 扩增结果

Fig 7 – 17　PCR results from primer OPD1 to OPD9

抗亲 1(1,5,9,13,17,21,25,29,33)，感亲 1(2,6,10,14,18,22,26,30,34)，

抗池 1(3,7,11,15,19,23,27,31,35)，感亲 1(4,8,12,16,20,24,28,32,36)

resistant parent 1 (1,5,9,13,17,21,25,29,33)，

susceptible parent 1 (2,6,10,14,18,22,26,30,34)

resistant bulk 1 (3,7,11,15,19,23,27,31,35)，

susceptible bulk 1 (4,8,12,16,20,24,28,32,36)

图 7 – 18 从左至右分别为 OPM5、OPG8、OPB11 的扩增图谱，每个引物分别以群体 1 的抗亲 1、感亲 1、抗池 1、感池 1 及群体 2 的抗亲 2、感亲 2、抗池 2、感池 2 的 DNA 为模板进行扩增。每个引物都有扩增产物，但无 DNA 片段多态性。

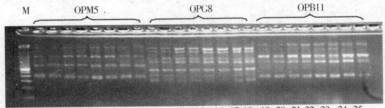

图 7 – 18　引物 OPM5、OPG8、OPB11 的 PCR 扩增结果

Fig 7 – 18　PCR results of primer OPM5，OPG8 and B11

抗亲 1(2,10,18)，感亲 1(3,11,19)，抗池 1(4,12,20)，

感池 1(5,13,21)，抗亲 2(6,14,22)，感亲 2(7,15,23)，

抗池 2(8,16,24)，感池 2(9,17,25)Marker 100bp ladder(1)(最大片段为 3000bp)

resistant parent 1（2,10,18），susceptible parent 1（3,11,19），
resistant bulk 1（4,12,20），susceptible bulk 1（5,13,21）
resistant parent 2（6,14,22），susceptible parent 2（7,15,23），
resistant bulk 2（8,16,24），susceptible bulk 2（9,17,25）

图 7 - 19 从左至右分别为引物 OPM1、4、5、6、9、10、11、12、13 的扩增图谱。每个引物分别以群体 1 的抗亲 1、感亲 1、抗池 1、感池 1 的 DNA 为模板进行扩增。从图中可见，除 OPM6 以外，其它引物都有扩增产物，而且扩增出的谱带不同，但没有 DNA 片段多态性。

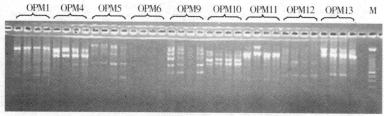

图 7 - 19　引物 OPM1、4、5、6、9、10、11、12、13 的 PCR 扩增结果

Fig 7 - 19　PCR results of primer OPM1, 4, 5, 6, 9, 10, 11, 12 and 1

抗亲1(1,5,9,13,17,21,25,29,33)，感亲1(2,6,10,14,18,22,26,30,34)；
抗池1(3,7,11,15,19,23,27,31,35)，感池1(4,8,12,16,20,24,28,32,36)，
Marker 100bp ladder(38)(最大片段为3000bp)
resistant parent 1（1,5,9,13,17,21,25,29,33），
susceptible parent 1（2,6,10,14,18,22,26,30,34）；
resistant bulk 1（3,7,11,15,19,23,27,31,35）
susceptible bulk 1（4,8,12,16,20,24,28,32,36）
Marker 100bp ladder(38)(the length fragment 3000bp)

图 7 - 20 中，每个引物分别以抗亲 1、感亲 1、抗池 1、感池 1 的 DNA 为模板进行扩增。结果显示引物 S61 亲本间有差异，但是抗池、感池间无差异；引物 S84 亲本间及抗感池间有差异，但是亲本间与抗感池间差异不符。

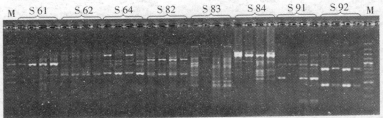

图 7－20 引物 S61、S62、S64、S82、S83、S84、S91、S92 的 PCR 扩增结果
　　　抗亲 1（1,5,9,13,17,21,25,29），感亲 1（2,6,10,14,18,22,26,30）；
　　　抗池 1（3,7,11,15,19,23,27,31），感池 1（4,8,12,16,20,24,28,32）

Fig 7－20   PCR results of primers S61,S62,S64,S82,S83,S84,S91 and S92
resistant parent1（1,5,9,13,17,21,25,29）, susceptible parent1（2,6,10,14,18,22,26,30）,
resistant bulk1（3,7,11,15,19,23,27,31）, susceptible bulk 1（4,8,12,16,20,24,28,32）

　　图 7－21 中，每个引物分别以抗亲 1、感亲 1、抗池 1、感池
1 的 DNA 为模板进行扩增。每个引物都有产物扩增出，不同引
物扩增产物不同。引物 S93、S107 亲本间有差异，但是抗池、感
池间无差异。

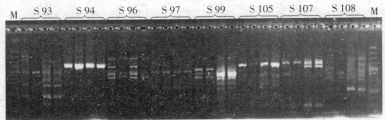

图 7－21 引物 S93、S94、S96、S97、S99、S105、S107、S108 的 PCR 扩增结果
　　　抗亲（01,05,09,13,17,21,25,29），感亲（02,06,10,14,18,22,26,30）；
　　　抗池（03,07,11,15,19,23,27,31），感池（04,08,12,16,20,24,28,32）

Fig 7－21   PCR results of primers S93,S94,S96,S97,S99, S105,S107and S108
resistant parent（01,05,09,13,17,21,25,29）, susceptible parent（02,06,10,14,18,22,26,30）,
resistant bulk（03,07,11,15,19,23,27,31）, susceptible bulk（04,08,12,16,20,24,28,32）

图 7 – 22 中，每个引物分别以抗亲 1、感亲 1、抗池 1、感池 1 的 DNA 为模板进行扩增。引物 S206 亲本间、抗感池间均有差异，但是亲本间、抗感池间差异不符；引物 S212、S303 亲本间有差异，但是抗池、感池间无差异。

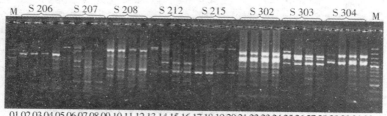

图 7 – 22　引物 S206、S207、S208、S212、S215、S302、S303、
　　　　　S304 的 PCR 扩增结果

抗亲(01,05,09,13,17,21,25,29),感亲(02,06,10,14,18,22,26,30)；
抗池(03,07,11,15,19,23,27,31),感池(04,08,12,16,20,24,28,32)

Fig 7 – 22　PCR results of primers S206,S207,S208,S212,
　　　　　S215,S302,S303 and S304

resistant parent (01,05,09,13,17,21,25,29),susceptible parent (02,06,10,14,18,22,26,30),
resistant bulk (03,07,11,15,19,23,27,31), susceptible bulk (04,08,12,16,20,24,28,32)

图 7 – 23 中，每个引物分别以抗亲 1、感亲 1、抗池 1、感池 1 的 DNA 为模板进行扩增。引物 S305 亲本间有差异，但是抗池、感池间无差异。

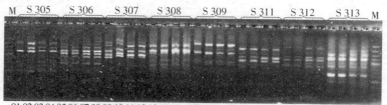

图 7 – 23　引物 S305、S306、S307、S308、S309、S311、
　　　　　S312、S313 的 PCR 扩增结果

抗亲(01,05,09,13,17,21,25,29),感亲(02,06,10,14,18,22,26,30),
抗池(03,07,11,15,19,23,27,31),感池(04,08,12,16,20,24,28,32)

Fig2 – 5 – 23　PCR results of primers S305,S306,S307,S308,
S309,S311,S312 and S313

resistant parent (01,05,09,13,17,21,25,29), susceptible parent (02,06,10,14,18,22,26,30),
resistant bulk (03,07,11,15,19,23,27,31), susceptible bulk (04,08,12,16,20,24,28,32)

　　图 7 – 24 从左至右分别为引物 S8 – S19 的扩增结果。每个引
物分别以同一引物扩增的抗亲 2、感亲 2 顺序点样。从结果中可
以看出引物 S9 没有扩增出条带。引物 S13、S14、S15、S18 在抗
亲 2 和感亲 2 之间存在明显差异,抗亲 2 多一条谱带。

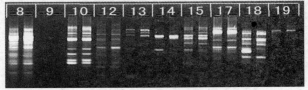

图 7 – 24　引物 S8、S9、S10、S12、S13、S14、S15、S17、
S18、S19 的 PCR 扩增结果
Fig 7 – 24　PCR results of primer S8、S9、S10、S12、S13、S14、
S15、S17、S18、S19

　　图 7 – 25 从左至右分别为引物 S228 – S237 的扩增结果。每
个引物分别以同一引物扩增的抗亲 2、感亲 2 顺序点样。从结果
中可以看出引物 S231 和 S233 没有扩增出条带。引物 S229、
S232、S234 在抗亲 2 和感亲 2 之间存在明显差异。引物 S232 为
抗亲多一条条带,引物 S229、S234 为感亲多出一条条带。

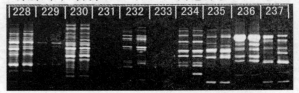

图 7 – 25　引物 228 – 237 的 PCR 扩增结果
Fig 7 – 25　PCR results of primer 228 – 237

7.2.4 抗丝黑穗病基因 RAPD 多态性差异谱带标记分析

通过筛选，发现在 Operon 公司生产的引物中，E 组引物中的 OPE14 和 OPE19 可能具有抗病基因的分子标记，见图 7-26 和 7-27。S 系列引物差异谱带见图 7-28

图 7-26 从左至右分别为 OPE14、OPE15、OPE16 的扩增图谱，每个引物分别以群体 1 的抗亲 1、抗池 1、感亲 1、感池 1 及群体 2 的抗亲 2、抗池 2、感亲 2、感池 2 的 DNA 为模板进行扩增。其中 OPE14（1~4）的感亲 1（3）、感池 1（4）比抗亲 1（1）、抗池 1（2）多扩增出一条谱带，根据 Marker 指示，大约在 3200bp 左右。

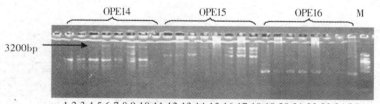

图 7-26 引物 OPE14、OPE15、OPE16 的 PCR 扩增图谱

Fig 7-26 PCR spectrogram of primer OPE14, OPE15 and OPE16

抗亲 1（1，9，17），抗池 1（2，10，18），感亲 1（3，11，19），

感池 1（4，12，20）；抗亲 2（5，13，21），抗池 2（6，14，22），

感亲 2（7，15，23），感池 2（8，16，24）；

Marker 100bp ladder（25）（最大片段为 1500bp）

resistant parent 1 (1, 9, 17), resistant bulk 1 (2, 10, 18),

susceptible parent 1 (3, 11, 19), susceptible bulk 1 (4, 12, 20);

resistant parent 2 (5, 13, 21), resistant bulk 2 (6, 14, 22),

susceptible parent 2 (7, 15, 23), susceptible bulk 2 (8, 16, 24)

图 7-27 从左至右分别为引物 OPE19、OPE20 的扩增图谱，从图中可见，其中 OPE19（1~4），抗亲 1（1）、抗池 1（2）比

感亲1（3）、感池1（4）多扩增出一条谱带，但比较弱，根据
Marker 指示，大约在 1700bp 左右。

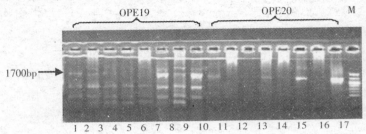

图 7 - 27   引物 OPE19、OPE20 的 PCR 扩增图谱

Fig 7 - 27   PCR spectrogram of primer OPE19 and OPE20

抗亲1（1，9），抗池1（2，10），感亲1（3，11），感池1（4，12）；
抗亲2（5，13），抗池2（6，14），感亲2（7，15），感池2（8，16）
Marker 100bp ladder（17）（最大片段为 1500bp）
resistant parent 1（1，9，17），resistant bulk 1（2，10，18），
susceptible parent 1（3，11，19），susceptible bulk 1（4，12，20）；
resistant parent 2（5，13，21），resistant bulk 2（6，14，22），
susceptible parent 2（7，15，23），susceptible bulk 2（8，16，24）

图 7 - 28 从左至右分别为 10 个引物的扩增结果。每个引物分
别以同一引物扩增的抗亲2、感亲2顺序点样。从图中可以清楚地
看出在亲本间具有多态性差异的引物是：S336、S338 和 S73。

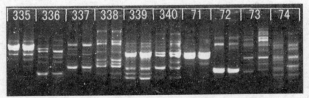

图 7 - 28   引物 S335、S336、S337、S338、S339、S340、
S71、S72、S73、S74PCR 扩增结果

Fig 7 - 28   PCR results of primer S335、S336、S337、S338、
S339、S340、S71、S72、S73、S74

以抗亲 2、感亲 2、抗池 2、感池 2 的 DNA 为模板，选取在亲本中具有多态性差异的引物进行 RAPD 分析。通过第二次筛选，共得到 11 个亲本间稳定扩增的多态性差异引物，见表 7 - 1，部分结果见图 7 - 29。

表 7 - 1　具有稳定多态性的 RAPD 引物及多态性片段的大小引物

Table7 - 1　Amplified polymorphic fragment by RAPD primer

引物 primer	多态性片段（bp） Polymorphism fragment	引物 primer	多态性片段（bp） Polymorphism fragment
S 18	850	S 127	600
S 21	350	S 201	200
S 127	1200	S 267	450
S 137	350	S 336 - 1	1500
S 228	800	S 336 - 2	700
S 355	600		

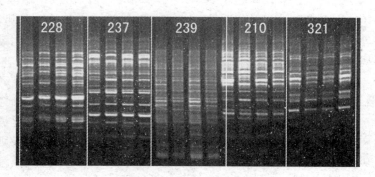

图 7 - 29　引物 S228、S237、S239、S240、S324 的 PCR 扩增结果

Fig 7 - 29　PCR results of primer S228、S237、S239、S240、S324

　　得到抗池与感池间的差异与抗亲和感亲间的差异一致的 2 个引物，3 条差异片段，分别为 S18、S336 − 1 和 S336 − 2 差异片段大小大约为 850、1500 和 700，扩增结果见图 7 − 30。

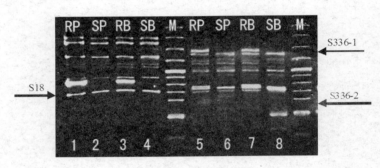

图 7 − 30　引物 S18、S336 的 PCR 扩增结果 S18（123），S336（5678）

Fig 7 − 30　PCR results of primer S18、S336

7.2.5　抗丝黑穗病基因 RAPD 多态性差异的共分离分析

　　差异谱带分析结果表明 S18 和 S336 两条引物在抗亲 2、感亲 2 与抗池 2、感池 2 间扩增出了 3 条差异片段，分别为 S18、S336 − 1 和 S336 − 2，用这两个引物对 F_2 代进行了共分离分析。共分析了 144 株 F_2 代分离群体，其中抗丝黑穗病 96 株，感丝黑穗病 48 株。

　　其中 S18F_2 代抗丝黑穗个体中有 3 株没出现多态性条带，有 9 株感丝黑穗病个体出现了该条带；S336 − 1 的 F_2 代分离群体中，6 株抗丝黑穗病 F_2 代未出现多态性条带，却有 9 株感丝黑穗病单株出现了该条带；S336 − 2 对 F_2 代的共分离分析结果则是 9 株抗丝黑穗病 F_2 单株未扩增多态性条带，而 9 个感丝黑穗病的 F_2 个体却扩增出了此条带。具体结果见表 7 − 2，7 − 3 和 7 − 4。

表 7 - 2　S18 扩增片段多态性在 F_2 代中的共分离分析

Table 7 - 2　Co - segregation analysis of amplified

polymorphism fragment in F_2 using primer S18

F_2	株数 Plant number	多态性片段 Polymorphism fragment			重组率/% Percentage of recombination
		有	无	不清晰	
抗丝黑穗病 Resistant to head smut	96	93	3	0	8.33 %
感丝黑穗病 Susceptible to head smut	48	9	39	0	

表 7 - 3　S336 - 1 扩增片段多态性在 F_2 代中的共分离分析

Table 7 - 3　Co - segregation analysis of amplified

polymorphism fragment in F_2 using primer S336 - 1

F_2	株数 Plant number	多态性片段 Polymorphism fragment			重组率/% Percentage of recombination
		有	无	不清晰	
抗丝黑穗病 Resistant to head smut	96	90	6	0	10.4%
感丝黑穗病 Susceptible to head smut	48	9	39	0	

表 7 - 4　S336 - 2 扩增片段多态性在 F_2 代中的共分离分析

Table 7 - 4　Co - segregation analysis of amplified

polymorphism fragment in F_2 using primer S336 - 2

F_2	株数 Plant number	多态性片段 Polymorphism fragment			重组率/% Percentage of recombination
		有	无	不清晰	
抗丝黑穗病 Resistant to head smut	96	87	9	0	12.5 %
感丝黑穗病 Susceptible to head smut	48	9	39	0	

　　从以上表中可见，S18、S336 - 1 及 S336 - 2 的重组率分别为 8.33%、10.4% 及 12.5%。转换成遗传距离分别为 8.4cM、10.6 cM 和 12.8cM。由于资料报道遗传距离在 10cM 左右的分子标记可用于基因定位的研究，故可将 S18、S336 - 1 和 S336 - 2 三条多态性片段回收，进行进一步的研究。S18、S336 - 1 和 S336 - 2 的 F_2 单株扩增情况见图 7 - 31，7 - 32。

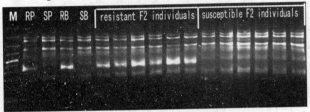

图 7 - 31　引物 S18 的 PCR 部分扩增结果

Fig 7 - 31　PCR results of primer S18

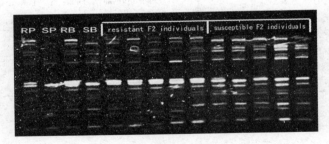

图 7 - 32　引物 S336 部分 PCR 扩增结果

Fig. 7 - 32　PCR results of primer S336

7.2.6　RAPD 多态性标记的回收克隆及测序

　　目的条带经琼脂糖凝胶电泳后采用 DNA 凝胶回收试剂盒进行割胶回收，回收后片段电泳检测结果见图 7 - 33。从检测结果可以看出，回收的条带大小与目标条带的大小相同，浓度适宜，可以用于克隆测序，克隆测序结果见①②③。测序结果表明，三个片段长分别为 844bp、1457bp 和 754。故将这三个标记命名为 S18844、S336 – 11457 和 S336 – 2754。

图 7 – 33　S18、S336 – 1、S336 – 2 回收片段

S18（3），S336 – 1（1），S336 – 2（3）左：Marker II、右：Marker I

Fig. 7 – 33　recycle polymorphism fragment of S18、S336 – 1、S336 – 2

①S18

```
  1 TCCACAGCAG TTGTACATCA GGTTTGCCTT CGTCTCCAAT CTCTTAGCAT
 51 TTTTCTCCTG GTTAATTTGA CTTCTCATTC GAGATGGGGA TAACTTTTGT
101 TACTGTATGG TGCTATAATA ATTTCATCAT TTCTGAGCTT GTTGGTTTCT
151 TTGTGGAACT ACTGAAATTG TGTTCACTAA TTCACTTGAT AGATTATGCT
201 CTTAATAGAA ATTCAGCATA GTGCAGAGTG TCATTTCACT ATATTTTGTT
251 ATTTTTAAGT AATATATGCT GGAGAGGGTT GCATCGCTTT TCCAAGCTGA
301 GACTTAGGTT TAAGTAAATA TGGTCCATAT GGTGTTGGGT TATCCTATTT
351 GTGTTAGGAA ACTACAAATT GACTGCTTGG TGCTTTTGTT GAGCTCTGAA
401 GATATTTTCT GGTAGTATTC AAGAGTAGCA TTCAACTTAT TCTACCCTAT
451 GTTTTATTAG GAAGCTCTAG CTGCAGCTTT TGGAAATGGT TTATCTACAG
501 CTTGTGTTGT CAACATTGGT GCTCAAGTTA CACAAGTAGT TTGTGTTGAG
551 GTAATAACCC TTGTATTTTT TTAATTATTG CATTAATTGC ATGGAATGCA
601 GGTCTTATTT TTAGTTCCGG GAAATCTTTT CTTGAAACTC TATTTAGATA
651 TCAACATACC ATCTTCCCCC AATGTTTTAC AGGATGGAGT AGCTTTGCCA
701 CACACAGCTT TGGCGCTTCC ATATGGTGGA GATGTATGTT TTCTTGCACA
751 ATAAATTTTC ATTACTTTTG TCGTTCTATC CATATGGCGT CATTTCTCA
```

801 TGTACTATGG TGTTTTTTTT TGGCAATTAT GTACTGCTGT GGAA

② S336 – 1

1 TCCCCATCAC CATGCAACAT TAAATTAAAT GCACCCAAAC TCAATTTTTG

51 CAAAATTCAA GCTTGGAGAA AACTTTCTAA GAACATCCCC TACCATGTTG

101 CTATCTTGGT TATCCCCTGC ATGGTGCCTA GTTTCGGAGT GGTGATCTTG

151 TTTTCAAAGG CCTTTTAAAT TAAGCGTGGT GCTTAGGTTA AAATGCCCTC

201 TTAAGTCAAA TTAGACATGG TGTCTAGGTT GATTTTTGAG CCAATAGTAT

251 GCTATAGTGG ATGTTGGATA CTTTGTTGGA CTAACCCCTT TAGAGAAACT

301 TTCAGAAGTC AAACTGGGAA GTCCTGAGAT GAACTCAGAT GGAGAAAGAA

351 GAGATACATG AACTTCAACA ACCTCGCATA AGGAGAACAT AGCTTATGGA

401 GAGATCCATG GAACAAGAAG ATGAGTGCCA CAAAACAAGA TCTACAATCA

451 AAACAACCAC TCCATGGAAG AGGGTGAACA AATCACCACC AGGCCCCTTC

501 AAGACAAATA CCATCATGGA GAAACTCTTA AGACAATGAA GGGAGCACAA

551 GGACCAACAA GAATGCCAAG ATTAGGAGAA CAAAAAGATG GTGAAAATAA

601 GCCATTCACA CCAGCTGGGC AAGAGAAGCT TCCACAAGGT TGTTCAATAC·

651 CATAACCCTT CAAATGATAA GGTAAACACC TTGACGTATA TAATCACTAT

701 TTAGAAAGCT TTTCTCGATC TTGGTATGCA CATAAATGAA GAACCAAACA

751 TGTTTAAGTT GCAACCACAC TTGATCCAAC CTGATCAACT TAACGTGTTT

801 AGTTCTTAAA TCTTTGTTCT TTGCTTCACT CTCTTGATCT CACTGTCTTA

851 ACCAAATGAG CTAAAAATGT TGCATATTCA CACTCATGCT CATCTTCTAA

901 TCTTATCACC CATAAATATC ACTTTTATCT TGTTCACCAT GCCTAAGATT

951 AGAGAAGAAC GAACAAAAAT TTTGGTTCTG TTTGTGTTTT TCCACCAATA

1001 GAGCCCATGC AGTTGATCTT TGCCTTGTCT TTATGAGCAG GACACACTTT

1051 GAGCAAAACA TGGAGATTGT CAACTCCCAA ATTCTACATA TGAAGGTCCT

1101 GAAGCTACAA GAACACGCAC ACTGGACAAG ATGCTGCCAG CTTCCACAAT

1151 CAATGCTTCA CATCAAACTG TTGGACTAAT GAAGAACATG GGTGACACCA

1201 TTGCAAGAGG TGCAGTTGTC AAGTCTCCAC CTTTGGGATT ATACAATGCA

1251 CCTAAGGCCT TGTTTAGTTC CCAAAATTTC AAGTTTTTGG ATACTATAGC

1301 AATTTCATTT TTATTTGGCA AATATTGTCT AATCATAGAC TAACTAAGCT

1351 CAAAAGATTC ATCTCACGAT TTACAGGCGA ACTATGAAAT TAGTTTTTTT

1401 ATTTTTATCT ATATTTAATG CTCCATGCAT GTGCCGCAAG ATTCGATGTG

1451 ATGGGGAA

③ S336 – 2

```
  1 TCCCCATCAC ATCGAATGTT GCGGCACATG CATGGTGCAT TAAATATACA
 51 TGAAAACAAA AAACTAATTG CACAGTTCAT CTATAAAATT ACTACAATTT
101 TGATCTTGTC TCACTCACCA AGGAAGTATT TTTTCTCTCA GATTTTTTGT
151 ACTTATTATG TTTTCTTATC TATGCATCTT AATTATTTTG AACAGGCGCT
201 GCCGCTCCTT AAGAAATTGG TGGTGCAATC GTCTTGGTCG TTTAGGACAG
251 GTGTGTCTCC TTTTGAACAT GTGTTCTGCT GCTATGCACA AGAAAATTGA
301 TAGGATCCGT TGTAAAATTC TAATATCTAA TACATACTCT CTCTCTCTTC
351 TAAATTCGAA GATGTTTTGG CATTTCAACA TATGTAGCTT TTGTTGTACA
401 CTTAGGTTTA TGCTATACTT AGGTACATAG TAAAAGCAAT GTGTCTAGAA
451 ATCCAGCAGC TAGGGATAGC AGGAGAGGCC ATGCTGACTG GTGGATGCCA
501 GAGCAGCGGA GATGGCTGC GTTGGTAGTC AAGAGTACGG TCCACACCAG
551 CCGGTAGGAG CACGGATCCA CTGCTCTCCA GATCTGCCAT TGGGGGTGCG
601 GATCCGCTGC TCCGCAGTTG GGCTCGCTGG ATCCACCACT CGCTACCTGT
651 TGCCTGCTCG GGGATGGGGC TCGGCAGATC GCCCCTGCCA GCTGCCTGCT
701 TGGGCTGGGG CTCACCAGAT CTGCTGCTGC CAGTTGTCTA CTTGTGATGG
751 GGAA
```

7.2.7　RAPD 标记转化为 SCAR 标记

7.2.7.1　SCAR 引物的设计

　　根据特异片段 S18、S336 – 1 和 S336 – 2 两端序列和引物设计原则（避免发夹结构，适当的 G + C 含量），在序列两端设计了二对特异性引物，见表 7 – 5。

表 7 – 5　SCAR 引物序列

Table 7 – 5　primer sequence of SCAR

SCAR 引物	引物序列
$S18_{844}$	5′ TCCACAGCAGTTGTACATCAG　3′
	5′ TTCCACAGCAGTACATAATTGCC　3′
$S336 – 1_{1457}$	5′ TCCCCATCACCCATGCAAC　3′
	5′ TTCCCCATCACATCGAATC　3′
$S336 – 2_{754}$	5′ TCCCCATCACATCGAATG　3′
	5′ TTCCCCATCACAAGTAGACAAC　3′

7.2.7.2   SCAR 引物 PCR 体系和程序的优化

对特异引物 $S18_{844}$、$S336-1_{1457}$ 和 $S336-2_{754}$ 的 PCR 反应条件进行优化，SCAR 反应体系为：10Xbuffer $2.5\mu l$，$MgCl_2$ $2.5\mu l$，dNTP（$10mmol/L$，$2.5mmol/L$ each base）$1\mu l$，BSA（$5mg/ml$）$1\mu l$，正向引物（$10mM/\mu l$）$0.5\mu l$，反向引物（$10mmol/L$）$0.5\mu l$，Taq DNA 聚合酶（$5\mu/\mu l$）$0.25\mu l$，模板 DNA（$100ng/\mu l$）$1\mu l$，H_2O $15.7\mu l$。

优化后的 SCAR 反应程序为：

引物 S18：预变性 95℃ 4min→（94℃ 1min→58℃ 50s→72℃ 1min）→35 个循环→72℃ 10min→4℃ 保存。

引物 S336-1：预变性 95℃ 4min→（94℃ 1min→66℃ 50s→72℃ 1min）→35 个循环→72℃ 10min→4℃ 保存。

引物 336-2：预变性 95℃ 4′→（94℃ 1min→56℃ 50s→72℃ 1min）→35 个循环→72℃ 10min→4℃ 保存。

7.2.7.3   SCAR 标记单株检测结果

用上面设计的 3 对引物对扩增抗亲 2（抗病恢复系 622B）、抗亲 2（感病恢复系 7050B）及二者杂交后的 F_2 单株，结果表明 SCAR 标记和抗丝黑穗病基因的 RAPD 标记的连锁性完全一致，结果见图 7-34、7-35 和 7-36。

从图 7-34 中可见，抗亲（1）和抗丝黑穗病单株（3-7）都在 844bp 处扩增出一条谱带，而感亲（2）和感丝黑穗病单株（8-12）都未扩增出任何片段。

从图 7-35 中可见，抗亲 2（抗病恢复系 622B）（1）和抗丝黑穗病单株（3-7）都在 1457bp 处扩增出一条谱带，而感亲 2（感病恢复系 7050B）（2）和感丝黑穗病单株（8-12）都未扩增出任何片段。

从图 7-36 中可见，抗亲 2（抗病恢复系 622B）（1）和抗丝黑穗病单株（3-7）都在 754bp 处扩增出一条谱带，而感亲 2（感丝黑穗病恢复系 7050B）（2）和感丝黑穗病单株（8-12）都未扩增出任何片段。说明SCAR标记特异性强，PCR产物只为一条条带，易于区分。这样就顺利地将RAPD标记转化为了稳定性重复性很好的SCAR标记。

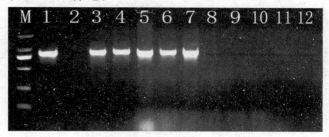

图7－34　S18的SCAR标记对部分单株的检测结果

Fig 7－34　The PCR detection for some individuals with the specific S18 SCAR primers

抗亲－1，感亲－2，F$_2$抗单株（3～7），F$_2$感单株（8～12），Marker III

resistant parent－1, susceptible parent－2, F$_2$ resistant－segregation

individual（3～7），F$_2$ susceptible segregation individual－6（8～12）

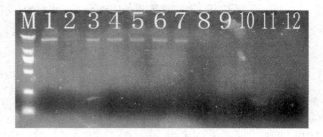

图7－35　S336－1的SCAR标记对部分单株的检测结果

Fig 7－35　The PCR detection for some individuals with the specific S336－1 SCAR primers

抗亲－1，感亲－2，F$_2$抗单株（3～7），F$_2$感单株（8～12），Marker III

resistant parent－1, susceptible parent－2, F$_2$ resistant－segregation

individual（3～7），，F$_2$ susceptible segregation individual－6（8～12）

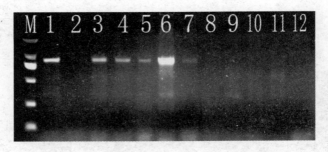

图 7 – 36　S336 – 1 的 SCAR 标记对部分单株的检测结果

Fig 7 – 36　The PCR detection for some individuals with

the specific S336 – 1 SCAR primers

抗亲 – 1，感亲 – 2，F_2 抗单株（3~7），F_2 感单株（8~12），Marker III

resistant parent – 1， susceptible parent – 2，F_2 resistant – segregation

individual（3~7），，F_2 susceptible segregation individual – 6（8~12）

7.3　结　论

（1）本实验对 PCR 循环次数、退火温度以及 PAPD 反应体系中 DNA 浓度、$MgCl_2$ 浓度和 dNTPs 浓度的优化，得出适宜本实验的最佳反应体系及反应条件，确定了 RAPD 标记的 PCR 最佳反应系统为：

反应体系：10 × Buffer 2.5μl，25mmol/L $MgCl_2$ 2.5μl，40mmol/L dNTPs 0.5μl，5U/μl Taq 酶 0.5μl，2μmol/μl 引物 1.0μl，DNA 模版 40ng/μl，用 ddwatwe 补足 25μl。

反应条件：94 ℃ 3 min →（94 ℃变性 20s →38 ℃退火 30 s →72 ℃延伸 80 s）35 次循环→72 ℃延伸 10 min →4 ℃保存备用。

（2）不同引物的 RAPD 扩增产物大多存在明显区别，但抗病与感病亲本，及抗池与感池之间差异一致的很少。

（3）在寻找 RAPD 标记的过程中发现，有时恢复系群体具有 DNA 片段多态性，而保持系群体中没有相同的片段多态性；相反，有时保持系群体中存在多态性，而恢复系群体中没有，这些反映出恢复系和保持系在抗性机制上不完全相同。

（4）本实验用 900 条 RAPD 引物对高粱抗丝黑穗病保持系亲本进行分析。其中 777 个引物扩增出产物，123 个引物未扩增出产物扩增率为 86.3%。实验中 Operon 公司生产的引物和上海生工生物技术有限公司生产的 S 组分别有 2 条和 11 条引物在亲本间具有多态性差异，在对 F_2 代个体进行了共分离分析，结果表明 S18、S336 这两条引物扩增出的这三个片段 S18、S336 – 1 和 S336 – 2 与抗病基因连锁，重组率分别为 8.33%、10.4% 和 12.5%，遗传距离分别为 8.4cM、10.6 cM 和 12.8cM。

（5）将与抗丝黑穗病基因连锁的多态性谱带 S18、S336 – 1 和 S336 – 2 回收、克隆、测序。根据测序结果将标记命名为 $S18_{844}$、$S336 – 1_{1457}$ 和 $S336 – 2_{754}$，同时根据测序结果设计了 3 对特异性引物，优化并建立了 SCAR – PCR 反应程序，将 RAPD 标记转化为了 SCAR 标记，并对 F_2 代抗感分离群体进行单株检测，连锁性与 RAPD 完全一致。从而顺利地建立了 3 个与抗丝黑穗基因紧密连锁的 SCAR 标记。

（6）获得的 3 个与抗丝黑穗基因紧密连锁的 SCAR 标记可以应用于抗丝黑穗品种的鉴定，为分子标记辅助育种和抗性分子机理的研究奠定了基础。

第8章 高粱抗丝黑穗病 3 号生理小种基因 SSR 标记的筛选

SSR 标记是进行群体遗传结构分析、构建遗传连锁图谱的有效工具。SSR 具有多态性强、数量多、多数共显性、所需模板量少、质量要求不高、不需要放射性同位素、重复性好以及可直接定位等优点，已成为目前应用最为广泛的标记技术之一。

SSR 标记广泛应用于许多农作物多态性检测中，但对高粱丝黑穗病抗性基因的分子标记，国内尚未见报道做过，也未检索到国外有关这方面的报道。即使国外有人做过类似研究，但由于中国高粱丝黑穗病生理小种与国外不同，他们的研究结果也不能为我们所用。鉴于本实验中未能找到稳定可靠的高粱抗丝黑穗病 3 号生理小种基因的 RAPD 标记，本研究拟采用 SSR 标记技术寻找与抗中国丝黑穗病 3 号生理小种基因紧密连锁的 DNA 片段，以便筛选出相应的引物，达到对抗丝黑穗病基因的标记与定位，实现对抗丝黑穗病育种的分子标记辅助选择，为尽快选育出抗丝黑穗病高粱新品种提供新的技术手段。

8.1 材料与方法

8.1.1 实验材料

同本书第二篇，第 7 章的有关内容。

8.1.2　SSR 引物及 PCR 扩增试剂

实验采用 165 对 SSR 引物。包括由 ICRISAT 提供的 109 对。其中，18 对位于 A 连锁群上，21 对位于 B 连锁群上，9 对位于 C 连锁群上，9 对位于 D 连锁群上，7 对位于 E 连锁群上，4 对位于 F 连锁群上，4 对位于 G 连锁群上，9 对位于 H 连锁群上，9 对位于 I 连锁群上，8 对位于 J 连锁群上，11 对连锁群未知（详见附录 I）。采用引物均由上海生工生物工程技术服务有限公司合成。

5U/μl Taq 酶（Fermantous）、10mmol/L dNTPs、DNA Marker 均购于上海生工生物工程技术服务有限公司。

8.1.3　仪器设备

SORVALL 冰冻离心机，FA1604M 电子天平，超低温电冰箱 EC330，P7021TP – 6 微波炉，Milli – Q 超纯水仪，AF – 100 型制冰机，凝胶成像系统，光照培养箱 PQX – 600A – 12HR，恒温水浴锅，EN 61010 – 1 PCR 扩增仪，EC250 – 90 Thermo Electron Corporation 水平电泳仪、EC330 电泳槽，DYY – 10C 型垂直板电泳仪、DYCZ – 20C 电泳槽恒温振荡器，北京市六一仪器厂生产的 DYY – 10C 型垂直板电泳仪、DYCZ – 20C 电泳槽恒温振荡器等。

8.1.4　试剂及其配制

8.1.4.1　试剂

29:1 丙烯酰胺/甲叉丙烯酰胺溶液，19:1 丙烯酰胺/甲叉丙烯酰胺溶液、10% 过硫酸铵，N，N，N，N – 四甲基乙二胺（TEMED），尿素溶液，浓硝酸，硝酸银，甲醛，碳酸钠，冰醋酸，氨水，氢氧化钠，甘油，5 × TBE 电极缓冲液，0.5mol/L EDTA（pH8.0）等。

8.1.4.2　主要试剂配制方法

尿素溶液：212g 尿素与 100ml 5×TBE 混合均匀，用重蒸水定容至 500ml，过滤后备用。

5×TBE 电极缓冲液：54g Tris 碱，27.5g H3BO3，20ml 0.5mol/L EDTA（pH8.0），重蒸水定容至 1000ml。

SSR 电泳胶的配制：总体积 60ml：其中含 12ml 5×TBE buffer、12ml 29∶1（w/w）丙稀酰胺/甲叉丙稀酰胺（Acr/Bis）、36ml 蒸馏水、80μl TEMED（N，N，N^1，N^1-四甲基乙二胺）、400μl 10% 过硫酸铵。

亲和硅烷 Bind-Silane 的配制：1ml Binding Silane、95ml 95% 乙醇或无水乙醇、4ml 醋酸。剥离硅烷 Repel-Silane：上海生工生物技术有限公司生产的原液。

硝酸银染色液配制：2g 硝酸银溶解于水中后，加入 8ml 氢氧化钠，然后用氨水滴定，当溶液变清澈后，再加入 1ml 的氨水，用水定溶至 2L。

显色剂配制：32g 碳酸钠定溶至 2L，用时加入 0.4ml 37%~40% 甲醛。

8.1.5　实验方法

8.1.5.1　DNA 提取、近等基因池的建立、琼脂糖电泳同第二篇 第 6、7 章。

8.1.5.2　SSR PCR 基本反应体系

反应体系：10×Buffer 2.0μl，25mmol/L MgCl$_2$ 2.0μl，10mmol/L dNTPs 1.5μl，1U/μl Taq 酶 2.5μl，2μmol/μl 引物 1.5μl，DNA 模版 100ng（2μl），用 ddwatwe 补足 20μl。

反应条件：94℃ 5 min →（94℃ 变性 20s →57℃ 退火 30s →72℃ 延伸 40s）35 次循环→72℃ 延伸 10 min →4℃ 保存备用

8.1.5.3　SSR-PCR 扩增反应体系的优化

优化实验中选用 Xtxp284 为扩增引物，对影响高粱抗丝黑穗病 SSR – PCR 反应的 5 个主要因素进行梯度实验。本实验所用试剂的浓度分别为 10 × Buffer，25mmol/L MgCl$_2$，10mmol/L dNTPs，1U/μl Taq 酶，2μmol/L 引物，100ng DNA 模版（2μl）。反应时优化加入 0.2ml Eppendorf 管内 Tag 酶、dNTPs、MgCl$_2$、模板 DNA、引物的体积，具体内容见表 8 – 1 所示。

表 8 – 1 SSR – PCR 扩增反应组分的优化

Table 8 – 1 Optional conditions for SSR – PCR ingredients

Tag 酶体积/μl Tag enzyme volume	dNTPs 体积/μl dNTPs volume	MgCl$_2$ 体积/μl MgCl$_2$ volume	模板 DNA 体积/μl Template DNA volume	引物体积/μl Primer volume
1.5	0.5	0.5	0.5	0.5
2.0	0.75	1.0	1.0	0.75
2.5	1.0	1.5	1.5	1.0
3.0	1.25	2.0	2.0	1.25
3.5	1.5	3.0	2.5	1.5
	1.75	3.5	3.0	1.75

反应产物进行 3% 琼脂糖凝胶电泳，电压 90V，电泳时间 1h。电泳结束后，在凝胶成像系统 440 – CF 下观察拍照。

8.1.5.4 聚丙烯酰胺凝胶电泳（PAGE）

采用非变性聚丙烯酰胺凝胶电泳方法，凝胶由 29:1（w/w）丙稀酰胺/甲叉丙稀酰胺制成，用 0.5 × TBE，电泳时以 550 ~ 800 V 电压稳压进行，电泳时间一般 3hr 左右，点样量 2μl。

1. 变性 PAGE 的配制、灌胶及电泳过程

1）6% 变性聚丙烯酰胺凝胶配方

尿素溶液 68ml，19:1 丙烯酰胺·甲叉丙烯酰胺 12ml，10% 过硫酸铵（现用现配）400μl，TEMED 40μl，混匀。

2）灌胶方法

长板、短板分别先用重蒸水擦拭两遍，再用 75% 乙醇擦拭

两遍，用擦镜纸在长板上均匀涂抹 $400\mu l$ 亲合硅烷，短板上均匀涂抹 $400\mu l$ 剥离硅烷。在长板两侧放上胶条后，将短板盖在长板上，用夹子夹紧玻璃板。将配制好的胶溶液放在专用的灌胶瓶中，均匀倒入已经擦拭干净的两块板的空隙中，注意不要产生气泡，灌好以后倒插梳子，静置过夜。

3）DNA 变性方法

在点样之前，先将装有 SSR – PCR 产物的 0.2ml Eppendorf 管放入电泳仪中，94 ℃ 变性 5 min，取出后马上置于冰上冷却。

4）电泳过程

向电泳槽的下槽倒入 1×TBE 缓冲液，使缓冲液没过电极线，将胶板依次放入下槽内，固定。向上槽内倒入 1×TBE 缓冲液，拔下梳子，将长板内侧多余的胶除去（此时最好用胶头滴管沿板口向下吹气，以便梳子插入）。使梳子具齿的一端向下，插入胶面内，插入的深浅要适度。800V 预电泳 30min 后进行点样，点样量为 $2\mu l$。800V 恒压电泳 90min。

2. 非变性 PAGE 的配制、灌胶及电泳过程

1）8% 非变性聚丙烯酰胺凝胶配方

29:1 丙烯酰胺·甲叉丙烯酰胺 16ml，5×TBE 16 ml，ddwater 48ml，10 % 过硫酸铵（现用现配）$400\mu l$，TEMED $40\mu l$，混匀。

2）灌胶方法

分别用重蒸水和 75% 乙醇擦板两次，$400\mu l$ 亲合硅烷、$400\mu l$ 剥离硅烷分别擦在长、短板上，将短板盖在长板上。将配制好的胶溶液放在灌胶瓶中，均匀倒入已经擦拭干净的两块板的空隙中，灌好以后倒插梳子，待胶凝固。

3）电泳过程

向槽内倒入 1×TBE 缓冲液，拔下梳子，将长板内侧多余的胶除去，重插梳子，使梳子具齿的一端向下，插入胶面内，插入的深浅要适度。500V 预电泳 10min 后进行点样，点样量为 $2\mu l$，

500V 恒压电泳 2h。

8.1.5.5　聚丙烯酰胺凝胶电泳两种染色方法

聚丙烯酰胺凝胶电泳后，卸下夹子，用钢板尺撬开短板，将附有凝胶的长板胶面向上浸入染色液中染色，染色的每一过程均需在恒温振荡器上轻轻摇动，两种银染方法见表 8 - 2 所示。最后用数码相机记录实验结果。

表 8 - 2　两种银染方法的比较

Table 8 - 2　Comparison of two silver staining methods

步骤 Steps	硝酸银染色 nitrate silver taining	时间 time	银氨染色 dimmine silver staining	时间 time
洗脱	- - - - -		ddwater	3 ~ 5min
固定	10% 乙醇, 0.5% 冰醋酸	10min	0.2% CTAB	20min
	1.5% 硝酸	3min	0.5% 氨水	15 ~ 20min
洗脱	ddwater	1min	- - - - -	
银染	0.2% 硝酸银	20min	0.2% 硝酸银,8ml 氨水, 8ml 1M NaOH	15min
洗脱	ddwater	1min	ddwater	2min
显色	3% 碳酸钠, 0.54ml 甲醛	7 ~ 9min	3% 碳酸钠, 0.4ml 甲醛	4 ~ 6min
终止	5% 冰醋酸	5min	3% 甘油	5min
	ddwater	2min	ddwater	1min

8.2　结果与分析

8.2.1　反应体系中各组分对 SSR - PCR 扩增的影响

8.2.1.1　Taq 酶对 SSR - PCR 扩增的影响

本实验设置了 5 个梯度（见图 8 - 1a），当加入 Taq 酶体积

为 $1.5 \sim 2.0 \mu l$ 时，扩增产物量很少，条带很模糊；当加入 Taq 酶体积为 $2.5 \mu l$ 时，可以得到较好的扩增效果，产生清晰的条带；继续提高酶的用量（加入 Taq 酶体积为 $3.0 \sim 3.5 \mu l$ 时）并不能明显增加扩增产物的量。因此，当加入 Taq 酶体积为 $2.5 \mu l$ 时，为最优选择。

8.2.1.2 dNTPs 对 SSR - PCR 扩增的影响

本实验设置了 6 个梯度（见图 8 - 1b），当加入 dNTPs 体积为 $0.5 \mu l$ 时，生成扩增产物量较少，条带不清晰；当加入 dNTPs 体积为 $0.75 \sim 1.25 \mu l$ 时，条带清晰稳定，扩增效果很理想；当加入 dNTPs 体积为 $1.5 \sim 1.75 \mu l$ 时，扩增产量达到高峰后逐渐减少。因此，本文选择加入的 dNTPs 体积为 $1.0 \mu l$。

8.2.1.3 $MgCl_2$ 对 SSR - PCR 扩增的影响

本实验设置了 7 个梯度（见图 8 - 1c），当加入 $MgCl_2$ 体积为 $0.5 \sim 1.0 \mu l$ 时，无扩增产物生成；当加入 $MgCl_2$ 体积为 $1.5 \sim 2.0 \mu l$ 时，均产生清晰的条带；当加入 $MgCl_2$ 体积为 $2.5 \sim 3.5 \mu l$ 时，条带逐渐变模糊。因此，当加入 $MgCl_2$ 体积为 $1.5 \mu l$ 时，为最优选择。

8.2.1.4 模板 DNA 对 SSR - PCR 扩增的影响

本实验设置了 6 个梯度（见图 8 - 1d），从实验结果来看，模板对扩增没有太大的特异性。只有加入模板体积为 $2.0 \mu l$ 时，扩增量较大，因此，本文选择加入的模板体积为 $2.0 \mu l$。

8.2.1.5 引物对 SSR - PCR 扩增的影响

本实验设置了 6 个梯度（见图 8 - 1e），当加入引物体积为 $0.5 \sim 1.0 \mu l$ 时，扩增产物量很少，条带不是很清晰；当加入引物体积为 $1.25 \sim 1.5 \mu l$ 时，扩增出的条带较清晰，亮度适中；当加入引物体积为 $1.75 \mu l$ 时，浓度过高，非特异性扩增增加，目的 DNA 片段的扩增量下降。因此，本文选择加入的引物体积为 $1.5 \mu l$。

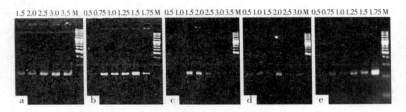

图 8 - 1　SSR - PCR 扩增反应组分的优化

a. Tag 酶体积梯度（μl）b. dNTPs 体积梯度（μl）

c. MgCl$_2$ 体积梯度（μl），d. 模板 DNA 体积梯度（μl）e. 引物体积梯度（μl）

Fig 8 - 1　Optional conditions for SSR - PCR ingredients

a. Tag enzyme volume（μl）b. dNTPs volume（μl）

c. MgCl$_2$ _ volume（μl），d. Template DNA volume（μl）e. Primer volume（μl）

8.2.1.6　五种因素对 SSR - PCR 反应的影响

综上所述，本文设计的五个因素，均对 SSR - PCR 扩增结果产生较大影响。

Taq 酶浓度直接决定扩增的成功与否，没有酶的催化，反应无法进行。Taq 酶浓度过低合成产物量减少；酶浓度过高可引起非特异性扩增，产生大量弥散带，从而使背景加深。

dNTPs 是 SSR - PCR 反应的原料，dNTPs 浓度过高会与部分 Mg^{2+} 相结合，从而与酶竞争 Mg^{2+}，使得酶的活性降低，扩增产物大大减少，并且还会导致 SSR - PCR 错配，出现非特异性扩增，影响结果（张春平等，2009）；dNTPs 浓度过低，会影响反应效率，甚至会因 dNTPs 过早消耗而使产物单链化，影响扩增效果。

Mg^{2+} 浓度不仅可直接影响酶活性的发挥，还还能与反应液中的 dNTPs、模板 DNA 及引物结合，影响引物与模板的结合效率、模板与产物的解链温度以及产物的特异性和引物二聚体的形成（Sambrok J 等，1993），也就是说，MgCl$_2$ 浓度过低会降低 Taq 酶的活性，影响 PCR 扩增产量，使 PCR 扩增不出条带；浓度过高可降低 PCR 扩增的特异性，出现非特异性扩增。

　　适宜的模板 DNA 是保证特异性扩增的前提。模板 DNA 太少时，靶序列与引物的结合效率低，扩增时会产生假的条带；模板量过多会降低特异性扩增效率，增加非特异性产物。

　　引物浓度关系到扩增产物的质量。引物浓度太低不能有效地扩增，即扩增得不到产物或产量过低；引物浓度太高会引起错配和非特异性扩增，引物二聚体形成增加，导致条带不稳定及清晰度下降。

8.2.1.7　高粱抗丝黑穗病基因 SSR – PCR 反应体系的建立

　　根据上述实验得到的结果，将高粱 DNA 用随机挑选的 10 对 SSR 引物扩增，在 3.0% 琼脂糖上进行凝胶电泳，结果如图 8 – 2a 所示，10 对引物均扩增出理想条带。用引物 Xtxp284 对 10 个高粱 F_2 个体扩增，结果见图 8 – 2b，可以看到，不同高粱 DNA 均能扩增出理想条带。综合以上结果，确定最佳 SSR – PCR 反应体系为：$20\mu l$ 反应体系中含，$1U/\mu l$ TaqE $2.5\mu l$，$10mmol/L$ dNTPs $1.0\mu l$，$25mmol/L$ $MgCl_2$ $1.5\mu l$，模板 DNA100ng（$2.0\mu l$），$2\mu mol/L$ 引物 $1.5\mu l$，$10 \times$ Buffer $2.0\mu l$。

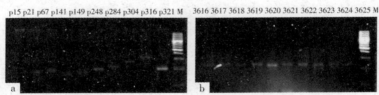

p15 p21 p67 p141 p149 p248 p284 p304 p316 p321 M　　3616 3617 3618 3619 3620 3621 3622 3623 3624 3625 M

图 8 – 2　用优化条件扩增出的 SSR 条带

a. 以 3620 为模板用不同引物进行检验

b. 以 Xtxp284 为引物，用不同模板进行扩增

Fig 8 – 2　SSR patterns with optimal reaction conditions

a. SSR patterns of 3620 template DNA with different primers

b. SSR patterns of Xtxp284 primer with different template DNA

8.2.2 聚丙烯酰胺凝胶电泳两种染色方法

8.2.2.1 硝酸银染色

硝酸银染色结果见图 8 – 3a，图 8 – 3b 所示。图 8 – 3a 为随机挑选的 5 对不同引物 Xtxp248、Xtxp265、Xtxp302、Xtxp316、Xtxp320 与高粱抗亲 DNA 扩增后的结果，图 8 – 3b 为同一引物 Xtxp265 与高粱 F_2 代个体 DNA 扩增后的结果。

硝酸银染色适宜的凝胶温度、染色温度、显色温度均为 10℃，较适宜冬季实验室选用的染色方法。染色时间总计 49 ~ 51min，操作时间较短，背景颜色浅，条带较清晰，对比度较好，适用于大量筛选引物时的染色方法。

8.2.2.2 银氨染色

银氨染色结果见图 8 – 3c，图 8 – 3d 所示。图 6 – 3c 为随机挑选的 5 对不同引物 Xtxp248、Xtxp265、Xtxp302、Xtxp316、Xtxp320 与高粱抗亲 DNA 扩增后的结果，图 8 – 3d 为同一引物 Xtxp265 与高粱 F_2 代个体 DNA 扩增后的结果。

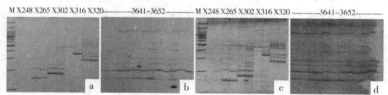

M X248 X265 X302 X316 X320 ---------3641-3652--------- M X248 X265 X302 X316 X320 ----------3641-3652----------

图 8 – 3　两种银染方法对亲本、F_2 代个体 SSR – PCR 产物的扩增图谱

a. b. 硝酸银染色，c. d. 银氨染色

Fig 8 – 3　SSR – PCR spectrogram of parents

and F_2 using two silvers taining methods

a. b. nitrate silver taining method, c. d. dimmine silver staining method

银氨染色方法适宜的凝胶温度、染色温度、显色温度均为 25℃，较适宜夏季季实验室选用的染色方法。染色时间总计

65～74min，操作时间较长，背景颜色较深，DNA 条带显色更深、更快、灵敏度更高，对比度好，能看到副带染色，可用于基因定位、品种指纹图谱分析、遗传多样性研究等。

8.2.2.3　影响两种染色方法的因素

本实验分别采用两种不同银染方法对非变性聚丙烯酰胺凝胶电泳进行染色，结果表明这两种染色方法均能够满足检测高粱SSR 产物的要求，并有各自的特点。虽然硝酸银染色具有操作时间较短、背景颜色浅等优点，但银氨染色的灵敏度明显优于硝酸银染色。其中有很多因素影响染色结果。

1. 显色液温度

硝酸银染色中显影的适宜温度为 10℃，显影时间短，背景浅，若提高显色温度则背景加深，显影时间缩短不易控制；银氨染色中显影的适宜温度为 25℃，显影时间短，背景浅，若降低显色温度，则 DNA 条带显色变慢，灵敏度降低，对比度不好，延长显色时间。

2. 硝酸银浓度

硝酸银量不足会使 DNA 带变浅，失效则导致胶板变空白，染色液与显影液混合也不会变棕黑色；量过多，导致嵌入或残留在胶板上的银离子增多，甲醛相对浓度减弱，在增加背景颜色的同时影响 DNA 带的显影（王亚军等，2005）。因此本实验均采用 0.2% 硝酸银，使 DNA 带型显色更深、更快、灵敏度更高。

3. 染色水质

一般认为，染色过程中对水的 pH 值及水纯度的要求很高。pH 值过高过低都会导致银染显带颜色或深或浅或模糊。所以在鉴定分析过程中，最好能将所用水的 pH 值调到 7.0，以保证其pH 值的稳定（蔡辉儒等，2009）。本实验中选用自来水、蒸馏水及重整水进行实验，结果表明，自来水染色后的胶板背景模糊，DNA 条带对比度不明显，达不到所要求的效果；自来水与重蒸水效果相差不明显，但是还是建议用重蒸水染色较好。

8.2.3 高粱抗丝黑穗病基因近等基因池的 SSR 分析

8.2.3.1 高粱抗丝黑穗病基因 SSR 多态性标记在亲本间的筛选

SSR 多态性标记筛选首先在抗亲、感亲间进行。本实验选用165 对 SSR 引物，对抗丝黑穗病两个群体进行了抗丝黑穗病基因的 SSR 筛选分析，从165 对引物中筛选出115 对引物有扩增产物，且条带清晰、稳定，扩增率为70%。群体1的抗亲1、感亲1、抗池1、感池1；群体2的抗亲2、感亲2、抗池2、感池2扩增结果见图8−4~8−9。

对抗亲1、抗亲1扩增结果见图8−4、8−5。由图8−4可见，所有引物均扩增出产物，引物 IS10 215、IS10 263，IS10 264，Xcup47、Xcup74 和 Xcup5 扩增出的谱带有差异，差异谱带分别位于190bp 处、320bp 处、170bp 处、280bp 处、275bp 处和215bp 处。由图8−5可见，所有引物均扩增出产物，引物 IS10 215、IS10 263，IS10 264，Xcup47、Xcup74 和 Xcup5 扩增出的谱带有差异，差异谱带分别位于190bp 处、320bp 处、170bp 处、280bp 处、275bp 处和215bp 处。

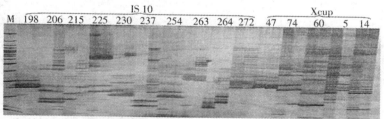

图8−4 部分 IS10 引物、部分 Xcup 引物的 SSR − PCR 扩增结果
抗亲(01,03,05,07,09,11,13,15,17,19,21,23,25,27,29)；
感亲(02,04,06,08,10,12,14,16,18,20,22,24,26,28,30)

Fig 8 −4 SSR − PCR results of partial IS10 primer, and partial Xcup primers
resistant parent(01,03,05,07,09,11,13,15,17,19,21,23,25,27,29)；
susceptible parent(02,04,06,08,10,12,14,16,18,20,22,24,26,28,30)

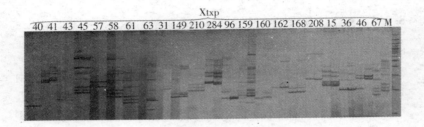

图 8 – 5　部分 Xtxp 引物的 SSR – PCR 扩增结果

抗亲（01,03,05,07,09,11,13,15,17,19,21,23,25,27,29,31,33,35,37,39,41,43）；
感亲（02,04,06,08,10,12,14,16,18,20,22,24,26,28,30,32,34,36,38,40,42,44）

Fig 8 – 5　SSR – PCR results of partial Xtxp primers

resistant parent（01,03,05,07,09,11,13,15,17,19,21,23,25,27,29,31,33,35,37,39,41,43）

susceptible parent（02,04,06,08,10,12,14,16,18,20,22,24,26,28,30,32,34,36,38,40,42,44）

　　对抗亲 2、感亲 2 的 SSR 分析见图 8 – 6、8 – 7。图 8 – 6 由左至右为 29 个 SSR 引物的抗亲 2、感亲 2 扩增结果。其中引物 Xcup80、　Xcup320、　Xcup265、　Xtxp7、　Xtxp15、　Xtxp20、Xtxp248、Xtxp23、Xtxp25、Xtxp31、Xtxp34、Xtxp36、Xtxp38、Xtxp40、Xtxp41、Xtxp43、Xtxp45、Xtxp57、Xtxp75 扩增出了条带；引物 Xcup141 抗亲扩增出条带；图 8 – 7 为 29 个 SSR 引物的抗亲、感亲扩增结果。其中 IS10263 抗亲扩增出条带；IS10011、IS10061 感亲扩增出条带；Xtxp228 未扩增出条带；其他 25 个引物全部扩增出条带。

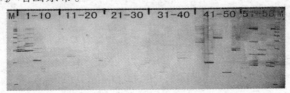

图 8 – 6　SSR – PCR 结果（单号泳道为抗亲，双号泳道为感亲）

Fig 8 – 6　the result of SSR – PCR

1、2 Xcup80；3、4 Xcup320；5、6 Xcup265；7、8 Xcup141；9、10 Xtxp1；

11、12 Xtxp6；13、14 Xtxp7；15、16 Xtxp8；17、18 Xtxp14；19、20 Xtxp15；
21、22 Xtxp17；23、24 Xtxp18；25、26 Xtxp19；27、28 Xtxp20；29、30 Xtxp248；
31、32 Xtxp23；33、34 Xtxp25；35、36 Xtxp27；37、38 Xtxp31；39、40 Xtxp33；
41、42 Xtxp34；43、44 Xtxp36；45、46 Xtxp38；47、48 Xtxp40；49、50 Xtxp41；
51、52 Xtxp43；53、54 Xtxp45；55、56 Xtxp57；57、58 Xtxp75

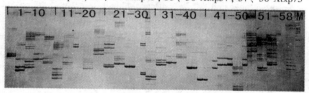

图 8 - 7　SSR - PCR 结果（单号泳道为抗亲，双号泳道为感亲）

Fig 8 - 7　the result of SSR - PCR

1、2 IS10198；3、4 IS10206；5、6 IS10215；7、8 IS10225；9、10 IS10230；
11、12 IS10237；13、14 IS10254；15、16 IS10263；17、18 IS10264；19、20 IS10272；
21、22 IS10002；23、24 IS10005；25、26 IS10006；27、28 IS10011；29、30 IS10032；
31、32 IS10014；33、34 IS10020；35、36 IS10047；37、38 IS10053；39、40 IS10060；
41、42 IS10061；43、44 IS10064；45、46 IS10074；47、48 Xtxp13；49、50 Xtxp56；
51、52 Xtxp298；53、54 Xtxp284；55、56 Xtxp228；57、58 Xtxp145

　　对抗池 1、感池 1；抗池 2、感池 2 扩增结果见图 8 - 8、8 -
9。图 8 - 8 从左至右则分别是引物 Xtxp105、Xtxp141、Xtxp162
的 SSR 扩增图谱，引物 Xtxp141 抗亲 1 与感亲 1 扩增产物有差
异，抗亲 2 与感亲 2 扩增产物也有差异，且与抗亲 1、感亲 1 的
差异相似，但两个群体的抗池与感池之间均无差异片段。

图 8 - 8　引物 Xtxp105、Xtxp141、Xtxp162 的 SSR 图谱

Fig 8 - 8　SSR spectrogram of primer Xtxp105，Xtxp141 and Xtxp162

抗亲1(2,10,18),感亲1(3,11,19),抗亲2(4,12,20),感亲2(5,13,21);
抗池1(6,14,22),感池1(7,15,23),抗池2(8,16,24),感池2(9,17,25)
Marker 100bp ladder(1,26)(最大片段为1500bp)
resistant parent 1(2,10,18),susceptible parent 1(3,11,19);
resistant parent 2 (4,20,28),susceptible parent 2(5,21,29)
resistant bulk 1(6,14,22),susceptible bulk 1(7,15,23);
resistant bulk 2 (8,16,24),susceptible bulk 2 (9,17,25)

图 8－9 从左至右显示的分别是引物 Xtxp149、Xtxp159、
Xtxp160 和 Xtxp168 的 SSR 扩增图谱。由图可见，虽然每个引物扩
增出的谱带不同，但除引物 Xtxp159 扩增出的抗亲 1 与感亲 1、抗
亲 2 与感亲 2 谱带存在差异外，其它引物扩增出的谱带基本相同。

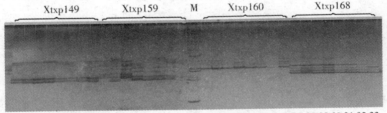

1 2 3 4 5 6 7 8 9 10 11 12 13 14 15 16 17 18 19 20 21 22 23 24 25 26 27 28 29 30 31 32 33

图 8－9　引物 Xtxp149、Xtxp159、Xtxp160、Xtxp168 的 SSR 图谱
Fig 8－9　SSR spectrogram of primer Xtxp149, Xtxp159, Xtxp160 and Xtxp168
抗亲1(1,9,18,26),感亲1(2,10,19,27),抗亲2(3,11,20,28),感亲2(4,12,21,29)
抗池1(5,13,22,30), 感池1(6,14,23,31),抗池2(7,15,24,32), 感池2(8,16,25,33)
Marker 100bp ladder(17)(最大片段为1500bp)
resistant parent 1 (1,9,18,26),susceptible parent 1(2,10,19,27),
resistant parent 2 (3,11,20,28),susceptible parent 2(4,12,21,29)
resistant bulk 1 (5,13,22,30), susceptible bulk 1(6,14,23,31),
resistant bulk 2 (7,15,24,32), susceptible bulk 2 (8,16,25,33)

8.2.4　高粱抗丝黑穗病基因 SSR 多态性标记

8.2.4.1　高粱抗丝黑穗病基因 SSR 多态性标记的初步确定

通过筛选发现，在亲本间和基因池间均具有多态性差异谱带
的引物见表 8－3。部分引物扩增图谱见 8－10。

表 8 - 3 扩增片段多态性在亲本中的共分离分析

Table 8 - 3　Co - segregation analysis of amplified polymorphism fragment

引物大类	引物编号
Xtxp	3、13、15、21、23、46、58、61、63、65、67、96、145、159
IS10	264、343、228、
Xcup	无

引物 Xtxp3 扩增结果显示，抗亲 2 在 230 bp 处有带，在 200 bp 处无带，而感亲 2 在 200 bp 处有带，在 230 bp 处无带；抗池 2 在 230 bp 处有带，在 200 bp 处有弱带，感池 2 在 200 bp 处有带，在 230 bp 处无带。

引物 Xtxp13 对群体 2 的扩增结果中显示，抗亲 2 在 130 bp 处有带，在 120 bp 处无带，而感亲 2 在 120 bp 处有带，在 130 bp 处无带；抗池 2 在 130 bp 处有带，在 120 bp 处有弱带，感池 2 在 120 bp 处有带，在 130 bp 处无带。据此，认为引物 Xtxp3 和 Xtxp13 在群体 2 中可能存在 DNA 扩增片段的多态性。

引物 Xtxp145 扩增出的群体 1 抗亲 1 与感亲 1 间、及群体 2 的抗亲 2、感亲 2 间均具有扩增片段多态性。抗亲 1 和抗亲 2 在 220 bp 处有带，感亲 1 和感亲 2 在 220 bp 处无带；抗池 1 与感池 1 间无差异。抗池 2 在 220 bp 处有带，感池 2 在 220 bp 处无带，抗池 2 与感池 2 间的差异与抗亲 2 和感亲 2 间的差异一致。据此，可初步确定引物 Xtxp145 在群体 2 中存在 DNA 扩增片段的多态性。

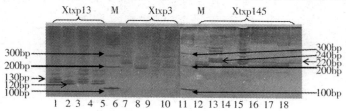

图 8 - 10　引物 Xtxp13、Xtxp3、Xtxp145 SSR 图谱

Fig 8 - 10　SSR spectrogram of primer Xtxp13，Xtxp3 and Xtxp145

Xtxp13:抗亲 2(1),感亲 2(2),抗池 2(3),感池 2(4);Xtxp3:抗亲 2(6),感亲 2(7),抗池 2(8),感池 2(9);Xtxp145:抗亲 1(11),感亲 1(12),抗亲 2(13),感亲 2(14),抗池 1(15),感池 1(16),抗池 2(17),感池 2(18),Marker 100 bp ladder(5,10)(最大片段为 1 500 bp)

Xtxp13: resistant parent 2 (1), susceptible parent 2 (2), resistant bulk 2 (3), susceptible bulk 2 (4); Xtxp3: resistant parent 2 (6), susceptible parent 2 (7), resistant bulk 2 (8), susceptible bulk 2 (9); Xtxp145: resistant parent 1 (1), susceptible parent 1 (12), resistant parent 2 (13), susceptible parent 2 (14), resistant bulk 1 (15), susceptible bulk 1 (16), resistant bulk 2 (17), susceptible bulk 2 (18), Marker 100 bp ladder (1,10) (The largest fragment 1 500 bp)

8.2.4.2　高粱抗丝黑穗病基因 SSR 多态性标记的连锁性分析

通过筛选发现,引物 IS10 264 在群体 1 的亲本间、抗池感池和部分 F_2 代个体间的扩增的差异谱带一致,扩增结果见图 8 - 11。引物 IS10 264 扩增出的抗亲在 170bp 处有带,感亲在 170bp 处无带,同样,抗池在 170bp 处有带,在 170bp 处无带。

对 F_2 的 114 个抗病植株和 60 个感病植株验证结果见表 8 - 4,表明引物 IS10 264 扩增产物与抗病基因的重组率为 9.8%,遗传距离为 9.9cM。说明该 DNA 片段与抗病基因紧密连锁,可作为高粱抗丝黑穗病 3 号小种基因的标记之一。

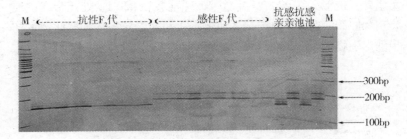

图 8 - 11　引物 IS10 264 扩增片段的 F_2 个体分析

Fig 8 - 11　Analysis of amplified fragment in F_2 individuals

using primer IS10 264

表 8 − 4　IS10 264 扩增片段在 F₂ 代中的共分离分析

Table 8 − 4　Co − segregation analysis of amplified fragment
in F₂ using primer IS10 264

F₂ 代	株数 Plant number	多态性片段 Polymorphism fragment			重组率/% Percentage of recombination/%
		有 exist	无 no	不清晰 Unclear	
抗丝黑穗病 Resistant to head smut	114	98	12	4	9.8%
感丝黑穗病 Susceptible to head smut	60	51	7	2	

　　用引物 Xtxp13 和 Xtxp145 对群体 2 F₂ 个体 DNA 进行共分离分析。对群体 2 的 F₂ 个体中的 75 个抗病植株和 33 个感病植株进行分析，扩增结果分别见图 8 − 12 和 8 − 13。图 8 − 12 是引物 Xtxp13 F₂ 个体分析结果，大部分抗病 F₂ 植株在 130bp 处有带，大多感病 F₂ 植株在 130bp 处无带。图 8 − 13 是引物 Xtxp145 F₂ 个体分析结果，绝大多数抗病 F₂ 植株在 220bp 处有带，大多感病 F₂ 植株在 220bp 处无带。

　　共分离分析结果见表 8 − 5、8 − 6。结果表明，引物 Xtxp13 和 Xtxp145 与抗病基因的重组率分别为 9.6% 和 10.4%，遗传距离分别为 9.7cM 和 10.6cM，表明该这两个 DNA 片段与抗病基因距离较近，连锁紧密，可作为高粱抗丝黑穗病 3 号小种基因的分子标记。

M　　F₂ 抗病个体　　　　　F₂ 感病个体　　　抗亲、感亲、抗池、感池　M
　　resistant F₂ individuals　susceptible F₂ individuals　RP SP RB SB

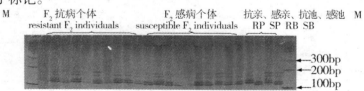

←300bp
←200bp
←100bp

图 8 − 12　引物 Xtxp13 扩增片段多态性的 F₂ 个体分析

Fig 8 − 12　Analysis of amplified polymorphism fragment in F₂
individuals using primerr Xtxp13

M：Marker 100bp l6adder（最大片段为 1500bp）

RP：resistant parent，SP：susceptible parent，

RB：resistant bulk，SB：susceptible bulk

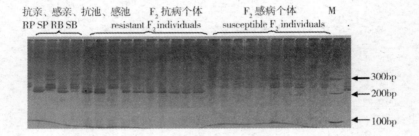

图 8 – 13　引物 Xtxp145 扩增片段多态性的 F$_2$ 个体分析

Fig 8 – 13　Analysis of amplified polymorphism fragment in F$_2$

individuals using primerr Xtxp145

M：Marker 100bp ladder（最大片段为 1500bp）

RP：resistant parent，SP：susceptible parent，

RB：resistant bulk，SB：susceptible bulk

表 8 – 5　Xtxp13 扩增片段多态性在 F$_2$ 代中的共分离分析

Table 8 – 5　Co – segregation analysis of amplified polymorphism

fragment in F$_2$ using primer Xtxp13

F$_2$	株数 Plant number	多态性片段 Polymorphism fragment			重组率/% Percentage of recombination /%
		有 exist	无 no	不清晰 Unclear	
抗丝黑穗病 Resistant to head smut	75	67	6	2	9.6
感丝黑穗病 Susceptible to head smut	33	4	27	2	

表 8 – 6　　Xtxp145 扩增片段多态性在 F₂ 代中的共分离分析

Table 8 – 6　　Co – segregation analysis of amplified polymorphism fragment in F₂ using primer Xtxp145

F₂	株数 Plant number	多态性片段 Polymorphism fragment			重组率/% Percentage of recombination /%
		有 exist	无 no	不清晰 Unclear	
抗丝黑穗病 Resistant to head smut	75	67	7	1	10.4
感丝黑穗病 Susceptible to head smut	33	4	28	1	

8.2.4.3　SSR 多态性标记在抗病和感病高粱品系上的验证

为了进一步验证引物 Xtxp13 和 Xtxp145 对高粱抗丝黑穗病性状的 DNA 扩增片段多态性，本实验选用一些已知的抗病高粱品系和感病高粱品系进行了 SSR 分析，结果分别见图 8 – 14 和图 8 – 15。

引物 Xtxp13 共选用 12 个抗、感病品系进行扩增（见图 8 – 14），其中抗病恢复系、感病恢复系、感病保持系和抗病保持系各 3 个，抗感品系具体情况如下：抗病恢复系（RR）：0 – 01R、LR625、3505；感病恢复系（SR）：3012、3067、3503；感病保持系（SB）：038B、703B、3225B；抗病保持系（RB）：3301B、3302B、2007。

引物 Xtxp13 扩增出的抗病恢复系与感病恢复系，均在 120bp 处有带，可见，引物 Xtxp13 在恢复系中不存在 DNA 扩增片段的多态性；引物 Xtxp13 扩增出的抗病保持系在 120bp 处无带，而感病保持系则在 120bp 处有带。这说明该 SSR 标记可在抗病保持系中稳定出现，可作为高粱保持系抗丝黑穗病基因的标记之一应用。

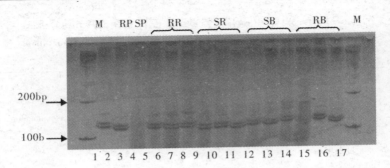

图 8 - 14　引物 Xtxp13 抗、感病品系的扩增片段多态性

Fig 8 - 14　Amplified polymorphism fragment of primerr Xtxp13

between resistant lines and susceptible lines

M：Marker 100bp ladder（最大片段为 1500bp）

RP：resistant parent（7050B），SP：susceptible parent（622B），

RR：resistant R - line，SR：susceptible R - line，

RB：resistant B - line，SB：susceptible B - line

　　引物 Xtxp145 共选用 10 个品系进行扩增，其中抗病系 7 个，包括 6 个保持系（不育系），1 个恢复系；感病系 3 个，包括 1 个恢复系，2 个保持系，而且 3067 和 703B 各有一次重复。具体情况如下：感病恢复系（SR）：3067；感病保持系（SB）：038B、703B；抗病保持系（RB）：232EB、3301B、3248B、3302B、2007、3419；抗病恢复系（RR）：3514

　　引物 Xtxp145 扩增出的抗病恢复系与抗病保持系，均在 220bp 处有带，感病恢复系和感病保持系均 240bp 处有带。可见，引物 Xtxp145 扩增产物具有 DNA 扩增片段的多态性，抗病与感病品系之间存在差异谱带，说明该 SSR 标记可在抗病品系中稳定出现，可作为高粱抗丝黑穗病基因的标记之一应用（见图 8 - 15）。

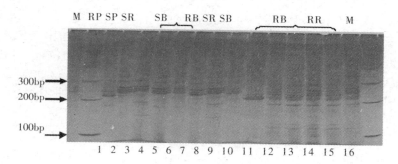

图 8 - 15　引物 Xtxp145 抗、感病品系的扩增片段多态性

Fig 8 - 15　Amplified polymorphism fragment of primerr Xtxp145

between resistant lines and susceptible lines

M：Marker 100bp ladder（1，16）（最大片段为1500bp）

RP：resistant parent（2）（7050B），SP：susceptible parent（3）（622B），

SR：susceptible R - line（4，8），SB：susceptible B - line（5，6，9），

RR：resistant R - line（15），RB：resistant B - line（7，10，11，12，13，14，）

注：4与8同为3067，6与9同为703B

8.2.4.4　抗丝黑穗病3号小种基因连锁群的确定

由于 SSR 引物已被定位到相应的连锁群上，因此，查找到标记的同时也确定了其所处的连锁群。

1. Xtxp13 连锁群的确定

根据美国 Texas A&M University 网站发表的连锁图信息，引物 Xtxp13 位于连锁群 B 79.7cM 处，见图 8 - 16。由于引物 Xtxp13 与高粱抗丝黑穗病 3 号生理小种基因紧密连锁，因此可以初步确认有一个高粱抗丝黑穗病 3 号生理小种基因位于 B 染色体上，该抗病基因与 Xtxp13 的相对距离为 9.7cM，该抗病基因的位置应在与 Xtxp13 前后相距 9.7cM 的范围内，即 70.1cM ~ 89.3cM。

2. Xtxp145 连锁群的确定

根据美国 Texas A&M University 网站发表的连锁图信息，引

物 Xtxp145 位于连锁群 I 51.9 ~ 55.7cM 范围内，见图 8 - 17。由
于引物 Xtxp145 与高粱抗丝黑穗病 3 号生理小种基因紧密连锁，
因此可以确认有一个高粱抗丝黑穗病 3 号生理小种基因位于 I 染
色体上，该抗病基因与 Xtxp13 的相对距离为 10.5 cM，该抗病基
因的位置应在与 Xtxp145 前后相距 10.6cM 的范围内，即 41.5cM
~ 66.1cM。

3. IS10 264 连锁群的确定

根据美国 Texas A&M University 网站发表的连锁图信息，引
物 IS10 264 位于连锁群 I 51.9 ~ 55.7cM 范围内，见图 8 - 18 由
于引物 IS10 264 与高粱抗丝黑穗病 3 号生理小种基因紧密连锁，
因此可以确认有一个高粱抗丝黑穗病 3 号生理小种基因位于 I 染
色体上，该抗病基因与 IS10 264 的相对距离为 9.9cM，该抗病基
因的位置应在与 IS10 264 前后相距 9.9cM 的范围内，即 42.1cM
~ 65.5cM。

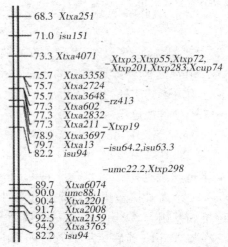

图 8 - 16　引物 Xtxp13 所在连锁群 B 的部分遗传连锁图谱

Fig 8 - 16　Part genetic map of linkage group B with primer Xtxp13

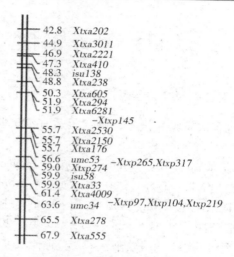

图 8 – 17　引物 Xtxp145 所在连锁群 I 的部分遗传连锁图谱

Fig 8 – 17　Part genetic map of linkage group I with primer Xtxp145

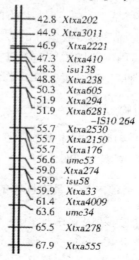

图 8 – 18　引物 IS10 264 所在连锁群 I 的部分遗传连锁图谱

Fig 8 – 18　Part genetic map of linkage group I with primer IS10 264

8.3　结论与讨论

8.3.1　建立了 SSR 最佳反应体系

经过多次实验和摸索，确定了适宜本实验的 SSR 最佳反应体系：

反应体系：10 × Buffer 2.0μl，25mmol/L MgCl$_2$ 2.0μl，10mmol/L dNTPs 1.5μl，1U/μl Taq 酶 2.5μl，2$\mu mol/\mu l$ 引物 1.5μl，DNA 模版 100ng（2μl），用 ddwatwe 补足 20μl。

反应条件：94 ℃ 5 min → （94 ℃ 变性 20s →57 ℃ 退火 30s →72 ℃ 延伸 40 s）35 次循环→72 ℃ 延伸 10 min →4 ℃ 保存备用

8.3.2　优化了两种 PAGE 的电泳方法

本实验分别对变性 PAGE、非变性 PAGE 进行实验，总结出适宜本实验的两种聚丙烯酰胺凝胶电泳的方法；分别采用两种不同银染方法对非变性聚丙烯酰胺凝胶电泳进行染色，结果表明这两种染色方法均能够满足检测高粱 SSR 产物的要求。

8.3.3　筛选了 SSR 引物

筛选了 150 对 SSR 引物，其中共有 105 对引物有扩增产物，且条带清晰、稳定，扩增率为 70%。

8.3.4　找到了与抗丝黑穗病基因紧密连锁的 SSR 分子标记

找到了与抗丝黑穗病基因紧密连锁的 SSR 分子标记，分别为 Xtxp13、Xtxp145 及 IS10 264，共分离分析结果表明与抗病基因重组率分别为 9.6%、10.4 % 及 9.8%，遗传距离分别为 9.7cM、10.6 cM 及 9.9cM。这 3 个 SSR 标记，1 个（Xtxp13）位于 B 染色体上，1 个（Xtxp145）位于 I 染色体上，1 个

（IS10 264）位于连锁群 I。

8.4　结　论

本篇以抗病恢复系 2381R、抗病保持系 7050B、感病恢复系矮四、感病保持系 Tx622B 以及恢复系分离群体（抗病恢复系 2381R 与感病恢复系矮四经去雄杂交、自交组成 2381R /矮四 F_2 群体）、保持系分离群体（感病保持系 Tx622B 与抗病保持系 7050B 经去雄杂交、自交组成 Tx622B/7050B F_2 群体）为试材，采用室内苗期、大田拔节期与抽穗期培养的方法，对高粱抗感丝黑穗病亲本 622B、7050B 及其 F_2 代株系品种进行抗丝黑穗病本体水平的鉴定，通过比较抗感高粱亲本 622B、7050B 及其 F_2 代株系防御酶系及几种抗性物质差异与抗病性的关系，同时采用 BSA 法，应用 RAPD 和 SSR 技术筛选与由高粱抗丝黑穗病基因连锁的分子标记。得到如下结论：

（1）在苗期抗性品种叶片内 SOD、POD 活性以及可溶性糖含量明显高于感性品种，因此可以把 SOD、POD 活性和可溶性糖含量作为苗期抗、感高粱品种鉴定的生理生化指标。抗感高粱品种叶片中 PPO、PAL 和 PG 以及 CX 比活性没有显著差异，这说明，高粱抗丝黑穗作用过程很可能是多种因子综合起作用。

（2）拔节期抗、感高粱品种间只有 PAL 和 PG 活性有差异，抗性品种叶片内 PAL 和 PG 活性明显高于感性品种，其它各项指标在这两个时期均无明显差异。由此可见，诱导机制下使酶活性升高来增强植株的抗病性。据此，我们可以把 PAL 和 PG 活性差异作为拔节期鉴定抗、感高粱品种的辅助指标指标。

（3）抽穗期抗性高粱品种 PG、CX 活性显著高于感性品种，而 SOD、POD、PPO、PAL 活性以及可溶性糖含量均无明显差异。据此可以把 PG、CX 活性作为鉴定成熟期高粱抗、感丝黑穗病的生化指标。

（4）本实验对 PCR 循环次数、退火温度以及 PAPD 反应体系中 DNA 浓度、MgCl$_2$ 浓度和 dNTPs 浓度的优化，得出适宜本实验的最佳反应体系及反应条件，确定了 RAPD 标记的 PCR 最佳反应系统为：

反应体系：10 × Buffer 2.5μl，25mmol/L MgCl$_2$ 2.5μl，40mmol/L dNTPs 0.5μl，5U/μl Taq 酶 0.5μl，2μmol/μl 引物 1.0μl，DNA 模版 40ng/μl，用 ddwatwe 补足 25μl。

反应条件：94 ℃ 3 min →（94 ℃变性 20s →38 ℃退火 30 s →72 ℃延伸 80 s）35 次循环→72 ℃延伸 10 min →4 ℃保存备用。

（5）本实验用 900 条 RAPD 引物对高粱抗丝黑穗病保持系亲本进行分析。其中 777 个引物扩增出产物，123 个引物未扩增出产物扩增率为 86.3%。实验中 Operon 公司生产的引物和上海生工生物技术有限公司生产的 S 组分别有 2 条和 11 条引物在亲本间具有多态性差异，在对 F$_2$ 代个体进行了共分离分析，结果表明 S18、S336 这两条引物扩增出的这三个片段 S18、S336 – 1 和 S336 – 2 与抗病基因连锁，重组率分别为 8.33%、10.4% 和 12.5%，遗传距离分别为 8.4cM、10.6 cM 和 12.8cM。

（6）将与抗丝黑穗病基因连锁的多态性谱带 S18、S336 – 1 和 S336 – 2 回收、克隆、测序。根据测序结果将标记命名为 S18$_{844}$、S336 – 1$_{1457}$ 和 S336 – 2$_{754}$，同时根据测序结果设计了 3 对特异性引物，优化并建立了 SCAR – PCR 反应程序，将 RAPD 标记转化为了 SCAR 标记，并对 F$_2$ 代抗感分离群体进行单株检测，连锁性与 RAPD 完全一致。从而顺利地建立了 3 个与抗丝黑穗基因紧密连锁的 SCAR 标记。

（7）获得的 3 个与抗丝黑穗基因紧密连锁的 SCAR 标记可以应用于抗丝黑穗品种的鉴定，为分子标记辅助育种和抗性分子机理的研究奠定了基础。

（8）建立了 SSR 最佳反应体系，经过多次实验和摸索，确定了适宜本实验的 SSR 最佳反应体系：

反应体系：10 × Buffer 2.0μl，25mmol/L MgCl$_2$ 2.0μl，10mmol/L dNTPs 1.5μl，1U/μl Taq 酶 2.5μl，2$\mu mol/\mu l$ 引物 1.5μl，DNA 模版 100ng（2μl），用 ddwatwe 补足 20μl。

反应条件：94 ℃ 5 min →（94 ℃变性20s →57 ℃退火 30 s →72 ℃延伸40 s）35 次循环→72 ℃延伸10 min →4 ℃保存备用

（9）优化了两种 PAGE 的电泳方法

本实验分别对变性 PAGE、非变性 PAGE 进行实验，总结出适宜本实验的两种聚丙烯酰胺凝胶电泳的方法；分别采用两种不同银染方法对非变性聚丙烯酰胺凝胶电泳进行染色，结果表明这两种染色方法均能够满足检测高粱 SSR 产物的要求。

（10）筛选了 165 对 SSR 引物，其中共有 115 对引物有扩增产物，且条带清晰、稳定，扩增率为 70%。

（11）找到了与抗丝黑穗病基因紧密连锁的 SSR 分子标记，分别为 Xtxp13、Xtxp145 及 IS10 264，共分离分析结果表明与抗病基因重组率分别为 9.6%、10.4 % 及 9.8%，遗传距离分别为 9.7cM、10.6 cM 及 9.9cM。这 3 个 SSR 标记，1 个（Xtxp13）位于 B 染色体上，1 个（Xtxp145）位于 I 染色体上，1 个（IS10 264）位于连锁群 I。

（12）随着大片段基因组 DNA 克隆技术的发展，围绕克隆目的基因成为可能，图位克隆的主要方法是采用染色体步行法筛选该基因的克隆重叠群，而染色体步行的必要条件是基因在遗传图上的定位，找到与目的基因紧密连锁的分子标记或目的基因侧翼的标记，从而为染色体步行提供起点。在本研究中获得的两个与抗蚜基因紧密连锁的分子标记，位于抗蚜基因的一侧，但距离抗蚜基因较近，一方面可以该标记为探针筛选含有该基因的文库进行染色体步移，另一方面可以利用这两个标记限制搜索抗蚜基因的标记，丰富抗蚜基因的连锁群，以找到更近的分子标记，使标记与目的基因之间的染色体上的物理距离小于基因组文库的平均插入片段的大小，利用染色体登陆法，通过文库筛选就可以直接获得含有目的基因的克隆，从而可进一步分离该基因。这一步研究有待以后继续进行。

本篇通过生理生化指标和抗病基因的研究，分析了抗丝黑穗病的抗性分子机理，同时证明了分子标记在遗传育种，特别是抗丝黑穗病育种中作为辅助选择工具的可行性，为其在生产实践中的应用提供了可靠的依据。

第三篇 高粱抗蚜虫抗性分子机理研究

本篇内容提要

高粱蚜（*Aphis sacchari* Zehntne）属同翅目，蚜虫科，是世界范围内谷物作物的主要虫害，不仅危害高粱，而且危害甘蔗、小麦、大麦、黍、玉米等农作物。一般减产 15% 左右，大发生年代防治不及时减产可达 30% 以上。在美国，自 1949 年起，在小麦、大麦和高粱中已多次爆发严重的蚜虫病害，经常使作物遭严重破坏而减产，并造成巨大的经济损失。根据 1989 报道，仅在美国，由蚜虫造成的损失及控制蚜虫所花费的费用该年就已超过 389 000 000 美元。在我国，辽宁、吉林、黑龙江、内蒙古、山西、山东、河北、河南、浙江、江苏、安徽、湖北、台湾等省（自治区）发生普遍。其中，辽宁、山东、河北、吉林、内蒙古危害严重，每年都有不同程度的发生。

高粱蚜是一种间歇性发生的猖獗害虫，每 3 ~ 4 年突发一次。它以成、若群集于高粱叶背吸取汁液，盛发时，常可盖满高粱叶背，并由底部叶片向中、上部叶片扩展。受害植株轻则叶色变红，影响正常生理功能，重则叶片枯萎，甚至使茎秆弯曲变脆，导致植株不能抽穗或抽穗不良，最终致使植株死亡，降低了高粱的质量和产量。高粱蚜亦分泌蜜露散落于叶面及基部，玷污叶片引霉菌腐生，蚜虫发生严重时，往往叶片油光发亮，阻碍植株的光合作用，影响新陈代谢。另外，高粱蚜具有极高的繁殖力，一旦大发生可能造成毁灭性的危害。过去采用化学药剂防治既费时、费工又产生抗药性，污染环境，因此选用抗品种是最为有效的途径（何富刚，1996）。引进新的抗性基因、培育抗性品种既可提高作物对蚜虫的抵抗能力，又有利于环境保护，因此选用抗蚜品种是最为有效的途径。要选育出抗蚜品种，须对高粱种质资源的抗蚜性做鉴定，一般采用田间自然诱发初鉴和人工接虫复鉴相结合的方法进行，从而确定抗性等级。再以抗蚜种子为基础，培育出抗蚜亲本系及其杂交种。这项工作需时长，见效慢。

随着分子生物学技术的迅猛发展，为植物抗病虫害的研究开辟了新天地，目前许多科研单位和大专院校正集中力量，利用 RFLP、RAPD 及

AFLP 等分子标记技术，对水稻、小麦、玉米等作物的主要农艺性状基因进行识别、定位和分离研究，构建它们的基因图谱，并取得了较大的进展（王京兆，1995；李立家，1998；李松涛，1995；张德水，1995）。然而，在高粱抗蚜基因的分子标记研究上，国内仍属空白，国际报道也较少。

在选育抗性品种过程中，如能明确其抗性机理，进而定位和克隆抗性基因，无论对于高粱还是其他广受蚜科害虫危害的农作物、园艺作物等都具有极其重要的理论意义和现实意义。

本研究选用抗高粱蚜的国外高粱品种 BTAM428 及感蚜品种 ICS－12B。经擅文清的研究认为，BTAM428 对高粱蚜的抗性由显性单基因控制，这更加有利于我们应用分子标记的方法对杂种后代进行早期选择，淘汰感蚜基因型，大大加快育种进程，缩短育种年限，节省选育所需的试验用地和成本。这些工作都有赖于高粱抗蚜抗性机制研究结果，最终对抗蚜品种的选育，具有较大的实用价值，同时填补高粱抗蚜基因分子标记研究的国内外空白。

第9章 高粱抗蚜性鉴定方法的研究

本研究以抗蚜品种 BTAM428，感蚜品种 ICS – 12B 及二者杂交后形成的 F_2 代为试材。在田间鉴定的基础之上，对高粱抗感试材叶片化学物质含量进行分析，同时对其形态组织结构进行观察，从而迅速准确地建立起了 F_2 代抗感群体，并丰富了高粱抗蚜鉴定方法。

9.1 材料和方法

9.1.1 材料

高粱试验试材 BTAM428（抗亲）、ICS – 12B（感亲）由辽宁省农业科学院生物技术室提供。

BTAM428 来源于美国得克萨斯州 A&M 大学农学系，经多年鉴定高抗麦二叉蚜（在美国侵染高粱的优势小种），20 世纪 80 年代初引入我国后经辽宁省农科院植保所和高粱所多年鉴定，高抗甘蔗黄蚜（我国高粱蚜虫优势小种），抗蚜性为一级。列为最佳抗蚜源。

9.1.2 方法

（1）试材田间随机排列，设单行区，小区行长 5m，每区不少于 30 株，除防治粘虫外，一律不施药。首次调查前 10 – 15d（沈阳为 6 月下旬），取有无翅若蚜 20 头的小叶片，去掉天敌，卡在接蚜株下数第三片叶腋间。每区从第三株起连续接

10 株，调查叶蚜量，依叶蚜量划分抗性等级，盛发期调查 2 ~
3 次。

（2）叶片化学物质含量的测定。于孕穗期取从下向上第 5 ~
6 片叶，每种试材取 20 片装塑料袋，用如下方法取样：

①游离氨基酸采用日立 835 - 50 型高速氨基酸分析仪。

②可溶性糖：采用蒽酮比色法（张宪政，1994）。

③pH 值：采用 pH 计测定。

④单宁：用改进的磷钼酸 - 钨酸钠比色法测定（王意春，
1988）。

⑤有机酸：用氢氧化钠直接滴定法。

⑥总氮：用微量凯氏定氮法（文树基，1994）。

⑦硝态氮：采用分光光度法（文树基，1994）。

（3）组织结构的观察采用扫描电镜的方法。

9.2　结果分析

9.2.1　田间鉴定

在蚜虫盛发期对接蚜的 F_2 代单株进行调查，抗性等级分级
标准如表 9 - 1。

表 9 - 1　抗蚜性分级标准
（Table 9 - 1　The standard of resistant aphid）

等级 Standard	抗性 resistantion	株蚜量（头） aphid number of plant	叶蚜量（头） aphid number of leaf
1	高抗	1 ~ 60	1 ~ 40
3	抗	61 ~ 300	41 ~ 200
5	中抗	301 ~ 600	201 ~ 400
8	感	601 ~ 1000	401 ~ 700
9	高感	1000 以上	700 以上

何富刚等（1991）研究表明高粱下数三四片可见叶蚜虫最多，一片叶片的蚜量与株蚜量有密切的关系，叶蚜量（x）与株蚜量（y）相关显著（$r = 0.96$），叶蚜量平均占株蚜量的64.3%，直接回归分析得 $y = -13.14 + 1.524x$。因此在高峰期对 F_2 代叶蚜量进行调查，并对首次调查抗、高抗，感及高感的个体再进行 2–3 次的调查，从而确定了 F_2 代单株的抗性等级，将高抗及高感的单株作为以下试验的试材。

9.2.2　叶片化学物质含量的分析

取 BTAM428（抗亲），ICS–12B（感亲）及经鉴定的 F_2 抗感单株的孕穗期叶片，按 1.2.2 的方法处理，测叶片内几种化学物质的含量，结果见表 9–2。

表 9–2　高粱叶片中的各种化学物质含量

（Table 9–2　The contant of chemical material in Sorghum leaves）

品种 variety	可溶性糖/（mg/g） soluble suger	单宁 （mg/g）	有机酸/% acidic	pH	NO_2 （mg/g）	总氮/% nitrogen
BTAM428	9.02 *	9.78 *	0.59 *	6.7 *	7.08	0.671 *
ICS–12B	10.67	9.06	0.82	5.9	8.52 *	0.725
F_2 抗蚜	9.12 *	9.41 *	0.64 *	6.8 *	7.90 *	0.680 *
F_2 感蚜	10.40	8.58	0.79	5.8	8.10	0.724

表内数据为三次重复的平均数，t 测验结果有 * 为差异达显著水平。

从表 9–2 中可见，可溶性糖含量感亲及 F_2 感株与抗亲及 F_2 抗株差异显著，感性品种为 10.48mg/g 是抗性品种的 1.156 倍。单宁的含量感性品种略低于抗性品种，有机酸的含量感性是抗性的 1.33 倍，从 pH 值数值可见，感性品种的汁液偏酸 pH 平均为 5.85，抗性品种近中性 pH 为 6.75，而总氮量及 NO_2^- 的含量都是感性品种略高于抗性品种。经对几种化学物质含量抗感之差的

t 测验，结果都达到了显著水平。

9.2.3　高粱叶片中游离氨基酸含量的分析

在测定的 16 种氨基酸中，氨基酸及氨基酸的总量都是感性高于抗性，特别是昆虫必需的氨基酸，结果见表 9－3。

表 9－3　高粱叶片中游离氨基酸的含量（mg/g）

（Table 9－3　the contant of free amino acids in sorghum leaves）

品种 variety	天门冬氨酸 Asn	苏氨酸 Thr	谷氨酸 Glu	丝氨酸 Ser	甘氨酸 Gly	丙氨酸 Ala	胱氨酸 Cys
BTAM428	0.063 *	0.550 *	0.240 *	0.097 *	0.039 *	0.45 *	0.017 *
ICS－12B	0.092	0.630	0.330	0.16	0.051	0.56	0.034
F$_2$ 抗蚜	0.044 *	0.340 *	0.156 *	0.094 *	0.029 *	0.47 *	0.016 *
F$_2$ 感蚜	0.063	0.470	0.250	0.150	0.034	0.54	0.031

品种 variety	缬氨酸 Val	蛋氨酸 Met	异亮氨酸 Ile	亮氨酸 Leu	酪氨酸 Tyr	苯丙氨酸 Phe	赖氨酸 Lys
BTAM428	0.185 *	0.008 *	0.066 *	0.107 *	0.011 *	0.043	0.045 *
ICS－12B	0.215	0.013	0.092	0.150	0.017	0.048	0.075
F$_2$ 抗蚜	0.140 *	0.010	0.072 *	0.134 *	0.011 *	0.044 *	0.042 *
F$_2$ 感蚜	0.167	0.012	0.119	0.180	0.016	0.056	0.056

品种 variety	组氨酸 His	精氨酸 Arg	脯氨酸 Pro	色氨酸 Trp	氨 NH$_3$	总氨基酸 total amino acids
BTAM428	0.003	0.007	0.020 *	0.025	0.120 *	2.096
ICS－12B	0.007	0.011	0.027	0.038	0.162	2.712
F$_2$ 抗蚜	0.003	0.006 *	0.015	0.021 *	0.130 *	1.767
F$_2$ 感蚜	0.005	0.009	0.021	0.037	0.159	2.346

表示数据为三次重复平均数，t 测验结果带 * 为差异为显著水平。

从表 9 - 3 中数据可见，几种昆虫必需的氨基酸抗感之间的差异也都达到了显著。其中赖氨酸感性品种为抗性品种的 1.51 倍，色氨酸感性品种为抗性品种的 1.63 倍；苯丙氨酸感性品种为抗性品种的 1.20 倍；缬氨酸、亮氨酸、苏氨酸、异亮氨酸、精氨酸和组氨酸感性品种分别为抗性品种的 1.17 倍、1.37 倍、1.24 倍、1.46 倍、1.54 倍和 1.89 倍。总氨基酸感性品种是抗性品种的 1.31 倍。

9.2.4 叶片形态及组织结构与抗蚜的关系

9.2.4.1 叶片形态与抗蚜性的关系

供试的高粱试材从直观上看，所有抗性试材的叶色都较感性试材为深。抗性试材叶色深绿，感性试材黄绿色，特别是从孕穗期后，这种区别更加明显。抗性试材和感性试材植株的外部形态也有区别，抗性试材叶片与茎的夹角一般为 35° ~ 45°，叶片直挺向上，只在叶片近端部稍向下弯曲，叶片看上去很硬，而感性试材叶片与茎的夹角都大于 60°，叶片从近基部 1.5cm 左右处向下弯曲，弯曲度很大，叶片不挺。由此可以进一步对 F_2 抗感群体进行鉴定。

9.2.4.2 叶片组织结构的观察

在扫描电镜下观察 BTAM428，ICS - 12B 及 F_2 抗感单株叶片的横切面结构和叶背面形态。结果见图 9 - 1 ~ 图 9 - 3。

由图 9 - 1 中可见叶表皮的保卫细胞是抗亲及 F_2 抗株明显多于感亲及 F_2 感株，在相同视野内保卫细胞数量分别为 37，32，26，20，即抗亲的保卫细胞比感亲的多 11 个，而 F_2 的叶片表皮上的保卫细胞抗株比感株多 12 个。

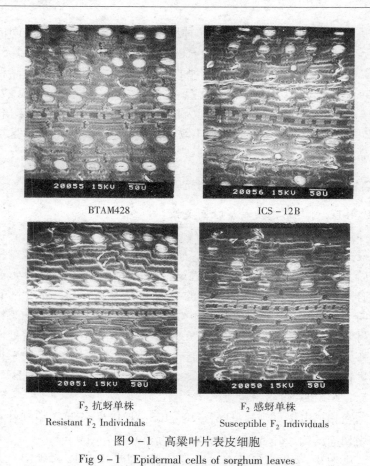

BTAM428　　　　　　　　ICS - 12B

F₂ 抗蚜单株　　　　　　　F₂ 感蚜单株

Resistant F₂ Individnals　　Susceptible F₂ Individuals

图 9 - 1　高粱叶片表皮细胞

Fig 9 - 1　Epidermal cells of sorghum leaves

由图 9 - 2 可见叶片的表皮毛抗感之间有很大差异，抗亲及
F₂ 抗株的表皮毛明显多于感亲及 F₂ 感株。

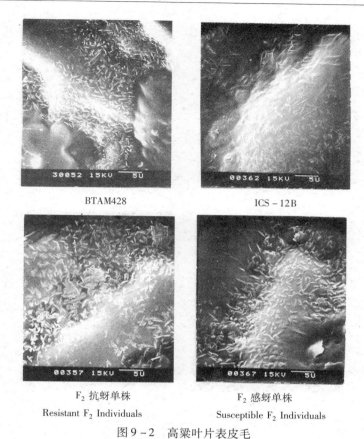

BTAM428

ICS－12B

F_2 抗蚜单株

Resistant F_2 Individuals

F_2 感蚜单株

Susceptible F_2 Individuals

图 9 – 2　高粱叶片表皮毛

Fig 9 – 2　Epidermal hair of sorhum Leaves

图 9 – 3 是叶片横切面，从图中可见叶的维管束无太大的差异，但通过测量下表皮到韧皮部的距离、维管束直径发现，感亲及 F_2 感株下表皮到韧皮部的距离为短，感性试材约为 30 ~ 35μm，而抗性试材为 40 ~ 50μm，再者感性试材维管束直径也较抗性试材大些，抗性试材为 230 ~ 250μm，感性试材则为 260 ~ 270μm。

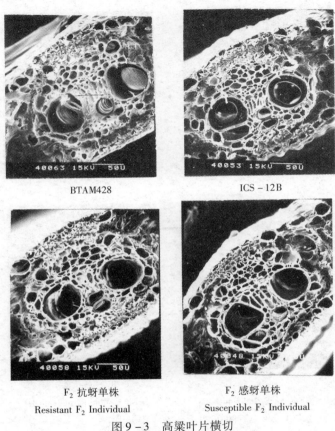

BTAM428   ICS－12B

F$_2$ 抗蚜单株   F$_2$ 感蚜单株

Resistant F$_2$ Individual   Susceptible F$_2$ Individual

图 9－3 高粱叶片横切

Fig 9－3 Transverse of sorghum leaves

9.3 结论与讨论

9.3.1 高粱抗蚜的鉴定采用自然初鉴和人工复鉴相结合的方法

高粱抗蚜的鉴定一般采用田间自然诱发初鉴和人工接蚜复鉴相结合的方法。初鉴时在蚜虫盛发期调查 2～3 次，计数 10 株最重被害株株蚜量，依蚜量划分抗性等级（表 2 - 1）。对初鉴表示抗及高抗的材料第二年以接虫法进行复鉴，调查时间及方法同初鉴，以复鉴蚜量确定抗性等级，这样鉴定虽然准确，但用时长，见效慢。本研究对高粱 F_2 代抗蚜群体的鉴定采用了田间诱发接蚜法，并基于株蚜量与叶蚜量的相关性，以查叶蚜量代替查株蚜量，简化了鉴定方法，减少了调查工作量，同时也保证迅速获得可靠的结果。

9.3.2　测定不同高粱叶片中某种化学物质含量进行抗性鉴定

据何富刚等（1991）报道表明高粱对高粱蚜抗性，与抗生性关系极大，找出高粱叶片中某种化学物质与抗性关系，通过室内测定不同高粱叶片中某种化学物质含量，利用其含量上的差别进行抗性鉴定，是一种快速、简便、准确的方法。为此本试验在田间鉴定的基础之上，对 F_2 代抗感材料叶片化学物质进行测定，从而达到进一步确定抗感性的目的。

9.3.3　高粱植株抗蚜性与其内部化学物质有关

植物组织中含糖量对害虫可能是必需的，在关键时刻缺少它会表现为抗虫（薛玉柱，1982），多种蚜虫对植物中氮素的水平是敏感的，含氮量起着关键的作用，它的存在对蚜虫是有益的，含量多的试材感蚜，含量低的试材抗蚜。植物叶片汁液的酸碱度在对蚜虫的抗性中也有一定作用，高粱蚜喜微酸，凡高粱叶片汁液偏酸性，对其生长发育，繁殖有利，此类试材感蚜，而抗性试材汁液近中性。试验结果表明感性材料的可溶性糖含量高于抗性材料，含氮量也是前者高于后者，且都差异显著。pH 值则是抗性试材近中性（pH6.9），感性试材偏酸（pH5.8）。

9.3.4　抗性试材单宁的含量高于感性试材且呈显著差异

植物在化学成分上对蚜虫的抗性主要表现在产生对蚜虫有毒

的化学物质，以此来阻止蚜虫的取食或使取食后的蚜虫死亡。在协同进化中，化学防御可能在物理机械防御之前发生。化学防御作为一种过滤器，而当这些物质增加时，植物害虫的数量则会下降。在植物中含有大量的次生物质，大多数次生物质是大量产生的，同时在代谢中是高代价的，它们必须为有意义的目的服务，这些产物的大多数对于动物或其它植物是有毒的，或者至少有驱避作用的（刘俊，1988）。其主要功能是用来防范敌人，同时在食草类昆虫选择寄主中也有重要作用。在禾谷类作物中，环氧肟酸、酚酸、多酚、苯甲醇、类黄酮、单宁和吲哚生物碱等次生物质与这些作物抗蚜性关系密切，而且已被大量工作所证实。本试验结果表明抗性试材单宁的含量高于感性试材且呈显著差异。

9.3.5　可抗感鉴定为辅助手段，减少田间调查的工作量

　　试验结果表明抗感试材中叶片的化学物质的含量是有差异的，可以作为抗感鉴定的一种辅助手段，从而减少田间调查的工作量。但如果要以某一化学指标作为抗蚜性分级的标准还需做进一步的工作即需研究蚜量与多种化学成分的相关性，从而初步确定分级标准。这方面的工作需以后继续进行。

9.3.6　游离氨基酸的含量作为抗蚜性鉴定的辅助指标

　　关于叶片中游离氨基酸与抗虫性的相关性，在冬小麦对麦长管蚜的抗性研究中已得到证实（谢永寿，1987），蚜虫数量直接和全部游离氨基酸含量成正比。本试验表明感亲及 F_2 感株的游离氨基酸含量皆高于抗亲及 F_2 抗株且呈显著差异。由此可见游离氨基酸的含量也可以作为抗蚜性鉴定的一个辅助指标。

9.3.7　以田间鉴定为基础，找出植株本身抗蚜的特征

　　植株的形态结构与抗蚜性相关，抗性试材叶片都小于 45°，叶子弯曲度相对小，而感性试材正好相反，抗性植株叶片向上挺

举，叶背面向外暴露的机会与面积更大，风吹日晒，雨淋叶背机会更多些，使蚜虫不能在其上安稳地繁殖建群。再者暴露机会多，被天敌发现机会也多，这些虽然是环境影响，但也是由于植株本身形态结构导致的，也可以认为是植株本身抗蚜的一个特征。

从植株的解剖学观察可见，抗感植株的表皮细胞及维管束有些差异。抗性试材表皮细胞的表皮毛增多及下表皮到维管束的距离增长，给蚜虫的取食造成困难，直接影响蚜虫的取食。而表皮保卫细胞数目是抗性试材明显多于感性试材，说明抗性试材在抗逆性方面更具优势。

由此可知，要想准确迅速建立起 F_2 抗感群体，可以在田间鉴定的基础上，与植株叶片化学物质含量及形态结构的观察相结合，达到准确迅速鉴定的目的。

第10章 高粱叶片 DNA 提取纯化方法的比较及 RAPD 反应条件的建立及优化

　　DNA 是遗传物质，含有遗传信息和功能单位，提取较纯净的、大分子的双链 DNA 是进行基因工程研究的基础步骤（孙耀中等，1999）。提取植物 DNA 通常采用十六烷基三甲基溴化铵（CTAB）或十二烷基磺酸钠（SDS）。这两种试剂的作用都是破坏植物细胞膜，使细胞内含物释放出来。不同的是：CTAB 是与 DNA 结合形成复合物，有利于将 DNA 与变性蛋白质及多糖分开，而 SDS 与蛋白质和多糖形成复合物，经过离心后与 DNA 分开。由于不同植物材料及同一植物材料在不同的生育时期细胞内含物的组成有所差异，所以本试验以高粱叶片为试材，对 CTAB、SDS 法进行比较，从而选择提取纯化的最佳方法。

　　应用 RAPD 分子标记技术检测 DNA 多态性简便、快捷，需 DNA 的数量少（张德水，1995；钱惠荣，1998；黎裕，1999；牛永春，1998）。目前这一技术已应用于遗传多样性、DNA 指纹图谱、快速鉴定与重要植物基因连锁的标记，以及构建高密度的遗传图谱等。但由于 RAPD 反应过程中，随机引物对靶序列部位的特异性结合较差，变性、复性聚合反应时间短，因而对反应条件要求比较严格，但如果把条件标准化，还是可以获得重复结果的。

　　为了更好地将 RAPD 技术应用于高粱抗蚜基因的分子标记，本试验以高粱 BTAM428、ICS – 12B 为试材，针对 PE9600 型

PCR 仪的特点，对 DNA 模板浓度、酶浓度、引物浓度、dNTP 浓度及扩增反应的退火温度等影响 RAPD 标记稳定性的因素进行研究，从而建立了一个适合高粱 RAPD 反应的最佳反应系统。

10.1　材料和方法

10.1.1　植物材料

高粱试验试材 BTAM428、ICS – 12B 由辽宁省农业科学院生物技术室提供。田间排列见第十二章 12.1.2.1 试材田间处理的内容。于孕穗期取下数 5 ~ 6 片可见叶，进行以下试验。

10.1.2　DNA 的提取

取 0.5 ~ 1g 植物材料，于液氮中研磨成粉末，转入 5ml 离心管中，提取和纯化分别按下述设计方法进行。

10.1.2.1　CTAB – Ⅰ法（林凤 1999）

在 5ml 离心管中加入预热的 1 × CTAB 提取缓冲液 3.5ml，于 65℃水浴中保温 30 ~ 40min，其间摇动两次。取出之后，加入等体积氯仿/异戊醇（24：1）抽提一次，于室温下 1000 ~ 12000r/min 分相。取上清液加 2 倍的无水乙醇，1/10 体积的乙酸钠在 – 20℃冰箱内沉淀 0.5 ~ 1hr，在 12000 ~ 15000r/min 离心 10min，沉淀用 75% 乙醇洗 2 ~ 3 次，吹干加 TE 溶解。

10.1.2.2　CTAB – Ⅱ法（Doyle JJ 等，1990）

采用 2 × CTAB 提取缓冲液提取，于 65℃水浴中保温 30 ~ 40min 之后，加入等体积氯仿/异戊醇（24：1）抽提二次，取上清液加入 2/3 倍体积的预冷异丙醇，混匀，室温下放置 15 ~ 30min，12000r/min 离心 10min，沉淀用 75℃乙醇洗 2 ~ 3 次，吹干后加 TE 溶解。

10.1.2.3　SDS-Ⅰ（邹喻苹，1994）

在离心管内加入 SDS 提取缓冲液，于 65℃保温 15～30min 加入 1/10 体积的酚，保温之后加入等体积氯仿，轻摇，离心（10000～12000r/min），取上清液加入等体积氯仿，轻摇、离心，此过程可重复几次直至界面清晰为止。加入 2/3 体积的冷异丙醇沉淀 DNA。12000～15000r/min 离心之后，沉淀用 75% 乙醇冲洗 2～3 次，吹干溶于 TE 之中。

10.1.2.4　SDS-Ⅱ法（李松涛等，1995）

采用 SDS 提取缓冲液提取之后，加入等体积氯仿抽提，上清液用等体积的苯酚：氯仿：异戊醇（25∶24∶1）抽提 1 次，用无水乙醇沉淀，沉淀用 70% 乙醇冲洗 2～3 次，干燥、溶于 TE 之中。

向上述各方法中提取的 DNA 中加入 RNAase 贮液 5ul，37℃保温 30min，加入 1/10 体积 3mol/L 的乙酸钠，2 倍体积的无水无醇 -20℃沉淀 0.5～1hr 或过夜，12000～15000r/min 离心 10min，沉淀用 75% 乙醇冲洗，干燥之后，TE 溶解，-20℃保存备用。

10.1.3　DNA 纯度检测方法

取 100～200ngDNA 于 0.8% 琼脂糖凝胶中电泳，电压 50V，电泳 1.0～1.5hr，于紫外透射反射仪下检测 DNA 降解情况及 RNA 消化情况并照像。

取少量纯化 DNA 稀释 10 倍，在 120 岛津紫外分光光度计下测定波长 230nm、260nm、280nm 的光吸收值。若 OD260/OD230 ≥2.0，OD260/OD280≥1.7～1.8 时，即表明提取的 DNA 达到纯度指标，此时 DNA 中蛋白质，酚类及色素，RNA 等杂质含量合乎要求。

DNA 的质量浓度计算：DNA 的质量浓度（$\mu g/ml$）= OD260 ×50×稀释倍数。

DNA 的提取率（μg/g）＝DNA 浓度×体积/取材量（g）

10.1.4　RAPD 反应条件

10.1.4.1　Taq 酶浓度处理：

为了确定最佳 Taq 酶浓度，设五个 Taq 酶浓度：0.5μ，1μ，1.5μ，2.0μ 和 2.5μ。

10.1.4.2　模板浓度处理

设 10，25，50，100，200ng 五个浓度梯度，以确定 RAPD 分析中模板 DNA 浓度。

10.1.4.3　dNTP 浓度的处理

设 50，100，200，300，400μmol/L 五个 dNTP 浓度。

10.1.4.4　不同引物浓度的处理

引物选用 OPM - 10，浓度分别为 0.1，0.2，0.4，0.8，1.2μmol/L 五个梯度。

10.1.4.5　退火温度的处理

为了确定最佳的退火温度，设 32℃，36℃，38℃，42℃，共四个退火温度，以使 RAPD 扩增效果达最好。

10.1.4.6　PCR 反应在 PE9600DNA 扩增仪上进行。

反应包括 94℃3min→（94℃20s→（36 - 48℃）30s→72℃ 1min）→35 个循环→72℃10min 上述处理中 1.1.1～1.4.4 引物采用 OPM - 10，1.4.5 中引物采用 OPM - 14。

10.2　结果分析

10.2.1　不同提取方法所得 DNA 纯度的检测

10.2.1.1　DNA 提取物凝胶电泳检测

上述四种方法提取的 DNA 琼脂糖凝胶电泳图谱如图 10 - 1 所示。四种方法的提取物均是一条清晰条带，基本无降解现象。

图 10 - 1　DNA 凝胶检测

Fig 10 - 1　DNA agrarose check

CTAB - Ⅰ（1 - 6）CTAB - Ⅱ（7 - 12）SDS - Ⅰ（13 - 18）SDS - Ⅱ（19 - 24）

10. 2. 1. 2　不同提取法所获 DNA 性质的比较

从试验结果中可以明显看出，用 CTAB - Ⅱ，SDS - Ⅰ 方法提取高粱叶片的 DNA 均可获较高质量的 DNA，纯度合格。CTAB - Ⅰ 法和 SDS - Ⅱ 法提取的 DNA 回收率明显低于上述二种方法，且纯度较前二种差，详见表 10 - 1。

表 10 - 1 四种方法提取 DNA 的效果比较

（Table 10 - 1 Compare of four methods of extracting and purifying DNA）

试材 material	项目 方法	A230	A260	A280	A260/230	A260/280	DNA 回收率 /（ug/g）
BTAM428	CTAB - Ⅰ	0. 865	1. 479	0. 817	1. 71	1. 81	739. 5
	CTAB - Ⅱ	0. 711	1. 312	0. 596	1. 83	2. 20	820. 0
	SDS - Ⅰ	0. 916	1. 703	0. 725	1. 86	2. 35	851. 5
	SDS - Ⅱ	0. 815	1. 361	0. 778	1. 67	1. 75	680. 5
ICS - 12B	CTAB - Ⅰ	0. 694	1. 215	0. 633	1. 75	1. 92	607. 5
	CTAB - Ⅱ	0. 829	1. 567	0. 578	1. 89	2. 71	783. 5
	SDS - Ⅰ	0. 761	1. 484	0. 642	1. 95	2. 31	742. 0
	SDS - Ⅱ	0. 778	1. 362	0. 769	1. 75	1. 77	681. 0

10. 2. 2　高粱 RAPD 反应体系的建立

10. 2. 2. 1　不同的 Taq 酶量对高粱 RAPD 扩增反应的影响

图 10 - 2 显示的 Taq 酶的扩增情况，结果表明，0. 5U 的 Taq

酶扩增信号较弱，扩增产物较少，其它的酶量的扩增效果差异不大。在选择酶量时，在扩增产物保证的前提下，应选择较低一些的浓度，这样有利于成本的降低。

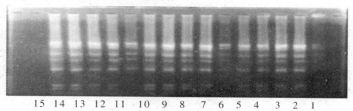

图 10 - 2　不同 Taq 酶对 RAPD 反应的影响

Fig 10 - 2　Effect of Taq enzyme on RAPD reaction

0.5U(1,6,11),1U(2,7,12),1.5U(3,8,13),2U(4,9,14),2.5U(5,10,15)

10.2.2.2　模板对 RAPD 反应结果的影响

RAPD 反应对模板需要量很小，并且质量也不高。本研究设五个浓度梯度。结果表明模板量 10ng（1，6，11）和 200ng（5，10，15）扩增信号较弱，而 25～100ng 扩增结果无明显差异。说明虽然 RAPD 反应所需模板浓度低，但过低并不利于模板与引物有效结合，使扩增产物减少，而过高的模板浓度，也会因 DNA 的质量问题影响扩增质量，见图 10 - 3。

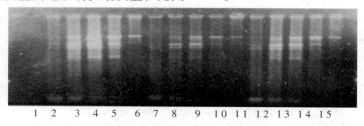

图 10 - 3　不同模板量对 RAPD 反应的影响

Fig 10 - 3　Effect of compare DNA on RAPD reaction system

10ng(1,6,11),25ng(2,7,12),50ng(3,8,13),100ng(4,9,14),200(5,10,15)

10.2.2.3　dNTP 浓度的变化对 RAPD 反应的影响

dNTP 是 DNA 扩增的底物，它的用量同样影响扩增结果，从图 10 - 4 中可见。dNTP 浓度较低时，即 50μmol/L（1，6，11）扩增片段较少，dNTP 浓度过大，达 400μmol/L（5，10，15）条带反而也减少，甚至到未扩增出条带，最适的 dNTP 浓度在 100 ~ 300μmol/L 的范围内。本试验选择了 100μmol/L 浓度的 dNTP 为高粱 RAPD 分析的 dNTP 反应浓度。

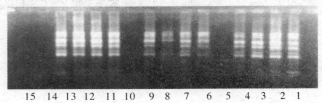

15　14　13　12　11　10　9　8　7　6　5　4　3　2　1

图 10 - 4　dNTP 浓度对 RAPD 反应的影响

Fig 10 - 4　Effect of concentration of dNTP on RAPD system

50μmol/L（1，6，11），100 μmol/L（2，7，12），

200μmol/L（3，8，13），300μmol/L（4，9，14），400μmol/L（5，10，15）

10.2.2.4　引物浓度对 RAPD 反应的影响

本实验还研究了引物浓度对 RAPD 扩增结果的影响，其结果如图 10 - 5。从图可见引物浓度为 0.1μmol/L（1，6，11）时，影响扩增产物，使产物条带不全。在 0.2 ~ 1.2μmol/L 引物浓度范围内，扩增产物无大的变化。故而本研究选用了 0.2μmol/L 的引物浓度对高粱抗蚜基因进行 RAPD 分析。

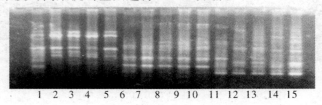

1　2　3　4　5　6　7　8　9　10　11　12　13　14　15

图 10 - 5　引物浓度对 RAPD 反应的影响

Fig 10 - 5　Effect of primer concentration on RAPD reaction system

$$0.1\,\mu\text{mol/L}\ (1,\ 6,\ 11),\ 0.2\,\mu\text{mol/L}\ (2,\ 7,\ 12),$$
$$0.4\,\mu\text{mol/L}\ (3,\ 8,\ 13),\ 0.8\,\mu\text{mol/L}\ (4,\ 9,\ 14),\ 1.2\,\mu\text{mol/L}\ (5,\ 10,\ 15)$$

10.2.2.5 退火温度对 RAPD 反应的影响

在 RAPD 反应条件中退火温度对反应系统的影响最大。经摸索发现退火温度为 36~38℃时均较好，低于 36℃则扩增带较短，带型模糊，难以分辨，温度过高扩增片段数减少，但扩增的片段较大且清晰，多态性差，特异性增强，结果见图 10-6。

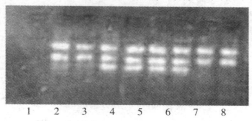

图 10-6 退火温度对 RAPD 反应的影响

Fig 10-6 Effect of temperture on RAPD reaction

32℃ (1, 2), 36℃ (3, 4), 38℃ (5, 6), 42℃ (7, 8)

10.2.2.6 RAPD 反应条件的建立

RAPD 的 PCR 扩增涉及的反应因子多，对反应条件敏感，任何一种反应因子设置不当都会影响整个扩增反应过程，或改变带型。因此对不同的研究对象，不同仪器，必须系统摸索最佳的反应条件，优化反应体系。根据以上结果，经多次试验本研究认为高粱叶片最佳反应条件为：在反应总体系为 25ul 中，含 1 倍扩增缓冲液，1.5UTaq 酶，50ng 的模板 DNA，100umol/L 的 dNTP，0.2umol/L 引物，上覆矿物油，反应循环参数为 94℃ 预变性 3min→ （94℃ 20s→38℃ 30s→72℃ 1min）→35 个循环→72℃ 10′，反应在 PE9600 型 DNA 扩增仪上进行。

引物 OPH-13，OPH-19，OPP-05，OPP-06 扩增的结果为图 10-7。

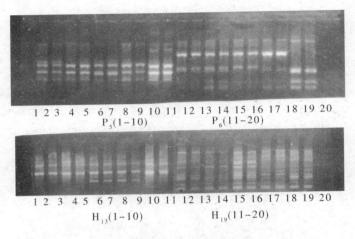

图 10－7　RDPA 分析

Fig 10－7　RAPD profiles

抗亲(1,2,11,12),感亲(3,4,13,14),抗池(5,6,7,15,16,17),感池(8,9,10,18,19,20)

resistant parent(1,2,11,12),susceptible parent(3,4,13,14),

resistant bulk(5,6,7,15,16,17),susceptible bulk(8,9,10,18,19,20)

10.3　结论与讨论

（1）从 DNA 提取方法的比较可见，在高粱叶片的提取过程中，应选 CTAB－Ⅱ或 SDS－Ⅰ较为合适，从而可提取高质量的 DNA。

（2）RAPD 标记技术是以 PCR 技术为基础的，是在全基因组水平上检测 DNA 变异的一种快速、有效的技术体系。RAPD 无种族特异性，DNA 用量少，技术难度低，简单易行，而且不需要昂贵的设备，便于推广应用。但 RAPD 技术最明显的缺点是稳定性及可重复性差，但这一点可从技术上得到一定的改善。

（3）在整个 PCR 反应中，94℃加热使模板 DNA 变性，解链温度降到 36℃，使寡核苷酸引物在低温下与模板 DNA 互补，形成部分双链，反应温度升至 72℃时，在 Taq 酶作用下，以 dNTP 为原料，以引物为自制起点延伸，模板 DNA 的一条双链在解链和退火之后延伸为两条双链，如此循环，每一循环都使特异区段的基因拷贝数增加一倍。理论上，在反应中模板 DNA 的部分区段以几何级数扩增。试验结果表明，在 PCR 反应中，Taq 酶的浓度至少要保持 1 ~ 1.5U，模板的浓度应为 25 ~ 100ng 最佳，引物的浓度应在 0.2 ~ 1.2μmol/L 较适宜。dNTP 是 DNA 扩增的底物，浓度最适为 100 ~ 300μmol/L，其浓度过低会影响反应的产量，过高的 dNTP 可以直接螯和相应数量的 Mg^{2+}，进而影响 Taq 酶的活力。高浓度的 dNTP 还容易引起碱基的错配及不必要的浪费，甚至无扩增产物。所以反应中确定 dNTP 的用量后不要再改变。另外 PCR 反应不是无限增加，特异区段的基因拷贝数，经过一定循环次数后，底物（dNTP）和引物被耗尽，扩增反应进入静止或线性状态。这进一步说明了反应因子对 PCR 反应的限制作用。本试验建立并优化了高粱抗蚜基因 RAPD 反应体系，从而为高粱抗蚜基因 RAPD 标记的建立奠定了基础。

　　（4）确定的 RAPD 标记的 PCR 的最佳反应系统为：反应体系为 25μl 含 2.5μl 扩增缓冲液，1.5UTaq 酶，50ng 模板，100μmol/L 的 dNTP，0.2μmol/L 引物，上覆矿物油，循环参数如下：94℃3min→（94℃20s→（36 – 48℃）30s→72℃1min）→35 个循环→72℃10min 反应在 PE9600 型 DNA 扩增仪上进行。

第 11 章 应用 RAPD 技术筛选与抗蚜基因连锁的分子标记并将 RAPD 标记转化为 SCAR 标记

　　高粱抗蚜基因是由显性单基因控制，这就使得高粱抗蚜品种的遗传改良和抗蚜基因的分离相对于多基因控制的性状容易一些。筛选与抗蚜基因紧密连锁的分子标记为应用图位克隆法分离抗蚜基因及应用分子标记辅助育种的方法加速高粱抗蚜育种具有重大的意义和很强的应用价值。本研究即是利用 DNA 分子标记技术，采用 BSA 法，筛选与抗蚜基因紧密连锁的 RAPD 标记，并将所筛选出的 RAPD 标记转化为稳定的 SCAR 标记，希望用于品种选育中抗蚜基因的跟踪鉴定，通过用分子标记做辅助选择，从而起到加快高粱抗蚜育种进程的作用。

　　鉴于 RAPD 标记的稳定性较差，易受不同批次的 Taq 酶、dNTP 及 PCR 仪器等条件的影响，虽在第三章已对 RAPD 反应条件进行了优化，可获得稳定性好、重复性好的扩增结果，但我们仍希望能将与抗蚜基因连锁较理想的 RAPD 标记转化为稳定性及准确性更好的 SCAR 标记，以提高其应用价值。为此将经 RAPD 分析，筛选出的与抗蚜基因紧密连锁的多态性片段、回收、克隆、测序，并转化为 SCAR 标记，用于抗蚜新品种选育中抗蚜基因的跟踪鉴定。

11.1　材料和方法

11.1.1　供试材料

高粱试验试材 BTAM428（抗亲）、ICS – 12B（感亲）由辽宁省农业科学院生物技术室提供。

BTAM428 来源于美国得克萨斯州 A&M 大学农学系，经多年鉴定高抗麦二叉蚜（在美国侵染高粱的优势小种），20 世纪 80 年代初引入我国后经辽宁省农科院植保所和高粱所多年鉴定，高抗甘蔗黄蚜（我国高粱蚜虫优势小种），抗蚜性为一级。列为最佳抗蚜源。

F_2 的来源：1998 年于沈阳进行 BTAM428 × ICS – 12B 的人工去雄杂交，获 180 粒种子（F_1 种子）；1998 年冬于海南岛种植 F_1 世代，经自交 78 株获得种子，并混合留用。1999 年于沈阳种植 F_2 成苗约 900 株。

试材田间随机排列，设单行区，小区行长 5m，每区不少于 30 株，除防治粘虫外，一律不施药。6 月 20 日 ~ 7 月 20 日蚜虫大发生期间，先后 3 次人工接虫逐渐鉴定 F_2 的抗蚜性。首次调查前 10 ~ 15d，取有无翅若蚜 20 头的小叶片，去掉天敌，卡在接蚜株下数第三片叶腋间。每区从第三株起连续接 10 株，调查叶蚜量，依叶蚜量对 F_2 划分抗性等级，盛发期调查 2 ~ 3 次。确定抗性等级选择抗性为 1 级的高抗单株 98 株，抗性为 9 级的高感单株 34 株。

11.1.2　F_2 分离群体抗蚜性鉴定

同本书第三篇，第 9 章的有关内容。

11.1.3　仪器设备

引物：10 – mer 引物 A – Z（除去 B 组）购自 Operon 公司

（见附录Ⅳ）。Taq 酶购自 PE 公司。PCR 仪：美国 PE 公司的 "PE9600"。紫外透射反射分析仪，型号 NT。

11.1.4　近等基因池的建立

应用分离群体分组分析法（Bulked Segregation Analysis）即 BSA 法。将 F_2 代分为抗池及感池，抗池和感池是分别由 F_2 代 98 株抗蚜株叶片及 34 株感蚜株叶片用 CTAB - Ⅱ法提取的 DNA 混匀而成，制备时每株均取 2ngDNA。

11.1.5　RAPD 分析

PCR 扩增反应系统总体积为 $25\mu L$，含 1 倍扩增缓冲液，1.5UTaq 酶，50ng 的模板 DNA，$100\mu mol/L$ 的 dNTP，$0.2\mu mol/L$ 引物，上覆矿物油。反应程序为：预变性 94℃ 3min→变性 94℃ 20s，退火 38℃ 30s，延伸 72℃ 1min，循环 35 次→延伸 72℃ 10min。

用 Operon 公司生产的 A - Z（除 B 组外）共 500 个引物，对亲本及抗池、感池 4 个样品进行分析，如 4 个样品扩增出的 RAPD 产物带型相同，则无多态性，而如扩增产物中的带型有差异，则对这些引物进行重复并进行连锁分析。

11.1.6　产物检测

扩增产物在 1.4% 含 $0.5\mu g/mlEB$ 的琼脂糖凝胶中电泳，电压为每厘米 3 ~ 4 伏，电泳结果用紫外透射反射分析仪观察并照像。

11.1.7　连锁分析

当某一引物在鉴定的抗蚜基因的 F_2 代抗感分离群体（即抗池及感池）及抗感亲本间选到稳定的多态性片段（RAPD）标记后，取 F_2 抗、感单株各 10 株，用筛选到的引物进行分析。如果存在连锁关系进一步扩大群体分析，统计单株的 RAPD 标记，计算重组率和遗传距离。若RAPD标记与抗病基因紧密连锁，则进行多态性片段回收。

重组率=交换型株数/（抗性株数+感性株数）×100%

交换型株数=抗性单株样本群中不含多态性谱带的株数+感性单株样本群中含有多态性谱带的株数。

再通过Mapmaker 3.0计算机软件分析，可将重组率转换为遗传距离即是图距单位（centimorgan，cM）。当图距单位<10cM时，可用于基因的精确定位（余诞年，1998），当图距单位<20cM可用于基因的精确作图（熊立仲等，1998）。

11.1.8　多态性片段的回收

扩增产物在1.4%琼脂糖凝胶上电泳，把在紫外透射反射分析仪下确定所需条带，小心切下，转移至一干净的0.5ml离心管中，用灭过菌的吸头将其捣碎，用SDS－I方法提取DNA，取2~4μl为模板再扩增，扩增产物在1.4%琼脂糖凝胶（含5ug/mlEB）中电泳，若仅有目的条带，则可直接用于克隆。若仍有杂带，则用1%低溶点琼脂糖回收，再纯化。

另一种方法为针刺法，扩增产物在1.4%琼脂糖凝胶电泳，在确定所需条带的位置处，用灭过菌的一次性针头刺入要回收的带，在预先准备好的除模板外的RAPD反应体系中洗针头，这个过程可重复几次，然后进行PCR扩增，扩增条件同RAPD，然后在1.4%琼脂糖凝胶（含5μg/mlEB）中电泳检测，一次即可得到多态性片段。

11.1.9　回收片段的克隆与鉴定（参考萨姆布鲁克，1995，奥斯伯，1998）

11.1.9.1　大肠杆菌感受态细胞的制备：

仪器：离心机、恒温摇床，恒温水浴，超净工作台，冰柜

试剂：LB培养基，0.1mol/L $CaCl_2$，0.1mol/L $MgCl_2$

操作步骤：

（1）大肠杆菌（DH5）在 LB 平板上划线培养 12~16h，挑取单菌落于 LB 培养基中摇瓶培养大肠杆菌到对数期（37℃ 200r/min 3-4h）。

（2）取 1ml 培养物 7000r/min 离心，收集菌体，冰浴放置。

（3）用预冷的 0.5ml 氯化镁悬浮菌体，7000r/min 离心 3min 收集菌体，冰浴放置。

（4）用预冷 0.5ml 氯化钙悬浮菌体，冰浴 10min 7000r/min 离心 3min，收集菌体，冰浴放置。

（5）加入 200μl 预冷氯化钙，进行冰浴，即可得感受态细胞。此细胞可现用，也可以将悬浮液分装于无菌的离心管中，投入液氮，或在 -70℃ 下保存。

11.1.9.2　多态性片段的连接：

用 pMD 18-T Vector（附录Ⅵ）对回收片段进行连接。

2×快速连接缓冲液	5μl
pMD 18-T Vector 载体	1μl
RAPD 产物	2~3μl
T4 连接酶（3U/ul）	1μl
加灭菌水至	10μl

每次使用 2×快速连接缓冲液之前，要剧烈振荡。所有成分加完后，用移液器吸打混匀。室温下温浴 1hr 或 4℃ 过夜。

11.1.9.3　转化：

氨苄青霉素盐：配成 50mg/ml 的盐溶液，使用时按 1mlLB 培养液中加 1~1.5μl 的氨苄青霉素盐母液。

LB 培养基配制方法（加水配制 500ml 培养基）：

蛋白胨：5g

酵母提取物：2.5g

NaCl：5g

摇动容器至溶质完全溶解，用 5mol/L NaOH（约 0.6ml）调节 pH 值至 7.0（或 7.5），加入无菌水至总体积为 500ml，在 15 1b/in² 高压下蒸汽灭菌 20min。待培养基冷却到 50℃时再加入抗生素。固体培养基在以上成分中加入 7.5g 琼脂。

X-gal 贮存液：即 40mgX-gal 加二甲基甲酰胺定容至 1ml（装有 X-gal 溶液的试管须有铝箔封以避光，并贮存于 -20℃下。X-gal 溶液无须过滤除菌），使用量为 25μl/平皿。

IPTG 贮存液：在 800μl 蒸馏水中溶解 IPTG 后，用蒸馏水定容至 1ml，用 0.22μm 滤器过滤除菌，在 -20℃下贮存，使用量为 3.5μl/平皿。

LB-氨苄青霉素平板培养基涂板前，每板加 3.5μl250mg/ml 的 IPTG 和 25μl 40mg/ml X-gal 均匀涂抹，37℃放置直至溶液被吸收。

转化步骤：

用已制备好的 DH5 感受态细胞

↓

置于冰上融化 10min

↓

取 100μl 感受态细胞加到 5μl 连接产物中

↓

置于冰水混合物中（0~4℃）30min

↓

42℃热击 45~50s（不要摇晃）

↓

立即置于冰上 2~3min

↓

每管加 90μlLB 液体培养基

↓

37℃摇床振荡 1.5hr（150rpm）

↓

取 200μl 涂板（LB/Amp/IPTG/X – gal 平板）

↓

将平板置于室温直至液体被吸收

↓

倒置平皿，37℃培养过液（16～24h）直到出现明显又未相互重叠的单菌落为止

↓

4℃放置数小时，使蓝白斑颜色分明（附录Ⅴ）。

11.1.9.4　重组质粒的提取

试剂：

（1）溶剂Ⅰ：50mmol/L 葡萄糖，25mmol/L Tris – Hcl（pH8.0），10mmol/L EDTA（pH8.0）。在 10 1b/in^2（6.895×10^{4}Pa）高压灭菌 15min，4℃保存。

（2）溶剂Ⅱ：0.2mol/LNaOH，1%SDS

（临用前用 10mol/L NaOH 贮存液及 10% SDS 贮存液现用现稀释）

（3）溶剂Ⅲ：50mol/L 乙酸钾 60ml，冰乙酸 11.5ml，水 28.5ml。

操作步骤：

（1）在转化的平板上挑取白色菌落，接种于装有 15mlLB 液体培养基（含氨苄青霉钠盐 50～80μg/ml）的三角瓶中，37℃下振荡（300rpm）过夜。

（2）取 1.5ml 培养液装入 1.5ml 离心管中，12000r/min4℃离心 3～5min，收集沉淀。

（3）将沉淀重悬于 100μl 冰预冷的溶液Ⅰ中，剧烈振荡，使沉淀完全分散。

（4）加入 200μl 新配制的溶液Ⅱ，快速颠倒几次。混匀内容物，将离心管置于冰上 3～5min。

（5）加入 150μl 冰预冷的溶液Ⅲ，温和振荡后放在冰上

$3 \sim 5$min。

（6）4℃12000r/min 离心 5min，取上清液移入新管中。

（7）用等体积的氯仿：异戊醇（24:1）抽提 2 次，12000 r/min离心 5min，将上清移至另一新管中，加等体积异丙醇，混匀后立即在 14000r/min 条件下离心 10min。

（8）弃上清，沉淀用 70% 乙醇冲洗 $2 \sim 3$ 次，真空抽干，溶于 50μlTE 缓冲液中，去 RNA 后，于 -20℃保存。

（9）取 3μl 于 0.8% 琼脂糖凝胶电泳检测质粒 DNA 的质量。

11.1.9.5　电泳检测插入片段的大小

PCR 反应条件：扩增反应在 25μl 反应体系中进行。Buffer 2.5μl，dNTP 100μmol/L，Taq 酶 5U，载体引物 Ⅰ，引物 Ⅱ 各 0.2μmol/L，50ng 质粒 DNA，反应程序为反应条件：预变性 98℃ 5min → （变性 94℃ 30 s，退火 55℃ 30 s，延伸 72℃ 1min）循环 40 次→72℃5′→电泳检测。分别取 PCR 产物及纯化的 DNA 进行比较照像。

11.1.10　含有目的片段的重组质粒的测序

使用 ABI PRISM^R，Big Dye^{TM} Terminator Cycle Sequencing Ready Reaction Kit with Ampli TaqRDNA Polymerase，FS（PERKIN ELMER）试剂，在 ABI PRISM^{TM} 377XL DNA Sequencer 测序仪上进行测序。使用引物 F Primer（CGCCA GGGTT TTCCC AGTCA CGAC）；R Primer（GAGCG GATAA CAATT TCACA CAGG）。

11.1.11　RAPD 标记转化为 SCAR 标记

根据测序结果，从序列两端按引物的要求设计出一对 $20 \sim 24$ 碱基的引物，引物由宝生物工程（大连）有限公司合成。

SCAR 的 PCR 扩增条件：扩增反应物总体积为 25μL，含 2.5μL 扩增缓冲液；5U Taq 酶，50ng 的模板 DNA，100μmol/L 的 dNTP，0.2μmol/L 的 引物 Ⅰ，0.2μmol/L 的 引物 Ⅱ，上覆

$20\mu L$ 矿物油。

通过对特异引物 OPN – 07 和 OPN – 08 的 PCR 反应条件进行优化，SCAR 反应程序分别定为：预变性 94℃ 3min→变性 98℃ 30s，退火 60℃ 59s，延伸 72℃ 59min，循环 35 次→延伸 72℃ 10min。

预变性 94℃ 3min→变性 98℃ 30s，退火 52℃ 59s，延伸 72℃ 59min，循环 35 次→延伸 72℃ 10min。

用这对引物检测 BTAM428（抗亲）、ICS – 12B（感亲）及二者杂交后的 F_2 抗池、感池和单株，比较其与 RAPD 分析的一致性和可靠性。

11.2　结果分析

11.2.1　高粱抗蚜基因近等基因池的 RAPD 分析

以 BTAM428 × ICS – 12B 的 F_2 抗、感分离群体基因池 DNA 及抗亲、感亲的 DNA 为模板，选用 operon 公司 A – Z（除 B 组外）的 500 个随机引物（见附录Ⅷ）进行了抗蚜基因的 RAPD 分析，其中 450 个引物扩增了，50 个引物未扩增出产物，最少的扩增出一条谱带，最多的扩增出 7 条谱带，共扩增出 1614 条谱带，见图 11 – 1～图 11 – 5。

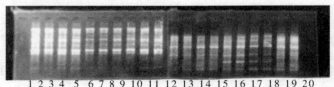

1 2 3 4 5 6 7 8 9 10 11 12 13 14 15 16 17 18 19 20

图 11 – 1　引物 A_2, A_3 对抗蚜基因的 RAPD 分析

Fig 11 – 1　RAPD profiles obtained by primer A_2 A_3 for resistant aphid gene

$A_2(1～10)$, $A_3(11～20)$, BTAM428(1,11),

ICS - 12B(2,12) F₂ 感(3 ~ 6,13 ~ 16),F₂ 抗(7 ~ 10,17 ~ 20)
resistant parent(1,11),susceptible parent(2,12),
resistant bulk(3 ~ 6,13 ~ 16),susceptible bulk(7 ~ 10,17 ~ 20)

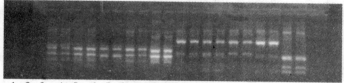

图 11 - 2 引物 P_2,P_3 对抗蚜基因的 RAPD 分析

Fig 11 - 2 RAPD profiles obtained by primer P_2,P_3 for aphid resistant gene

P_2(1 ~ 10),P_3(11 ~ 20),BTAM428(1,11),
ICS - 12B(2,12),F₂ 抗(3 ~ 6,13 ~ 16),F₂ 感(7 ~ 10,17 ~ 20)
resistant parent(1,11),susceptible parent(2,12),
resistant bulk(3 ~ 6,13 ~ 16),susceptible bulk(7 ~ 10,17 ~ 20)

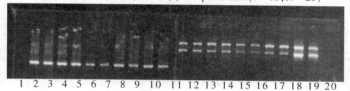

图 11 - 3 引物 M16,M17 对抗蚜基因 RAPD 分析

Fig 11 - 3 RAPD profiles obtained by primer M16,M17 for aphid resistant gene

M_{16}(1 ~ 10),M_{17}(11 ~ 20),BTAM428(1,11),
ICS - 12B(2,12),F₂ 抗(3 ~ 6,13 ~ 16),F₂ 感(7 ~ 10,17 ~ 20)
resistant parent(1,11),susceptible parent(2,12),
resistant bulk(3 ~ 6,13 ~ 16),susceptible bulk(7 ~ 10,17 ~ 20)

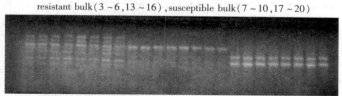

图 11 - 4 引物 X_6,X_8,X_{11} 对抗蚜基因的 RAPD 分析

Fig 11 - 4 RAPD profiles obtained by primer X_6,X_8,$X_1$1 for aphid resistant gene

X_6(1 ~ 8),X_8(9 ~ 16),X_{11}(17 ~ 24),BTAM428(1,9,17),

ICS $-12B(2,10,18)$，F_2 抗$(3\sim5,11\sim13,19\sim21)$，$F_2$ 感$(6\sim8,14\sim16,22\sim24)$

resistant parent$(1,9,17)$，susceptible parent$(2,10,18)$，

resistant bulk$(3\sim5,11\sim13,19\sim21)$，susceptible bulk$(6\sim8,14\sim16,22\sim24)$

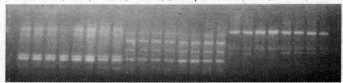

1 2 3 4 5 6 7 8 9 10　11　12　13　14　15　16　17　18　19　20　21　22　23　24

图 11 - 5　引物 S_{11}，S_{12}，S_{17} 对抗蚜基因的 RAPD 分析

Fig 11 - 5　RAPD profiles obtained by primer X_6，X_8，X_{11} for aphid resistant gene

$S_{11}(1\sim8)$，$S_{12}(9\sim16)$，$S_{171}(17\sim24)$，BTAM428$(1,9,17)$，

ICS $-12B(2,10,18)$，F_2 抗$(3\sim5,11\sim13,19\sim21)$，$F_2$ 感$(6\sim8,14\sim16,22\sim24)$

resistant parent$(1,9,17)$，susceptible parent$(2,10,18)$，

resistant bulk$(3\sim5,11\sim13,19\sim21)$，susceptible bulk$(6\sim8,14\sim16,22\sim24)$

11.2.2　高粱抗蚜基因的 RAPD 多态性标记

以 F_2 抗、感分离群体的近等基因池及抗亲、感亲的 DNA 为模板进行 RAPD 分析，经过多次重复，筛选出具有稳定多态性的引物为 OPA -01_{400}，OPA -01_{350}，OPH -19_{1500}，OPJ -06_{800}，OPN -07_{727}，OPN -08_{373}，OPN -20_{800}，OPS -20_{800}，OPP -09_{1800}，OPP -14_{500}，OPY -14_{600} 共 10 个引物，见表 11 - 1。

表 11 - 1　具有稳定多态性的 RAPD 引物及多态性片段的大小引物

(Table 11 - 1　Amplified polymorphic fragment by RAPD primer)

引物 primer	多态性片段（bP） Polymorphism fragment	引物 primer	多态性片段（bP） Polymorphism fragment
OPA - 01	400	OPN - 07	727
OPA - 01′	350	OPN - 08	373
OPH - 19	1500	OPN - 20	800
OPJ - 06	800	OPS - 20	800
OPP - 09	1800	OPP - 14	500
OPY - 14	600		

11.2.3　高梁抗蚜基因的 RAPD 多态性标记图谱分析

多态性片段的扩增情况见图 11 - 6，11 - 7，11 - 8，11 - 9。图 11 - 6 为 OPN - 07 和 OPN - 08 2 个引物的多态性扩增图谱，由图中可见，1 - 4 是以 OPN - 07 为引物，分别以抗亲、感亲、感池、抗池的 DNA 库为模板，扩增的产物情况，其中抗亲（1），抗池（4）比感亲（2），感池（3）多扩增出一条谱带，根据 Marker 指示，大约在 700bp 左右。5 ~ 8 号带是以 OPN - 08 为引物，分别以上述的 4 种 DNA 库为模板，扩增的产物情况，其中抗亲（5）、抗池（8）比感亲（6）、感池（7）多扩增出一条谱条，根据 Marker 指示，大约在 300bp 左右。

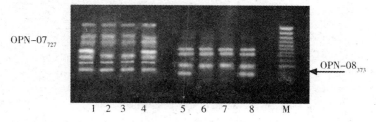

图 11 - 6　OPN - 07、OPN - 08 对抗蚜基因的多态性扩增片段

Fig 11 - 6　Amplified polymorphism fragment by OPN - 06、OPN - 07

for aphid resistant gene

BTAM428（1，5），ICS - 12B（2，6），抗池（4，8），

感池（3，7），M（100bp DNA ladder plus Markers）

resistant parent（1，5），susceptible parent（2，6），

resistant bulk（4，8），susceptible bulk（3，7）

图 11 - 7 为 OPN - 20，OPJ - 06，OPS - 20 3 个引物的多态性扩增图谱。1 - 4 号带为 OPN - 20 引物以抗亲、感亲、感池、抗池的 DNA 库为模板扩增的产物情况，其中抗亲（1），抗池（4）比感亲（2）、感池（3）多扩增出一条谱带。根据 Marker 指示，大约在 800bp 左右。5 ~ 8 号带为 OPJ - 06 引物以上述 4 种 DNA 库为模板扩增的产物，其中抗亲（5）、抗池（8）比感

亲（6）、感池（7）多扩增一条谱带，根据 Marker 指示，大约
也在 800bp 左右。而 9～12 是以 OPS－20 为引物，以上述 4 种
DNA 库为模板扩增的产物，其中抗亲（9），抗池（12）比感亲
（10）、感池（11）也多扩增出一条根据 Marker 指示，大约在
800bp 左右的一条多态性片段。

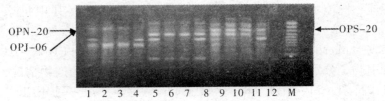

图 11－7　OPN－20,OPJ－06,OPS－20 对抗蚜基因的多态性扩增片段

Fig 11－7　Amplified polymorphism fragment by
OPN－20,OPJ－06,OPS－20 for aphid resistant gene

BTAM428（1，5，9），ICS－12B（2，6，10），抗池（4，8，12），
感池（3，7，11），M（100bp DNA ladder plus Markers）

resistant parent（1，5，9），susceptible parent（2，6，10），
resistant bulk（4，8，12），susceptible bulk（3，7，11）

　　图 11－8 为 OPP－09 的多态性扩增图谱，其中在抗亲（9，
10）、抗池（7，8）的扩增产物中扩增出一条在感亲（1，2，
3）、感池（4，5，6）中没有的多态性片段，根据 Marker 指示此
多态性片段位于 1800bp 处。

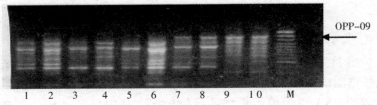

图 11－8　OPP－09 对抗蚜基因的多态性扩增片段

Fig 11－8　Amplified polymorphism fragment by OPP－09
for aphid resistant gene

BTAM428（9，10），ICS－12B（1，2，3），抗池（7，8），

感池（4，5，6），M（100bp DNA ladder plus Markers）

resistant parent（9，10），susceptible parent（1，2，3），

resistant bulk（7，8），susceptible bulk（4，5，6）

　　图 11－9 为 OPY－14 的多态性扩增图谱，其中抗亲（1，2），抗池（3，4，5，6，7）扩增的产物中比感亲（8，9，10），感池（11，12，13）的扩增产物，多一条多态性片段，根据 Marker 指示此多态性片段位于 600bp 处。

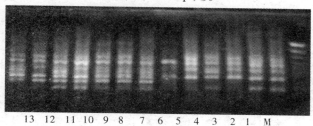

图 11－9　OPY－14 对抗蚜基因的多态性扩增片段

Fig 11－9　Amplified polymorphism fragment by OPY－14

for aphid resistant gene

BTAM428（1，2），ICS－12B（8，9，10），抗池（3，4，5，6，7），

感池（11，12，13），M（100bp DNA ladder plus Markers）

resistant parent（1，2），susceptible parent（8，9，10），

resistant bulk（3，4，5，6，7），susceptible bulk（11，12，13）

11.2.4　与抗蚜基因连锁的 RAPD 多态性标记

　　将可重复的扩增稳定的 10 个引物，分别用 10 株 F_2 代抗感单株进行 RAPD 连锁分析，只有引物 OPN－07，OPN－08 和 OPY－14 的扩增产物出现具有连锁性的多态性片段，对这 3 条引物进行了进一步的连锁分析，共分析了 F_2 代分离群体 132 株，其中 98 株抗蚜，34 株感蚜。其中 OPN－07 F_2 代抗蚜个体中有 5 株没出现多态性条带，有 3 株感蚜个体出现了该条带；OPN－08 的 F_2 代分离群体中，5 株抗蚜 F_2 代未出现多态性条带，却有

7 株感蚜单株出现了该条带；OPY – 14 对 F_2 代的共分离分析结果则是 10 株抗蚜 F_2 单株未扩增多态性条带，而 9 个感蚜的 F_2 个体却扩增出了此条带。(结果见表 11 –2，11 –3，11 –4)。

表 11 – 2　OPN – 07$_{727}$在 F_2 代中的共分离分析
（Table 11 – 2　Co – segregation analysis to amplify polymorphism
fragment in F_2 Using primer OPN – 07$_{727}$）

F_2	株数 Plant number	多态性片段 Polymorphism fragment		重组率/% Interchang percent
		有	无	
抗蚜 Resistant aphid	98	93	5	6. 1%
感蚜 Susceptible aphid	34	3	31	

表 11 – 3　OPN – 08$_{373}$在 F_2 代中的共分离分析
（Table 11 – 3　Co – segregation analysts to amplify polymorphism
fragment in F_2 Using primer OPN – 08$_{373}$）

F_2	株数 Plant number	多态性片段 Polymorphism fragment		重组率/% Interchang percent
		有	无	
抗蚜 Resistant aphid	98	93	5	9. 1%
感蚜 Susceptible aphid	34	7	27	

表 11 – 4　OPY – 14$_{600}$在 F_2 代中的共分离分析
（Table 11 – 4　Co – segregation analysts to amplify polymorphism
fragment in F_2 using primer OPY – 14$_{600}$）

F_2	株数 Plant number	多态性片段 Polymorphism fragment		重组率/% Interchang percent
		有	无	
抗蚜 Resistant aphid	98	88	10	14. 4%
感蚜 Susceptible aphid	34	9	25	

从以上表中数据可见，$OPN-07_{727}$、$OPN-08_{373}$ 及 $OPY-14_{600}$ 的重组率分别为 6.1%、9.1% 及 14.4%。应用 Mapmaker3.0 软件包换算成遗传距离（即图距单位）分别为 3.0cM、9.2cM、13.8cM。由于资料报道只有 <10cM 的分子标记可用于基因定位的精确研究，故又可将 $OPN-07_{727}$ 和 $OPN-08_{373}$ 二条多态性片段回收，进行进一步的研究。$OPN-07_{727}$、$OPN-08_{373}$ 及 $OPY-14_{600}$ 的 F_2 单株扩增情况于图 11-10~图 11-12 显示。

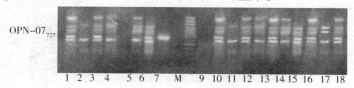

OPN-07$_{727}$

1 2 3 4　　5 6 7 M　9 10 11 12 13 14 15 16 17 18

图 11-10　OPN-07 对抗蚜基因的 RAPD 分析

Fig 11-10　RAPD profits obtained by OPN-08 for aphid resistant gene

抗亲-1,感亲-2,抗池-3,感池-4,F_2 抗单株(6,9,11,13,15,16,18),

F_2 感单株(5,10,12,14,17),Marker (100bp DNA ladder plus),

resistant parent-1,susceptible parent-2,resistant bulk-3,susceptible bulk-4,

F_2 resistant segregation individual(6,9,11,13,15,16,18),

F_2 susceptible segregation individual(10,12,14,17)

从图 11-10 可见，抗亲（1）、抗池（3）及抗蚜单株（6，9，11，13，15，16，18）都扩增出了 $OPN-07_{727}$ 这条多态性片段，而感亲（2）、感池（4）及感蚜单株（5，10，12，14，17）则未扩增出这条多态性片段。其中第 7 谱带为回收的 $OPN-07_{727}$ 多态性片段。

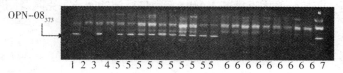

OPN-08$_{373}$

1 2 3 4 5 5 5 5 5 5 5 5 5 5　6 6 6 6 6 6 6 6 7

图 11-11　引物 OPN-08 对抗蚜基因的 RAPD 分析

Fig 11-11　RAPD profiles obtained by primer OPN-08 for aphid resistant gene

抗亲－1，感亲－2，F_2 抗池－3，F_2 感池－4，

F_2 抗蚜单株－5，F_2 感蚜单株－6，Marker（PBR322/BstNI）－7

resistant parent－1，susceptible parent－2，resistant bulk－3，susceptible bulk－4，

F_2 resistant－segregation individual－5，F_2 susceptible segregation individual－6

从图 11－11 可见，抗亲（1）、抗池及抗蚜单株（5）都扩增出了 $OPN-08_{373}$ 这条多态性片段，而感亲（2）、感池（4）及感蚜单株（6），都未扩增出这条多态性片段。

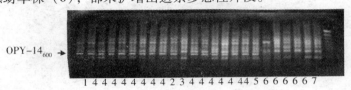

OPY－14$_{600}$ →

1 4 4 4 4 4 4 4 4 2 3 4 4 4 4 4 4 44 5 6 6 6 6 6 7

图 11－12　引物 OPY－14 对抗蚜基因的 RAPD 分析

Fig 11－12　RAPD profiles obtained by primer OPY－14 for aphid resistant gene

抗亲－2，感亲－3，F_2 抗池－1，F_2 感池－5，F_2 抗蚜单株－4，

F_2 感蚜单株－6，Marker（100bp DNA ladder plus）－7

resistant parent－2，susceptible parent－3，resistant bulk－1，susceptible bulk－5，

F_2 resistant segregation individual－4，F_2 susceptible segregation individual－6

从图 11－12 可见，抗亲（2）、抗池（1）及抗蚜单株（4）都存在多态性谱带 $OPY-14_{600}$，而感亲（3）、感池（5）及感蚜单株（6）则没有扩增出 $OPY-14_{600}$ 这条多态性谱带。

11.2.5　与抗蚜基因连锁的 RAPD 多态性标记的回收，克隆及测序

11.2.5.1　$OPN-07_{727}$，$OPN-08_{373}$ 的回收

将引物 OPN－07，OPN－08 扩增的多态性片段 $OPN-07_{727}$，$OPN-08_{373}$ 回收纯化，电泳检查结果于图 11－13 所显现，图表明回收片段大小与 $OPN-07_{727}$，$OPN-08_{373}$ 完全一致。其中回收片段由于扩增的是单一片段，其浓度要远远大于多态性扩增，故

此回收片段的清晰度要远远高于多态性扩增的片段。

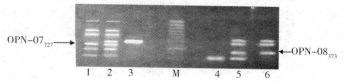

图 11 – 13 OPN – 07$_{727}$，OPN – 08$_{373}$ 回收片段

Fig 11 – 13 recycle polymorphism fragment of OPN – 07$_{727}$，OPN – 08$_{373}$

抗池(2,5),感池(1,6),回收片段(3,4),Marker（100bp DNA ladder plus）(7)

resistant bulk(2,5), susceptible bulk(1,6),recycle fragment(3,4)

11.2.5.2 OPN – 07$_{727}$，OPN – 08$_{373}$ 的克隆及测序

将回收纯化的片段，连接到 pMD 18 – T Vector 载体上，转化大肠杆菌 DH5，利用蓝白斑筛选重组子（见附录Ⅴ），从白色菌落中提取质粒，对重组质粒进行 PCR 扩增，通过电泳显示 PCR 扩增结果与回收片段大小一致见图 11 – 14。由此说明，OPN – 07$_{727}$，OPN – 08$_{373}$ 已与质粒载体重组并克隆了。

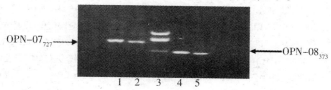

图 11 – 14 OPN – 07$_{727}$ 及 OPN – 08$_{373}$ 克隆片段

Fig 11 – 14 recycle and clone fragment of OPN – 07$_{727}$，OPN – 08$_{373}$

回收片段（2，5），克隆片段（1，4），Marker（PBR322/BstNⅠ）（3）；

recycle fragment（2，5），cloning fragment .（1，4）

对用 pMD 18 – T Vector 质粒载体（酶切位点见附录Ⅵ）克隆的二个重组质粒进行测序，由于序列的单向测定，在 500bp 范围内较为准确，所以 OPN – 08$_{373}$ 从 R 端进行单向测序（酶切位点见附录Ⅶ），而 OPN – 07$_{727}$ 从 R 端和 F 端两端双向测定其序列（酶切位点见附录Ⅷ），从而保证所测定序列的准确性。测序结果证明 OPN – 08 扩增的多态性片段为 373bp，而 OPN – 07 扩增

出的多态性片段为727bp，故将这两个多态性片段命名为OPN -
07_{727} 和 OPN - 08_{373}。测序的彩色波形图见附录Ⅸ、Ⅹ、Ⅺ。测定
出的碱基序列如 11 - 15，11 - 16。图中黑体划线碱基为随机引
物序列。

图 11 - 15　多态性片段 OPN - 07_{727} 的测序结果

Fig 11 - 15　Sequenced results of polymorphism fragment of OPN - 07

1 AAACGACGGC CAGTGCCAAG CTTGCATGCC TGCAGGTCGA CGATTCAGCC

51 CAGAGGAGAC ATGTTTCCAC CTATTCTTTG AATGTATCTT CAGCCAAGCC

101 TGCTGGAATC TACTAAGCAT TAACTGGGAC AAATCCCTCC AACCTTTTGG

151 TATGCTGATC AAAGTTAGAA CAGATTTTGG AATGCACATC TTTAGAGAAA

201 TTTTCATCTC GGCTTGCTGG TCAATCTGGA AAGTCAGAAA TAGAATTATC

251 TTTGACAATA AGGCACTCTC CTTAGTTGAA TGGAAATTGG TCCAAAAAGA

301 GGATCTTAGA CTGGTTTGCA TTAGGGCTAA GAGGAAAATT GCAGAACCCŤ

351 TAAAATTTTG GTGTGAGAAT AGACTTTAGT ATCTTCCAGA GTTTTTTATT

401 TTGGCCGTGA GGGCCTTGTA CCCCCTATTC TAACGGAGCA TCTAATTAAG

451 TACATGATAA ATACATCCTT TATATCTTCA CTGGATCAAA GCTAGAACAC

501 TGGTTCATGA TAAATACATC CTTTATATCT TCAATGAACA AAGATGATGG

551 TATGACACAA CTAGTACATG CGCTTATTGG CCAGAACCCT GTCTTTCATG

601 AGCATATATA GCAGTCATAT TAATCGACCT GGTTTGGTAC CATTTCATCC

651 GCGATGCTTT GGAGAATGGA AGCATTTCTA CCTATTTTGT CGGCACAAAA

701 GGCTAACTCA CAGACATTGT AAGTTTGTAA CGAATGCATT AGTGCAAATT

751 TGTTTCCATG AACTCTGGGC TGAATCTCTA GAGGATCCCC GGGTACCGAG

801 CTCGAATTCG TAATCATGGT

图 11 - 16　多态性片段 OPN - 08_{373} 的测序结果

Fig 11 - 16　Sequenced results of polymorphism fragment of OPN - 07

1 CCATGATTAC GAATTCGAGC TCGGTACCCG GGGATCCTCT AGAGATTACC

51 TCAGCTCGAA AAGAAATAGT GGAGTCATAA GAGTACCTAA AAAGATGCTT

101 TATAAACTCT AGTTTATTCT AGCTGAAAAT TAAAAAAAAA CTTATAAATT

151 AGAACGGAGA GTATGCTGTC TCTTTGCCGT GGATACCTTA TTTGATAATT

201 TTGAGATTGA ACCATATATA AATTGCTGCT GAGATATTCA GATATATTTA

251 TTGAACAAAA TATTCAGGCC TTTGGATACT TGGTCGTGCT GGCCGCCATC

301 CAGCATATTT CTATTACTCG TGCTTGATTA TAGTATTAGC CATCTTGTTG

351 CAGCATATTT CTATTACTFF TGCTTGATTA TAGTATTAGC CATCTTGTTG

401 TTTATTATTG GAGCTGAGGT AATCGTCGAC CTGCAGGCAT GCAAGGCTTGG

11.2.6 将 RAPD 标记转化为 SCAR 标记

根据特异片段 OPN -07_{727}，OPN -08_{373} 两端序列和引物设计原则（避免发夹结构，适当的 G + C 含量），在序列两端设计了二对特异性引物，见表 11 − 5。

表 11 − 5 SCAR 引物序列
(Table 11 − 5 primer sequence of SCAR)

SCAR 引物	引物序列
OPN -07_{727} a	5′ − TTC ATG GAA ACA AAT TTG CA − 3′
OPN -07_{727} b	5′ − TGT ATC TTC AGC CAA GCC − 3′
OPN -08_{373} a	5′ − GAA AAG AAA ATA GTG GAG TCG − 3′
OPN -08_{373} b	5′ − CAA TAA TAA ACA ACA AGA TG − 3′

通过对特异引物 OPN − 07 和 OPN − 08 的 PCR 反应条件进行优化，SCAR 反应程序分别定为：预变性 94℃ 3min → （变性 98℃ 30 s，退火 60℃ 59 s，延伸 72℃ 59 s）→ 35 个循环→72℃ 10min→4℃ 保存和预变性 94℃ 3min → （变性 98℃ 30 s，退火 52℃ 59 s，延伸 72℃ 59 s）→35 个循环→72℃ 10min→4℃ 用这两对对引物检测 BTAM428（抗亲）、ICS − 12B（感亲）及二者杂交后的 F_2 抗池、感池和单株，结果表明 SCAR 标记和抗蚜基因的 RAPD 标记的连锁性完全一致，以 OPN -08_{373} a 和 OPN − 08_{373} b 为引物进行 PCR 扩增（即 SCAR 分析），结果见图 11 − 17。从图中可见，抗亲（1）、抗池（3）及抗蚜单株（5 − 13）都扩增出 OPN -08_{373} 一条谱带，而感亲（2）、感池（4）及感蚜单株（14 − 22）都未扩增出任何片段。果可见，抗亲（1）、抗池（3）及抗蚜单株（5 − 13）扩增出了 OPN -07_{727} 这条谱带而感亲（2）、感池（4）及感蚜单株（14 ~ 22）均未有此谱带的出现。说明 SCAR 标记特异性强，PCR 产物只为一条 727bp，

373bp 的条带，易于区分。这样就顺利地将 RAPD 标记转化为了稳定性重复性很好的 SCAR 标记。

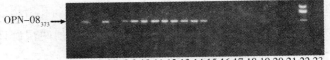

图 11－17　OPN－08 的 SCAR 标记对部分单株的检测结果

Fig 11－17　The PCR detection for some individuals with

the specific OPN－08 SCAR primers

抗亲－1,感亲－2,抗池－3,感池－4,F_2 抗单株(5～13),

F_2 感单株(14～22),Marker(PBR322/BstNI)(23)

resistant parent－1,susceptible parent－2, resistant bulk－3, susceptible bulk－4,

F_2 resistant－segregation individual(5～13),F_2 susceptible segregation individual－6(14～22),

图 11－18　OPN－07 的 SCAR 标记对部分单株的检测结果

Fig 11－18　The PCR detection for some F_2 individuals with

the specific OPN－08 SCAR primers

抗亲－1,感亲－2,抗池－3,感池－4,F_2 抗单株(5～13),

F_2 感单株(14～22),Marker(PBR322/BstNI)(23)

resistant parent－1,susceptible parent－2, resistant bulk－3, susceptible bulk－4,

F_2 resistant－segregation individual(5～13), F_2 susceptible segregation individual－6(14～22),

11.2.7　抗蚜基因连锁群的建立

根据各分子标记与抗蚜基因的连锁关系，经电泳检测的多态性扩增产物进行数据收集。根据多态性条带的有无分别赋值"1"和"0"，模糊不清或数据缺失赋值为"－"。应用 Mapmaker 3.0 软件包，临界值 LOD 取 3.0，进行综合分析。并根据

Kosambi函数，将重组率转换成图距单位（centimorgan，cM）。结果表明：$OPN-07_{727}$、$OPN-08_{373}$ 及 $OPY-14_{600}$ 与抗蚜基因的图距单位分别为 3.0cM、9，2cM、13.8cM。三个分子标记与抗蚜基因的连锁顺序为抗蚜基因 – $OPN-07_{727}$ – $OPN-08_{373}$ – $OPY-14_{600}$。为此绘制连锁图 11 – 19。

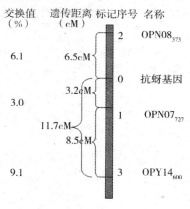

图 11 – 19　抗蚜基因连锁图

Fig 11 – 19　Linkage map of resistant gene

从该连锁图可见，连锁距离最近的两个标记 $OPN-07_{727}$，$OPN-08_{373}$分别位于抗蚜基因两侧，这两个标记一方面可以作为染色体步移的起点，另一方面可在此基础上筛选更近的分子标记，丰富抗蚜基因连锁群，进而利用染色体登陆法克隆该基因。

11.3　结论与讨论

（1）本研究利用 RAPD 技术对显性单基因控制的抗蚜基因进行标记，通过筛选了 500 个随机引物，找到了与抗蚜基因连锁的多态性标记，但由于 RAPD 标记的稳定性及重复性较差，很难将此标记应用于作物遗传育种及辅助选择中。于是将 RAPD 标记转换成了稳定性好和重现性高的 SCAR 标记，从而提高了扩增反应的特异性和稳定性。使 RAPD 标记及 SCAR 标记在分子标记的辅助选择中具有更广阔的应用前景。

（2）通过应用 Mapmaker3.0 软件包对与抗蚜基因连锁的分子标记的综合分析，虽建立起了一个连锁图，但其中标记的数量还有待进一步充实，从而建立一个高密度的分子标记图谱，必将具有更大的应用价值。

第 12 章　对高粱 F_3 代及部分抗感品种的 SCAR 分析

　　优良品种是当今复杂的、高生产力的农业经济基础。对于目标性状（如高产、优质、抗逆、抗病虫等）的选择是新品种培育过程的中心环节。传统的依赖于植株表型的选择要求丰富的经验和长达数年甚至十几年的时间．此外对一些特殊性状的直接鉴定还受到许多条件的限制，因此如何提高选择效率和减少育种过程中的盲目性是进一步开拓品种生产力的关键。随着遗传学的发展，人们很早就意识到利用易于鉴别的遗传标记来辅助选择。但是直到十多年以前，植物遗传育种中所用的标记大多数还是基于形态性状的标记。这类标记受植物的表型影响太大，不利于直接用来选择，而且它们的数量十分有限，要找到与目标性状相关的遗传标记实际上是很困难的。同工酶（Isozyme）作为近中性的遗传标记在过去的二三十年中得到了广泛的发展与应用（Tanksley and Orton 1983）。从植物组织的蛋白粗提物中通过淀粉或聚丙烯酰胺电泳和特殊的活性染色方法即可检测到相应的同工酶。其分析手段较简单，适合较大群体的遗传分析。但不同的同工酶往往需用不同的检测程序进行分析，有些同工酶的表达具有组织和发育阶段的特异性。此外其最大的缺点是数量有限，尽管在一些作物中已知有 40 多个同工酶系统，但大多数的育种群体中只能找到 10 – 20 个具有多态性的同工酶位点。近年来分子生物学技术的发展为植物育种提供一种基于 DNA 变异的新型遗传标记，它和形态标记及同工酶标记相比，具有明显的优越性。分子标记的数量几乎是无限的，发育的不同阶段，不同组织的 DNA 都可用于标记分析，使得对植株基因型的早期选择成为可能，从而可缩短育种周期。

植物育种中分子标记辅助选择（Molecular Marker Assisted Selection，简称 MMAS）是通过分析与目标基因紧密连锁的分子标记来判断目标基因是否存在，是通过标记对目标性状实施间接选择。本研究在已经建立的与抗蚜基因紧密连锁的 SCAR 标记基础之上，对 BTAM428 × ICS – 12B 杂交后的 F_3 代进行跟踪鉴定，同时对部分的已确定的抗感高粱品种进行 SCAR 分析，检测与抗蚜基因紧密连锁的分子标记存在与否及 SCAR 标记的稳定性，为抗蚜品种的分子辅助选择及鉴定开辟一条新路。

12.1　材料和方法

12.1.1　材料

高抗品种：TAM428，LR9198，5 – 27，200 – 3259B – 1

高感品种：ICS – 12B，矮四，TX622B，三尺三

BTAM428 × ICS – 12B 杂交的 F_3 代。

供试品种皆由辽宁省农业科学院高粱研究所提供，抗性级别由辽宁省农业科学院植物保护研究所鉴定。

12.1.2　方法

12.1.2.1　试材田间处理：

取高抗、高感试材的种子于室温下浸种 6h，播于蛭石中，于 25℃温箱中催芽，发芽后取出，放于光照发芽培养箱内，在条件为 25℃，3000lx 光照条件下培养至 3 叶 1 心期，用 4 分法取其叶片。

F_3 代试材是将已鉴定的 F_2 代有无特异性谱带 OPN – 07_{727}，

OPN – 08$_{373}$的 F_2 单株留种，第二年春天种于田间，每穗 1 行，行长 5m，行距 60cm，株距 15cm，小区随机排列，3 次重复。

田间管理同大田生产，拔节时每亩追化肥 30kg，除防治粘虫外，不使用任何农药。

12.1.2.2　DNA 提取：

方法参考本篇第三章，高抗、高感的品种于 3 叶 1 心期取叶片，F_3 代于孕穗期取下数 5 – 6 片叶分别提取 DNA。

12.1.2.3　SCAR 标记的跟踪鉴定

SCAR 扩增反应系统见本书 18 页第二章 2.2.3SCAR 有关内容，所用引物为 OPN – 07$_{727}$a、OPN – 07$_{727}$b 及 OPN – 08$_{373}$a、OPN – 08$_{373}$b 两对特异性引物。

12.2　结果与分析

12.2.1　对 BTAM428 × ICS – 12B 杂交 F_3 代的跟踪鉴定

12.2.1.1　F_3 代田间抗蚜性鉴定

田间鉴定方法同第二章 1.2。经过鉴定，结果表明：来自 F_2 代分离群体的 60 株抗蚜单株（即是指经田间鉴定为抗蚜，且在 RAPD 及 SCAR 分析中含有特异性谱带 OPN – 07$_{727}$ 及 OPN – 08$_{373}$ 的单株）的 F_3 代有 95% 的个体表现为抗性；而来自 30 株感蚜的 F_2 单株（即是指经田间鉴定为感蚜，且在 RAPD 及 SCAR 分析中不含有特异性谱带 OPN – 07$_{727}$ 及 OPN – 08$_{373}$ 的单株）的 F_3 代个体 100% 表现为感蚜。这充分证明了如果在 F_2 代找到了与抗蚜基因紧密连锁的分子标记，在 F_3 代其抗感性不发生变化。用该标记作为抗性后代选择是有效的。

12.2.1.2　F_3 代抗感单株的 SCAR 分析

在孕穗期分别选 F_3 代抗感单株 20 株，并取其下数 5 – 6 片叶提取其 DNA。进行 SCAR 分析。分析结果见图 12 – 1，12 – 2。

图 12 - 1 为 OPN - 07$_{727}$的 SCAR 扩增结果,可见抗亲 (1) 及 F$_3$
抗蚜单株 (3~13) 扩增出了 OPN - 07$_{727}$这条特异性谱带,而感
亲 (2) 及 F$_3$ 感蚜单株 (14~22) 的扩增产物无谱带存在。图 5
-2 为 OPN - 08$_{373}$的 SCAR 分析结果,从图谱中也可见,抗亲
(1) 及 F$_3$ 抗蚜单株 (3~13) 扩增出了 OPN - 08$_{373}$这条特异性
谱带,而感亲 (2) 及 F$_3$ 感蚜单株 (14~22) 未有扩增产物的
存在。这表明了以 SCAR 标记进行分子标记辅助选择及后代跟踪
鉴定的可行性及准确性。

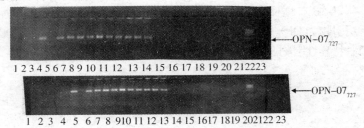

图 12 - 1　对 F$_3$ 代 OPN - 07$_{727}$a、OPN - 07$_{727}$b 的 SCRA 分析

Fig 12 - 1　SCAR profiles using OPN - 07$_{727}$a、OPN - 07$_{727}$b for F$_3$ progenies

BTAM428 - 1,ICS - 12B - 2,F$_3$ 抗蚜单株(3~12),

F$_3$ 感蚜单株(13~22),Marker(23,φX174DNA - HaeⅢ)

resistant parent - 1,susceptible parent - 2,F$_2$ resistant - segregation individual(3~12),

F$_2$ susceptible segregation individual - 6(13~22)),

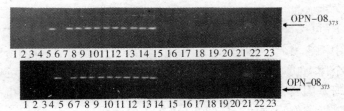

图 12 - 2　对 F$_3$ 的 OPN - 08$_{373}$a、OPN - 08$_{373}$b 的 SCRA 分析

Fig 12 - 2　SCAR profiles using OPN - 08$_{373}$a、OPN - 08$_{373}$b for F$_3$ progenies

BTAM428 - 1,ICS - 12B - 2,F$_3$ 抗蚜单株(3~12),

F_3 感蚜单株(13~22)，Marker(23，φX174DNA – Hae Ⅲ)

resistant parent – 1，susceptible parent – 2，F_2 resistant – segregation individual(3~12)，

F_2 susceptible segregation individual – 6(13~22)，

12.2.2　对几种抗感品种的 SCAR 分析

取已鉴定的稳定的抗蚜保持系 TAM428，LR9198，5 – 27，2000 – 3259B – 1 及感蚜品种 ICS – 12B，矮四，TX622B，三尺三于 3 叶 1 心期取叶片，每个品种取 20 株的叶片装入塑料袋，用四分法取样，分别提取各个品种的 DNA，以提取的 DNA 为模板进行 SCAR 分析。分析结果如图 12 – 3，12 – 4 所示。

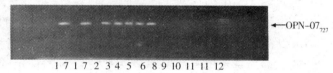

图 12 – 3　对高粱部分品种的 SCAR 分析(引物 OPN07$_{727}$a、OPN – 07$_{727}$b)

Fig 12 – 3　SCAR profiles for some varieties with the OPN – 07$_{727}$a、

OPN – 07$_{727}$b primers

TAM428(1)，LR9198(2,3)，5 – 27(4,5)，200 – 3259B – 1(6) ICS – 12B(7)，

矮四(8)，TX622B(9)，三尺三(10,11) marker(12,φX174DNA – HaeⅢ)

图 12 – 4　对高粱部分品种的 SCAR 分析(引物 OPN – 08$_{373}$a、OPN – 08$_{373}$b)

Fig 12 – 4　SCAR profiles for some varieties with OPN – 08$_{373}$a、

OPN – 08$_{373}$b primers

TAM428(1)，LR9198(2,3)，5 – 27(4,5)，200 – 3259B – 1(6) ICS – 12B(7)，

矮四(8)，TX622B(9)，三尺三(10,11) marker(12,φX174DNA – HaeⅢ)

从图 12 – 3 和 12 – 4 可见，对抗蚜品种 TAM428 （1），LR9198 （2，3），5 – 27 （4，5），200 – 3259B – 1 （6） 分别以

OPN -07_{727} a，OPN -07_{727} b 及 OPN -08_{373} a、OPN -08_{373} b 二对特异性引物进行扩增，结果分别扩增出了 OPN -07_{727}、OPN -08_{373} 这两条特异性谱带。而在感蚜品种 ICS $-$ 12B（7），矮四（8），TX622B（9），三尺三（10，11）的扩增产物中都没有扩增出任何产物。这再一次证实了 SCAR 标记检测的可靠性及用与抗蚜基因紧密连锁的分子标记作为抗蚜育种辅助选择的可行性。

12.3　结论与讨论

（1）通过用 SCAR 标记对 F_3 代单株的跟踪鉴定分析发现，如果在 F_2 代的分离群体中找到与抗蚜基因抗蚜紧密连锁的分子标记，即可以在 F_3 代抗蚜单株中得到此特异性标记且保持稳定。

（2）本试验所选用的抗感品系皆为已鉴定过的稳定的抗感品系，故可不用田间鉴定，可以直接取其种子或幼苗进行 SCAR 分析。通过对抗感品系幼苗叶片的 SCAR 分析，可见，利用一种抗蚜品种与另一种感蚜品种杂交后的 F_2 代分离群体去寻找多态性的分子标记这种方法的可行性及准确性，并可将在此群体中寻找到的标记应用于其它抗感品种或后代群体的鉴定中，从而进一步有力证明了分子标记在作物遗传育种中作为辅助选择工具的可行性。

（3）用已鉴定的抗感品种来检测与抗蚜基因紧密连锁的 SCAR 标记，在实践应用中具有重大的意义，虽然本试验由于时间关系只做了苗期叶片的 SCAR 分析，但仍完全可以说明问题（因为应用分子标记去鉴定抗感品种不受发育时期的限制）。若增加抗感品种成株期田间 SCAR 分析，便能更加准确地确认本试验建立的 2 个与抗蚜基因紧密连锁的 SCAR 标记的应用价值，并可将此标记直接应用于抗感品种的鉴定中去。

12.4　结　论

本篇以 BTAM428 × ICS – 12B 杂交 F_2 代为试材,采用 BSA 法,应用 RAPD 技术筛选与由显性单基因控制的高粱抗蚜基因连锁的分子标记。得到如下结论:

(1)对高粱抗蚜性鉴定方法进行了研究,采用田间诱发接蚜查叶蚜量的方法进行田间抗蚜性的鉴定,简化了田间鉴定方法,减少了调查工作量,同时也保证了迅速获得可靠的结果。

在田间鉴定的基础之上,对高粱抗感群体的叶片化学物质的含量进行了分析,通过室内测定高粱叶片中游离氨基酸及几种化学物质的含量,结果表明,有利于蚜虫生存的游离氨基酸、可溶性糖、有机酸、pH 值及氮的含量,感蚜植株高于抗蚜植株且呈显著差异,而不利于蚜虫生长的次生物质如单宁的含量则是抗蚜高于感蚜。这一方面进一步确定了抗感性,另一方面又证明了高粱叶片内化学物质的含量确实可以作为抗蚜性鉴定的一个辅助指标。而对抗感植株的形态解剖学观察又为抗感性的鉴定提供了一个最为简捷的方法。

(2)对提取 DNA 的几种方法进行了比较,从而确定了提取高质量的高粱叶片 DNA 的最佳方法。

众所周知,RAPD 标记有许多优点,如分析快速、简便、不涉及使用同位素等,但另一方面,RAPD 技术对反应条件非常敏感,如 Taq 酶浓度,退火温度,dNTP 浓度等都会影响扩增结果,造成重复性及稳定性差的缺点。本研究通过对 Taq 酶浓度、dNTP 浓度,引物浓度,模板浓度及退火温度的分析及梯度试验,确定了高粱叶片 RAPD 扩增的最佳反应系统,即是 $25\mu l$ 反应体系,含 $2.5\mu l$ 扩增缓冲液(Buffer),1.5U Taq 酶,50ng 模板,$100\mu mol/L$ 的 dNTP,$0.2\mu mol/L$ 引物,上覆矿物油,循环参数如下:94℃3min→(94℃30s→38℃30s→72℃min)→35 个循环→

72℃10min 反应在 PE9600 型 DNA 扩增仪上进行，从而获得了稳定可重复的扩增结果。

（3）采用 BSA 法筛选了 500 个 operon 公司出品的 RAPD 随机引物，共扩增出 1614 条 DNA 谱带，其中引物 OPA－01，OPP－09，OPP－14，OPH－19，OPN－08，OPN－07，OPN－20，OPJ－06，OPS－20，OPY－14 都扩增出多态性谱带。通过共分离分析表明 OPN－08$_{373}$，OPN－07$_{727}$ 与抗蚜基因紧密连锁。分析了 132 株后代其中 OPN－07$_{727}$ 有 8 株重组，OPN－08$_{373}$ 有 12 株重组，交换率分别为 6.1% 和 9.1%，遗传距离分别为 3.0cM 和 9.2cM。

（4）将与抗蚜基因紧密连锁的多态性谱带回收、克隆、测序，根据测序结果将两条多态性谱带命名为 OPN－07$_{727}$，OPN－08$_{373}$，同时根据设计引物的原则，设计特异性引物，将 RAPD 标记转化为了 SCAR 标记，并对 F$_2$ 代抗感分离群体进行单株检测，连锁性与 RAPD 完全一致。从而证实了这两个 SCAR 标记的可靠性。同时建立了抗蚜基因的连锁群。

（5）用抗蚜基因紧密连锁的 SCAR 标记对高粱 BTAM428 × ICS－12B 杂交后的 F$_3$ 代进行跟踪鉴定，结果表明：在 F$_3$ 代中 SCAR 标记仍稳定存在。同时对部分已鉴定过的抗感品种进行 SCAR 分析。结果表明：在抗蚜品种中这 2 个 SCAR 标记皆稳定存在，而几种感蚜品种中皆没有这两个标记的出现。至此，本研究已建立起了稳定可靠的与抗蚜基因紧密连锁的 2 个 SCAR 标记，有希望在生产上应用，这在高粱抗蚜遗传研究领域尚属首例报道。

（6）随着大片段基因组 DNA 克隆技术的发展，围绕克隆目的基因成为可能，图位克隆的主要方法是采用染色体步行法筛选该基因的克隆重叠群，而染色体步行的必要条件是基因在遗传图上的定位，找到与目的基因紧密连锁的分子标记或目的基因侧翼的标记，从而为染色体步行提供起点。在本研究中获得的两个与抗蚜基因紧密连锁的分子标记，位于抗蚜基因的一侧，但距离抗蚜基因较近，一方面可以该标记为探针筛选含有该基因的文库进行染色体步移，另一方面可以利用这两个标记限制搜索抗蚜基因的标记，丰富抗蚜基因的连锁群，以找到更近的分子标记，使标记与目的基因之间的染色体上的物理距离小于基因组文库的平均插入片段的大小，利用染色体登陆法，通过文库筛选就可以直接获得含有目的基因的克隆，从而可进一步分离该基因。这一步研究有待以后继续进行。

（7）通过利用筛选出的与抗蚜基因紧密连锁的 SCAR 标记对 F_2 代分离基因个体、F_3 代个体的跟踪鉴定及对部分已鉴定的抗感品种的分析，充分说明了所筛选出的 SCAR 标记的稳定性及可靠性。而对部分高粱抗感品种的检测则进一步说明了 SCAR 标记的可应用性、准确性、可靠性及辅助育种的可行性。但若能补充抗感品种成株的检测试验，本研究则更加丰满。

通过本研究充分证明了分子标记在遗传育种，特别是抗虫育种中作为辅助选择工具的可行性，为其在生产实践中的应用提供了可靠的依据。

第四篇　高粱抗螟虫抗性分子机理研究

第13章　高粱抗螟育种研究进展

在我国，亚洲玉米螟［*Ostrinia furnacalis*（Guenée）］是为害高粱的主要螟虫之一，造成高粱的倒伏、品质下降，直至减产。而随着高粱育种国内外对玉米螟研究的进展，高粱抗螟虫的研究也受到普遍关注，利用抗螟性强的杂交种，可大量减少农药的使用量，减少环境污染，维护生态平衡，对农业经济的可持续发展有着极其重要的意义（张树榛等，1989；乔魁多等，1998）。

13.1　玉米螟的为害

亚洲玉米螟［*Ostrinia furnacalis*（Guenée）］属鳞翅目 Lepidoptera，螟蛾科 Pyralidae，秆野螟属 Ostrinia。其发生世代，随纬度变化而异。在辽宁省，通常一年发生两代，第一代幼虫在6月中下旬7月上旬，在高粱孕穗之前，幼虫集中于心叶为害，最初表现为许多白色的小斑点，以后产生大而不规则的伤痕，形成花叶。较大的幼虫钻蛀叶卷，叶片展开后表现为横排连珠孔。危害严重时，心叶会被咬得支离破碎，以至叶片不能正常抽穗。第二代幼虫在高粱的生育后期，主要为害穗颈和茎秆，将穗颈蛀空，蛀孔处出现褐红色，穗颈易折，造成穗粒不饱满，甚至籽粒不成熟，导致减产（王振营等，2000）。

13.2　玉米螟的研究进展

我国玉米螟的优势种是亚洲玉米螟〔*Ostrinia furnacalis*（Guenée）〕（以下简称玉米螟），分布于我国大部分地区。玉米螟的饲养技术始于 1962 年，国内第一个玉米螟半人工饲料配方在 1978 年完成，使玉米螟的大规模按计划饲养成为可能。1988年中国农业科学院农业应用研究所利用新的无琼脂饲料和新的饲养技术完成了室内半人工大规模饲养，并完成了对玉米螟很多生理特征特性的观察和总结。在此基础上，玉米螟的预测预报和防治工作也得到了迅速发展。近十年来，玉米的抗螟研究也取得了长足发展。这些突破性的研究对高粱的抗螟育种工作起到了很大作用。

13.3　高粱的抗螟机制

糖含量是影响玉米螟幼虫在 4 龄前都需要摄取葡萄糖，对糖的微量差异表现敏感。这说明高粱含糖量高，则无抗螟优势，甚至高感螟。如甜高粱比其它品种更易受玉米螟为害，并且严重，这与玉米螟幼虫需糖有直接关系。

矮且茎秆坚硬的品种较抗螟，高且茎秆纤弱的品种受害较重。这与穗茎或秸秆的生理特点－含硅量有关系，硅是高粱体内含量最高的灰分元素，硅沉积于表皮组织和其他组织的细胞壁，使各部组织增加机械强度。F. Lanning（1961）发现，二氧化硅的含量差异与品种的抗虫能力有关。如品种阿特拉斯的含硅量为品种矮生黄迈罗的二倍，前者对麦长蝽的抗性远高于后者。经研究，二氧化硅含量也是影响高粱抗螟的因素之一。

丁布对植物的抗虫性作用有不同报道。丁布（DIM2BOA）属环氧肟酸类（cyclic hydroxamic acids），广泛存在于禾本科植物体中，并与这些作物的抗病虫性有关。早在 1967 年，Klun 等就发现丁布可阻碍欧洲玉米螟幼虫的发育，导致 25 % 的死亡，蛹重亦与对照差异显著。玉米抗螟性研究已证实丁布的毒性，估计丁布在高粱植株内的抗螟性也有类似的表达，还有待研究。

　　基因对基因学说：H. H. Flor（1959）早已提出，当寄主中每有一个主效抗虫基因时，在害虫中便有一个相应的致害基因。害虫的致害基因可分为强致害基因和无致害基因两类。实验表明，当高粱具有抗虫基因，而玉米螟不具致害基因时，则表现抗虫；如玉米螟具有相应的强致害基因时，则高粱是不抗虫的。也就是说，具有抗虫基因的高粱在玉米螟没有出现相应的致害基因之前，可以保持其原有的抗性，一旦玉米螟出现相应的致害基因时，该品种的抗虫性就会减弱或消失。因此，我们要不断的更新品种资源，使之不退化。

13.4　高粱抗螟性筛选与鉴定

　　高粱抗螟的筛选与鉴定是选育和利用优质种质资源的重要基础，只有通过大量的筛选与鉴定工作，才能得到优质的品种资源，得以利用。

　　经多次试验和总结，在发现大部分高粱品种材料中，蛀孔数与隧道长度呈正相关，即虫孔数越多，隧道越长，但少数材料却相反。所以必须将蛀孔数和隧道长度结合起来进行分析。下面是国内常用的分级方法和标准：

　　高粱成熟后，调查全区株数，被害株数，透孔数，鞘孔数及透孔直径，计算透孔率（透孔占总孔数的百分数），被害株透孔均数，透孔株最大孔径均数。对后二项数据按下列公式标准化：$X = Xi - Xmin/（Xmax - Xmin）$，$X$ 为标准化数据，Xi 为实测值，此外，$Xmin = 0$，$Xmax = Xi + Sx^2$。将透孔率、透孔均数和孔径均数的加权系数分别定为 0.6 、0.3 和 0.1 。用标准化后的数据和各自的加权系数求得加权值，以加权值分抗性等级，分级标准见表1。

目前该分组主要鉴定参数是蛀透几株率，未抽穗穗柄未抽出，而穗柄又是危害关键部位，所以完全按该标准评价抗螟性，值得商榷，只能作为分级鉴定的部分标准。

此外，在高粱幼苗时期，叶片被害面积和幼苗死心率以及成熟后的被害株数也应作为分级标准。下面是国际半干旱作物研究所（ICRISA T）把叶片被害面积 mm^2 作为分级标准（表2）调查时间是分别在出苗后的30 d 和45d，幼苗死心率的调查也是在这个时间。

前苏联的 H．B．A huphrh 等（1992）用穗折等级比率来评价二代玉米螟幼虫的为害程度。即：1 级－没有穗折，3 级－穗折率达到 10 %，5 级－穗折率达到 25 %，7 级－穗折率达到 50%，9 级－穗折率达到 100 %。

表 13 - 1　抗性等级以加权值为分级标准

等级	抗性	加权值范围
1	高抗	< 0. 18
3	抗	0. 19 ~ 0. 30
5	中感	0. 31 ~ 0. 42
7	感染	0. 43 ~ 0. 54
9	高感	> 0. 54

表 13 - 2　抗性等级以叶片被害面积为分级标准

等级	抗性	被害面积范围/（mm^2）
1	高抗	150 ~ 300
3	抗	301 ~ 600
5	中感	601 ~ 900
7	感染	901 ~ 1200
9	高感	> 1200

13.5　抗螟育种的方法及现状

将抗螟的品种与目标性状优良品种杂交，将抗螟基因导入 F_1 代中，在 F_1 中选育出兼有抗螟和目标性状的部分植株，然后进行下一代及多代选育。这也是抗螟育种的常用方法。需要指出的是，单独从收集的大量材料中进行筛选并不是一个完善而有效的途径，从长远考虑需连续鉴定和选择，从遗传基础广的高粱群体中不断筛选，将明显抗螟后代进行重组，建立抗螟基因库是较为理想的途径。

辽宁省农业科学院在 20 世纪 90 年代种质资源鉴定中，鉴定高抗螟种质 21 份，仅占鉴定种质的 0.78 %，并且只有极少部分能被辽宁省利用。近年，有关人员也进行了大量筛选鉴定，也没有特别好的品种被辽宁省所利用。

1990~1992 年前苏联植物栽培科研所库班试验站做了 1 200 份高粱品种试材对玉米螟的抗性研究，发现大部分只对一代玉米螟有较好抗性，而对二代玉米螟则很差，受害严重。在该地，也就是二代玉米螟在成熟期为害穗茎，造成减产。

徐秀德和董怀玉等在 1996~2000 年做了 1282 份高粱抗螟鉴定，结果发现对玉米螟抗性表现为 1 级高抗（HR）的材料 11 份，3 级抗虫（R）的材料 6 份，余者为感虫或高度感虫材料。

近年来由于转基因技术的迅猛发展，植物育种取得了常规技术难以达到的效果和效益。农作物转基因技术是农业生物技术的核心领域，它正在成为作物育种的一种重要手段。目前，全世界拥有近 400 种转基因植物，有些已进入田间试验和大面积生产阶段。生物技术在高粱育种中的深入研究给抗螟育种奠定了基础。石太渊和杨立国等在 2001 年用花粉管通道法将 PYH157 基因（抗高粱丝黑穗病基因）导入高粱，获得了转基因植株。目前，载体转移外源基因主要是以根癌农杆菌的 Ti 质粒和发根农杆菌的 Ri 质粒为载体，将目的基因整合到受体细胞核染色体上。肖军和石太渊等在 2004 年用高粱幼穗诱导的愈伤组织与农杆菌共培养，实现了农杆菌介导的高粱遗传转化，成功地将杀虫（螟虫）晶体蛋白基因 cryIA b 基因转入到高粱种中，获得了转基因植株并筛选得到了转基因再生植株。

13.6 高粱抗螟育种的发展趋势和建议

这些现状说明，现阶段抗螟的高粱优质资源较少，抗螟育种工作还需要一个过程和一定的努力，但可喜的是，该研究也得到了生物技术革新。所以一定要将这个现代农业新技术充分利用起来，积极进行种质资源的创新和扩增，利用花粉管通道技术和载体转移外源基因法，将有效的抗螟虫基因导入高粱育种材料中。相信随着有关各方面的研究进展能够使抗螟育种工作得到很大解决和突破。

第 14 章 亚洲玉米螟高粱上蛀孔分布及其与产量损失的关系

在辽宁省，亚洲玉米螟 ［*Ostrinia furnacalis* (Guenée)］（以下简称玉米螟）是为害高粱的主要螟虫之一。玉米螟主要以幼虫蛀茎为害，被害植株茎秆组织遭到破坏后，影响养分和水分的输送，造成穗部发育不全，籽粒灌浆不满或植株茎秆折断，造成减产。每年因玉米螟为害可减产 10% 左右，严重发生年减产20% ~30%。玉米螟幼虫危害高粱蛀孔的多少，是评估产量损失的重要指标。

我们在辽宁省亚洲玉米螟两代发生区，对玉米螟 1、2 代幼虫为害蛀孔在高粱上的分布及其造成的产量损失进行了初步研究，其结果对分析玉米螟为害程度和评估高粱产量损失有一定参考价值。

14.1 材料和方法

14.1.1 供试材料

外引材料 ICS520 和 BTX623，均为外引早熟材料，对亚洲玉米螟中抗。试验地点为辽宁省农业科学院试验田。

14.1.2 蛀孔分布的调查

2004~2006 年，在试验田选 3 块有代表性的高粱田地，每

地以双对角线固定 5 个调查样点，每点 20 株。自两代玉米螟卵
孵化初期开始，分别调查 1、2 代幼虫为害各茎节的蛀孔数，3d
调查 1 次，至当代幼虫为害末期止，统计两代蛀孔在各茎节上的
分布比率（在 2 代调查田块区，对 1 代卵块以 1 次/2 d 的方式进
行去除，并进行 2~3 次药剂控制）。

14.1.3 产量损失测定

在 ICS520 和 BTX623 2 个高粱品种的原种圃，设 1 代为害、
2 代为害和不为害对照 3 个处理，小区面积 9.6 m²，均为 4 行 80
株。在玉米螟自然发生的条件下，于 1、2 代卵盛期，分别对此
2 个品种各处理尚未出现危害状或未见幼虫的植株，每株接 1 龄
幼虫（黑头卵）5 头。对不使其危害的世代以 1 次/2 d 逐株抹去
卵块，并进行 2~3 次药剂控制，各小区的田间管理措施一致。
在每小区中间 2 行随机固定 40 株，调查玉米螟为害程度和高粱
产量，各处理样本单收，以平均单株产量计算减产率。

14.2 结果分析

14.2.1 两代蛀孔在高粱植株上的分布

从各年度的调查结果看出，两代幼虫为害的蛀孔在高粱第一
节至穗柄均有分布，但总体以穗柄及其下 1~4 节上的蛀孔较多，
平均分布率为 55.35%，而穗柄及其下 1 节上的蛀孔最多，其平
均分布率为 32.11%，占穗柄及其下 1~4 节上蛀孔的 58.02%，
而穗柄上蛀孔数又占穗柄及其下 1 节上的蛀孔数的 59.27%。1
代蛀孔在第一节及其上 1~4 节上的分布比率为 48.66%，在穗
柄及其下 1~4 节上的分布比率为 51.34%。2 代蛀孔的分布与 1
代相似，其蛀孔在第一节及其上 1~4 节上的分布比率为
37.96%，在穗柄及其下 1~4 节上的分布比率为 62.04%。说明

蛀孔主要分布在穗柄及其下 1~4 节上。说明 1 代和 2 代亚洲玉米螟的为害都应该引起我们的重视，不能单纯的以为只有其中一代为害最重，而忽视另一代，其在穗柄处的为害是高粱柄折断的主要原因之一（表 14-1、表 14-2）。

表 14-1　亚洲玉米螟一代幼虫为害蛀孔在高粱上的分布

蛀孔部位	2004 年		2005 年		2006 年		合计	
	蛀孔/个	比率/%	蛀孔/个	比率/%	蛀孔/个	比率/%	蛀孔/个	比率/%
穗柄	12	14.46	18	23.68	21	20.19	51	19.39
下 1	6	7.23	15	19.74	17	16.35	38	14.45
下 2	1	1.20	6	7.89	4	3.85	11	4.18
下 3	3	3.61	3	3.95	5	4.81	11	4.18
下 4	4	4.82	5	6.58	8	7.69	17	6.46
上 4	7	8.43	6	7.89	9	8.65	22	8.37
上 3	9	10.84	4	5.26	4	3.85	17	6.46
上 2	7	8.43	5	6.58	10	9.62	22	8.37
上 1	19	22.89	2	2.63	12	11.54	33	12.55
第一节	15	18.07	12	15.79	14	13.46	41	15.59
合计	83	-	76	-	104	-	263	-

表中比率指该部位蛀孔数占整株蛀孔的百分率
表中上 1~上 4 和下 1~下 4 分别指第一节以上的第 1~4 节和穗柄以下的第 1~4 节

表 14-2　亚洲玉米螟二代幼虫为害蛀孔在高粱上的分布

蛀孔部位	2004 年		2005 年		2006 年		合计	
	蛀孔/个	比率/%	蛀孔/个	比率/%	蛀孔/个	比率/%	蛀孔/个	比率/%
穗柄	18	17.48	19	18.10	22	20.37	59	18.67
下 1	12	11.65	10	9.52	15	13.89	37	11.71
下 2	14	13.59	7	6.67	12	11.11	33	10.44
下 3	15	14.56	9	8.57	14	12.96	38	12.03
下 4	8	7.77	12	11.43	9	8.33	29	9.18
上 4	7	6.80	10	9.52	5	4.63	22	6.96
上 3	9	8.74	5	4.76	11	10.19	25	7.91
上 2	10	9.71	14	13.33	9	8.33	33	10.44
上 1	6	5.83	12	11.43	6	5.56	24	7.59
第一节	4	3.88	7	6.67	5	4.63	16	5.06
合计	103	-	105	-	108	-	316	-

表中比率指该部位蛀孔数占整株蛀孔的百分率
表中上 1~上 4 和下 1~下 4 分别指第一节以上的第 1~4 节和穗柄以下的第 1~4 节

14.2.2   蛀孔及其在植株上的部位对高粱产量的影响

由表 14-3 看出，在 BTX623 植株上，两代幼虫为害的蛀孔平均数基本相同，在 ICS520 植株上 1 代幼虫蛀孔略少，在两个品种产量上的为害率，2 代幼虫为害较重，分别比 1 代幼虫为害高 2.85% 和 4.41%。说明二代幼虫为害率更高。

由表 14-4 可进一步看出，2 代幼虫为害的处理，单株蛀孔在 1~6 个范围内，蛀孔数与高粱产量呈极显著负相关。用直线回归方法计算得出，ICS520 和 BTX623 单株增加 1 孔的产量损失率分别为 6.62% 和 5.53%。蛀孔部位对产量影响也有明显区别，在穗柄部位为害所造成的产量损失最为严重。可见高粱产量受亚洲玉米螟为害，主要是在穗柄处受害所致。第 2 代幼虫单株蛀孔 1~6 个，2 个高粱品种单株产量有明显递减趋势。用相关系数方法分析，蛀孔与产量的相关系数，ICS520 为 0.98，BTX623 为 0.97，两品种对螟害之间的差异系数为 r=1.62，显示差异不显著，相关系数未达到 5% 的显著标准。可见单株 2 代幼虫 1~6 个蛀孔情况下，这两个品种间的产量受影响的表现无明显差异。

表 14-3   亚洲玉米螟为害蛀孔数对高粱产量的影响

高粱品种	接虫处理	蛀孔数(个/株)		2 代幼虫量 /(头/株)	穗长	千粒重	产量 /(g/株)	减产率 /%
		1 代	2 代					
ICS520	仅 1 代为害	1.6	0	0	23.5	23.6	78.6	6.76
	仅 2 代为害	0	2.3	2.5	22.8	22.5	76.2	9.61
	无为害对照	0	0	0	23.8	24.1	84.3	—
BTX623	仅 1 代为害	2.0	0	0	25.9	24.3	77.4	5.15
	仅 2 代为害	0	2.1	2.4	26.2	23.8	73.8	9.56
	无为害对照	0	0	0	26.2	25.7	81.6	—

表 14 – 4 亚洲玉米螟 2 代幼虫为害蛀孔数及其部位对高粱产量的影响

	ICS520				BTX623		
蛀茎部位	蛀孔数 /(个/株)	产量 /(g/株)	蛀孔株数	蛀茎部位	蛀孔数 /(个/株)	产量 /(g/株)	蛀孔株数
下 1	1	83.8	15	下 1	1	80.6	16
穗柄	2	80.5	12	穗柄	2	78.2	14
穗柄	3	76.1	5	穗柄	3	75.1	10
下 1	4	71.1	8	下 1	4	71.3	9
下 2	5	62.5	3	下 2	5	64.6	6
穗柄	6	52.7	2	穗柄	6	55.5	3
	r = – 0.98				r = – 0.97		
直线回归方程　Y = 92.57 – 6.13x				直线回归方程　Y = 87.89 – 4.86x			

两品种显示差异不显著，显著标准 r = 1.625 (P = 0.05)

14.3　讨　论

调查研究表明，在辽宁省玉米螟两代发生区，1、2 代幼虫为害高粱蛀孔主要分布在穗柄（含穗柄）及其下的 1~4 节上，穗柄处受害最重。蛀孔数量及其在植株上分布部位对高粱产量均有影响。在两代幼虫蛀孔数接近时，2 代幼虫为害对穗长度、穗千粒重及产量的影响，均比 1 代幼虫严重。两代螟害对产量影响的差异，与幼虫蛀茎时期和蛀孔的分布有关。两代幼虫蛀茎为害，破坏养分运输，影响高粱穗发育和籽粒形成。

由于亚洲玉米螟是一种多化性兼性滞育昆虫，在玉米螟发生 2 代区，通常认为玉米螟 2 代为害损失率大于 1 代。但通过此研究发现，如玉米螟发生量轻，刚是 2 代大于 1 代，若发生较重时，在 1 代和 2 代侵染卵量相同条件下，由于 1 代幼虫存活率高，除大量蛀心为害外，还会直接取食穗尖、穗柄和籽粒，造成的严重的产量损失。因此，在辽宁省要进行有效的“两代并防”的措施，不能轻视 1 代螟大发生的可能性。防治玉米螟应以选育高抗品种为基础，提高高粱植株对亚洲玉米螟的抗性，以农业防治为措施，采用蜂、菌、药相结合，重点抓好一代螟防治，积极开展二代螟的防治，同时要协防，加强谷子、高粱等作物的玉米螟防治，压低虫源，减少高粱的产量损失。

第 15 章 高粱抗螟虫 SSR 分子遗传图谱的构建及偏分离分析

    遗传连锁图谱是进行植物基因组结构分析的基础。较高密度的遗传连锁图谱可以有效地应用于数量性状的基因定位、图位克隆基因、比较基因组学研究和分子标记辅助育种等研究中（于拴仓等，2003）。高粱（*Sorghum bicolor* L. Moench）是全球第五大禾谷类作物，具有 C4 植物高光效特征，遗传多样性丰富（仪治本等，2006）。高粱与玉米、甘蔗等禾谷类作物亲缘关系较近，且基因组较小，大约 750Mbp，仅次于水稻基因组（约440Mbp），被认为是禾谷类作物基因组研究的一个重要模式植物（Taramino G，et al）。螟虫是危害高粱的主要害虫之一，可造成高粱的倒伏、品质下降，直至减产。随着高粱育种对多种抗性的要求，高粱抗螟虫的研究也受到普遍关注，利用抗螟性强的杂交种，可大量减少农药的使用量，减少环境污染，维护生态平衡，对农业经济的可持续发展有着极其重要的意义。

    选育抗虫品种是一件非常复杂的工作，传统的方法是：基于作物表现型进行抗虫亲本选择，育种效率不高。随着 DNA 分子标记技术的兴起，为植物抗病虫害的研究开辟了新天地。目前利用 RFLP、RAPD、AFLP 及 SSR 等标记技术，对水稻（彭勇等，2006）、小麦（杨新泉等，2007）、玉米（黎裕等，2004）、大豆（王永军等，2003）等作物的主要农艺性状基因进行了标记和定位研究，构建基因图谱，取得了较大的进展。在高粱方面，构建高粱分子遗传图谱，特别是覆盖整个基因组的框架图是对高粱基因组进行系统性研究的基础，为进一步的基因定位特别是数量性状基因座位（QTL）作图提供可能（赵姝华等，2005；Wu et al，2007；Wu，Y et al，2007，2008）。而高粱抗螟虫基因的分子标记研究上，国内外报道较少。

防治高粱螟虫最有效的途径莫过于应用抗虫品种。高粱抗螟虫育种主要采取杂交与回交相结合，通过接虫鉴定进行选择的方法，这使得育种进程受到田间鉴定的限制。分子标记连锁图谱已经广泛用于数量性状位点（QTL）的定位、基因图位克隆和比较基因组学及分子标记辅助选择育种等方面研究。利用 SSR 标记构建遗传图谱不仅是开展抗病虫研究的先决条件，而且也能达到快速构建高粱全基因组图谱的目的。本研究采用 SSR（simple sequence repeats，简单序列重复）标记方法构建高粱遗传图，为进一步进行抗螟虫基因定位奠定了基础。

本研究（ICSV745（感螟）× PB15881 - 3（抗螟））的 F_5 个体为作图群体，构建了完全由 SSR 标记组成的高粱基因组连锁图谱，同时对标记进行偏分离分析，为进一步进行高粱抗螟虫的基因定位、克隆以及利用分子标记辅助选择育种奠定良好的基础。

15.1　材料与方法

15.1.1　作图群体

用于遗传作图的群体是感螟虫高粱自交系 ICSV745 和抗螟虫高粱自交系 PB15881 - 3 为亲本的 F_5 代 94 份重组自交系（RIL）。

15.1.2　SSR 引物

试验采用 210 个 SSR 引物，其中包含 95 个 Xtxp 引物，33 个

Xcup 引物，82 个 IS10 引物。

15.1.3　样品总 DNA 提取

依照 Saghai – Maroof 等（1984）DNA 提取方法。待重组自交系及亲本材料苗龄 1 周左右，分别剪取 3～4 片嫩叶，采用 3% CTAB 提取缓冲液提取 DNA，氯仿/异戊醇（24:1）抽提，经 Rnase 酶消化后，采用酚/氯仿（1:1）进行纯化。紫外分光光度计测定 DNA 浓度后，将样品 DNA 稀释到 2.5ng/μl 备用。

15.1.4　SSR 标记分析

PCR 反应总体积为 5μl，含 10mmol/L Tris – HCl pH8.3，50mmol/L KCl，1 mmol/L MgCl$_2$，50μmol/L dNTP，0.1μmol/L 随机引物，0.2UTaq 酶，5ng 模板 DNA。热循环程序为：94℃预变性 15min。然后 94℃变性 10s，61℃退火 20s，72℃延伸 30s，前 10 个循环，每个循环退火温度降低 1℃。运行 10 个循环后，退火温度恒定为 54℃，再经过 35 个循环后，于 72℃延伸 20min。反应在 PE9700 型 DNA 扩增仪上进行。

反应产物采用 6% 非变性聚丙烯酰胺凝胶（PAGE）电泳。PAGE 胶液包含丙烯酰胺/甲叉丙烯酰胺（29:1）15ml，7.5ml 10×TBE 缓冲液和 53 ml 的去离子水，最后加入 100μl TEMED 和 450μl 10% 过硫酸铵。待胶凝固后（大约 30min），于 550～700V 电压下预电泳 10～15min，取 2μl 扩增产物上样，550～700V 电压下电泳 3h。

电泳后进行银染色，银染方法参照 Fritz 等（1999）方法进行。将凝胶依次水洗 5min；0.1% 的 CTAB 中浸泡 20min；0.3% 的氨水中浸泡 15min；转移到银染液中（2L 银染液中包含 2g Ag-NO$_3$，8ml 1mol/L NaOH 和 6 ml 25% 的氨水）染色 15min；清水漂洗 3s 后，在含有 1.5% Na$_2$CO$_3$ 和 0.2% 甲醛显色液中显色 5～10min；清水漂洗数秒钟后于 1.5% 甘油水溶液中固定

3~5min。扫描后进行数据统计。

15.1.5　数据收集和连锁分析

SSR 标记谱带记作 A、B、H、OFF 和 "－"。来自母本（ICSV745）带记为 A，来自父本（PB15881－3）带记为 B，杂合型的（父母本带同时出现）记为 H，与父母本带型相异的记为 OFF，未扩增出来缺失数据的记为 "－"。对分离数据进行适合性测验后，应用 Joinmap3.0 软件包绘制连锁图谱。

15.2　结果与分析

15.2.1　SSR 多态性引物筛选

用 210 对 SSR 引物分别对亲本材料进行多态性筛选，104 对引物（见附录Ⅱ）（占 49.5%）表现出多态性（见图 15－1），用于作图群体分析。

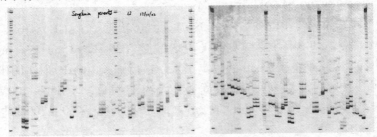

图 15－1　SSR 引物对亲本材料进行的多态性筛选

Fig 15－1　Images of four PAGE gels for screening parental polymorphism.

15.2.2　SSR 标记在作图群体中的分离检测与分析

采用 104 对多态性引物分别对 94 个 RIL 个体进行扩增，PAGE 胶电泳检测（图 15－2 显示 txp24、Xtxp177 引物扩增片段在群体中的分离情况）。对标记数据进行卡平方 χ^2 测验，31 个标记发生偏分离（ $P < 0.05$ ），占总标记位点数 29.8%，在 $P < 0.01$ 水平上，有 24 个表现为偏分离，占总标记位点数的 23.1%（表 15 – 1）。在 31 个偏分离标记位点中有 21 个标记位点偏向母本 ICSV745，占偏分离标记位点数的 67.7%，剩余 10 个标记位点偏向父本 PB15881 – 3，占偏分离标记位点数的 32.3%。从全基因组来看，除 3A、3B、3C、1J 和 2J 等 5 条染色体外，其它染色体上均发现偏分离标记的存在，并且在 D、4B、2C 和 1G 染色体上发现的偏分离标记较多，分别为 4、3 和 3 个。这些偏分离标记在图谱上的分布有两种：孤立位点的偏分离和成簇分布，另外有 2 个偏分离标记未能连到遗传图谱上（图 15 – 3）。

表 15 – 1　高粱抗螟虫 RIL 群体偏分离标记的 χ^2 测验

Table 15 – 1　Chi – square test for segregation distortion of markers in Sorghum RIL population

标记 Markers	染色体 Chromosome	基因型 Genotype in RIL population A/A、H、B/B、OFF、–	χ^2	偏分离方向 Direction of skewed
xtxp248	1A	37、1、54、0、2	3.2 *	ICSV745
xtxp298	2B	35、3、51、0、5	3.0 *	ICSV745
xtxp100	4B	34、9、49、0、2	2.7 *	ICSV745
Xtxp296	4B	15、0、62、0、17	28.7 * *	ICSV745
Xtxp38	1C	34、3、54、0、3	4.5 * *	ICSV745
xtxp331	1G	21、4、68、0、1	24.8 * *	ICSV745
xtxp24	D	35、1、58、0、0	5.7 * *	ICSV745
xtxp177	D	33、6、55、0、0	5.5 * *	ICSV745
xtxp262	3J	21、5、62、0、6	20.3 * *	ICSV745
xtxp6	N	29、3、54、0、0	7.5 * *	ICSV745
xtxp265	I	36、1、54、0、3	3.6 *	ICSV745

续　表

标记 Markers	染色体 Chromosome	基因型 Genotype in RIL population A/A、H、B/B、OFF、−	χ^2	偏分离方向 Direction of skewed
xcup47	H	31、0、58、0、5	8.2**	ICSV745
xcup05	N	32、2、59、0、1	8.0**	ICSV745
IS10263	1G	27、1、63、0、1	14.4**	ICSV745
IS10228	4B	30、1、61、0、2	10.6**	ICSV745
IS10245	1B	37、1、55、0、1	3.5*	ICSV745
IS10328	I	35、0、54、0、5	4.1**	ICSV745
IS10343	D	34、2、56、0、2	5.4**	ICSV745
IS10334	4B	35、0、58、0、1	5.7**	ICSV745
IS10340	1G	18、6、67、0、3	28.3**	ICSV745
IS10359	2A	34、0、54、0、6	4.5**	ICSV745
Xtxp31	2C	56、1、37、0、0	3.9**	PB15881−3
xtxp183	2C	53、6、34、0、1	4.2**	PB15881−3
xtxp258	F	57、3、34、0、0	5.8**	PB15881−3
xtxp159	1E	55、0、37、0、2	3.5*	PB15881−3
xtxp168	2E	56、6、29、0、3	8.6**	PB15881−3
xtxp141	2G	54、8、31、0、1	6.2**	PB15881−3
xcup20	D	58、1、29、0、6	9.7**	PB15881−3
IS10225	I	59、0、34、0、1	6.7**	PB15881−3
IS10272	2G	60、0、34、0、0	7.2**	PB15881−3
IS10307	2C	56、0、38、0、0	3.5*	PB15881−3

＊，$P < 0.05$ 显著性水平；＊＊，$P < 0.01$ 显著性水平；N，表示没定位到遗传图谱上的标记。

＊ at 0.05 significant level；＊＊ at 0.01 significant level；N indicatedistorted markers which not found on the map

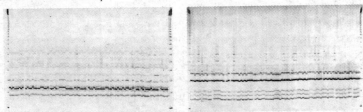

图 15 − 2　引物 Xtxp24、Xtxp177 在群体中的扩增片段

Fig 15 − 2　The polymorphism fragment of SSR markers among 94

RILs using Xtxp24、Xtxp177

15.2.3　遗传图谱的构建

利用 Joinmap3.0 软件包将 104 标记中的 97 个标记位点定位在 10 个连锁群上，覆盖长度为 782cM，平均标记数为 9.7 个，两个标记间平均图距为 8.1cM，另有 7 个标记未与这 10 个连锁群连锁。连锁群包括有 54 个 xtxp 标记，13 个 xcup 标记 and 32 个 IS10 标记见图 3。标记数最多的连锁群 LGB 连锁群，包含 20 个标记，标记数最少的连锁群为 LGF 连锁群，只有 3 个标记。遗传距离最长的连锁群 LGA 为 149cM，遗传距离最短的连锁群 LGE 为 29cM，平均图距最大的连锁群为 LGA，间距为 9.9cM，平均图距最小连锁群为 LGE，间距为 5.8cM。

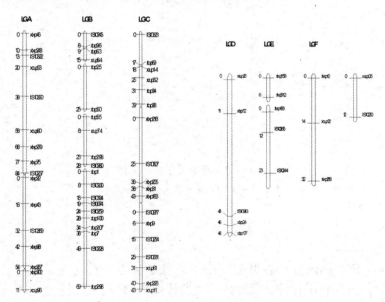

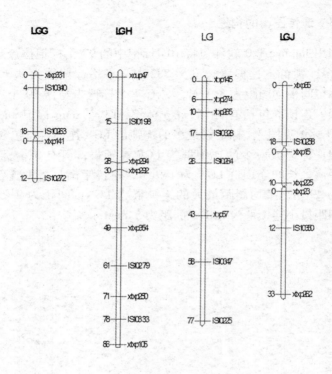

图 15-3　高粱分子遗传图谱
Fig 15-3　Genetic map of sorghum

15.3　讨　论

SSR 标记有其它类型标记不具备的优点。首先是共显性标记，这在利用各种类型群体构建遗传图谱和分子标记辅助选择上尤为重要。其次，数量丰富，在全基因组上能够较均匀分布。SSR 标记是基于 PCR 技术的标记，操作步骤少和简单，能够快速构建连锁图谱。

本实验的结果可见，用 210 对 SSR 引物分别对亲本材料进行多态性筛选，104 对引物（占 49.5%）表现出多态性，用于作图群体分析。采用 104 对多态性引物分别对 94 个 RIL 个体进行扩增，利用 Joinmap3.0 软件包将 104 标记中的 97 个标记位点定位在 10 个连锁群上，覆盖长度为 782cM，平均标记数为 9.7 个，两个标记间平均图距为 8.1cM。

在利用分子标记构建的遗传图谱一般都存在部分偏分离标记的现象。一般认为偏分离是由于雄配子体选择引起的，在水稻和玉米分子图谱构建中，常发现分离群体中存在大量的异常分离标记位点（严建兵 2003；张玉山等，2008）。对标记数据进行卡平方 $\chi 2$ 测验，结果显示，31 个标记发生偏分离，其中有 21 个标记位点偏向母本 ICSV745，剩余 10 个标记位点偏向父本 PB15881 -3。遗传图谱中偏分离现象普遍存在，有人认为，由于遗传搭车效应，与影响偏分离的遗传因子紧密连锁的分子标记则表现有严重偏分离（严建兵 2003；刘刚等，2007；张玉山等，2008），本研究中偏分离标记数较高，有待于进一步对群体进行调整。

15.4　结　论

本研究构建的高粱遗传图谱，采用了永久性重组自交系群体（RIL），可与其它实验室合作、比较，可以重复使用。研究结果可以累加，使图谱越来越饱和。研究中采用 SSR 标记作图，具有多样性高且位点单一稳定的优点，有助于图谱的连锁群或染色体的归并和不同连锁群的整合，为遗传图谱和物理图谱的结合奠定基础。但实验结果也表明在利用 SSR 分子标记构建的遗传图谱时普遍存在部分偏分离标记现象。

参考文献

奥斯伯·F，布伦特·E，金斯顿·RE 等著. 颜子颖等译. 1998. 精编分子生物学实验指导，科学出版社

陈厚德，王彰明，李清铣. 1989. 大麦植株含糖量与白粉病抗性的关系初步研究 [J]. 植物病理学报，19（3）：1

陈万权. Q1999. TL 作图在植物数量抗病性遗传研究中的应用. 植物病理学报，9（1）：8－14

陈捷，连瑞明，高增贵等. 1999. 玉米弯孢菌叶斑病抗性机制的初步研究 [J]. 沈阳农业大学学报，30（3）：195－199

陈青，张银东. 2004. 三种氧化酶与辣椒抗蚜性的相关性 [J]. 热带作物学报，925（3）：42－46

陈璋. 1993. 水稻抗稻瘟病与苯丙氨酸解氨酶及过氧化物酶活性的相关性 [J]. 植物生理学通讯，29（4）：275

曹如槐，王晓玲，任建华. 1988. 高粱对丝黑穗病的抗性及遗传研究 [J]. 遗传学报，15（3）：170－173

蔡昌玲. 1997. 小麦抗白粉病生理生化的研究进展 [J]. 贵州农业科学，25（3）：60－62

戴思兰，陈俊愉，李文彬. 1998. 菊花起源的 RAPD 分析. 植物学报，40（11）：1053－1059

董怀玉，姜钰，徐秀德. 2003. 高粱抗病虫优异种质资源鉴定与筛选研究 [J]. 杂粮作物，23（2）：80～82

邓务国. 1993. RAPD 标记的发展及其应用. 生命的化学，13（5）：31－33

杜生明. 1998. 林木抗病基因定位研究现状及策略. 遗传，20（5）：47－50

董金皋，问淑娟. 1999. 玉米大斑病菌 HT－毒素对玉米细胞 CAT 酶活性的影响 [J]. 植物病理学报，29（4）：372－373

董艳珍. 2006. 植物苯丙氨酸解氨酶基因的研究进展 [J]. 生物技术通报，（SI）：31－33

丁九敏，高洪斌. 2005. 黄瓜霜霉病抗性与叶片中生理生化物质含量的关

系的研究［J］. 辽宁农业科学，1：11－13

傅俊骅. 1997. 玉米 RAPD 程序化研究及其初步探讨. 作物学报，23（1）：56－61

傅荣昭，邵鹏柱，高文远，孙勇如. 1998. DNA 分子标记技术及其在药用植物研究上的应用前景. 生物工程进展，18（4）：14－17

冯洁，陈其焕. 1991. 棉株体内几种生化物质与抗枯萎病之间关系的初步研究［J］. 植物病理学报，21（4）：291－297

冯东昕，谢丙炎，杨宇红等. 2004. 菜豆锈病菌侵染对寄主生理代谢的影响［J］. 石河子大学学报，22：113－117

冯晶. 2002. 玉米弯孢霉叶斑病菌产生的细胞壁降解酶的致病作用研究［J］. 杂粮作物，22（3）：164－166

郭仁主编. 1990. 分子细胞生物学. 北京医科大学，协和医科大学联合出版社，

郭小平；赵元明；刘毓侠. 1998. SSR 技术在植物遗传育种中的应用. 华北农学报，13（3）：73－76

关强，张月学，徐香玲. 2008. DNA 分子标记的研究进展及几种新型分子标记技术. 黑龙江农业科学，（1）：102－104

管敏强，陈锡文，赵惠玲. 2005. 分子标记技术及其应用. 实验动物科学与管理，22（1）：48－53

韩美丽，陆荣生，霍秀娟，梁志强. 2009. 水稻 DNA 快速提取及 RAPD 分析体系的优化［J］. 江西农业科学，21（5）：1－3

何富刚，徐秀德. 1996. 国外高粱种质资源抗高粱蚜、玉米螟、黑穗病鉴定与评价研究报告. 全国高粱学术研讨会论文选编. 中国沈阳：辽宁省农业科学院高粱研究所，176－184

何富刚，许秀德. 1996. 国外高粱种质资源抗高粱蚜，玉米螟、黑穗病鉴定与评价研究. 国外农学－杂粮作物，1：47－53

何富刚，辛万民，颜范悦. 1991. 高粱抗高粱蚜鉴定方法的研究. 辽宁农业科学，3：6－10

何富刚，颜范悦，辛万民等. 1996. 国内外高粱种质抗高粱蚜鉴定与评价研究. 辽宁农业科学，5：14－17

何富刚，徐秀德. 1996. 国外高粱种质资源抗高粱蚜、玉米螟、黑穗病鉴定与评价研究报告［J］. 国外农学－杂粮作物，（1）：47～53

胡稳奇. 1992. 多聚链式反应技术（PCR）的发展及其应用. 生物学通报,
　　3: 11 - 12

胡景江, 等. 1991. 溃疡病菌对杨树几丁酶、β - N - 乙酰氨基葡萄糖苷酶
　　的诱导作用 [J]. 植物病理学报, 27 (2): 181 - 185

胡新生, 韩一凡, 邱德有. 1999. 树木木质素含量的遗传变异研究进展
　　[J]. 林业科学研究, 12 (6): 563 - 571

惠东威, 陈受宜, 1992. RAPD 技术及其应用. 生物工程进展. 12 (6): 1
　　- 5

郝炯, 渠云芳. 2009. 分子标记在作物育种中的应用. 山西农业科学, 37
　　(3): 81 - 85

侯艳霞, 汤浩茹, 张勇, 罗娅, 董晓莉. 2009. DNA 提取方法对一串红不
　　同部位 DNA 提取的比较 [J]. 基因组学与应用生物学, 28 (1): 94
　　- 100

贺字典, 高增贵, 庄敬华等. 2006. 玉米丝黑穗病菌对寄主防御相关酶活
　　性的影响 [J]. 玉米科学, 14 (2): 150 - 151, 155

姜玲. 1996. RFLP 和 RAPD 技术及其在园艺植物上的研究和应用. 生物技
　　术, 6 (5): 35 - 39

贾继增. 1996. 分子标记种质资源鉴定和分子标记育种 [J]. 中国农业科
　　学, 29 (4): 1 - 10

金春花译. 1995. 玉米螟对高粱的为害性.（俄译）玉米与高粱 [J]. 国外
　　农学 - 杂粮作物, (3): 11

金庆超, 叶华智, 张敏. 2003. 苯丙氨酸解氨酶活性与玉米对纹枯病抗性
　　的关系 [J]. 四川农业大学学报, 21 (2): 116 - 118

阚光锋. 2002. 烟草品种对野火病的抗性鉴定与生化抗病机制研究 [D].
　　山东农业大学, 31 (1): 28 - 31

黎裕. 贾继增, 王天宇. 1999. 分子标记的种类及其发展. 生物技术通报,
　　4: 19 - 22

黎裕. 2004. 分子标记技术及其进展（Ⅱ）[J]. 生物技术通报, 16 (2):
　　12 - 16

黎裕, 王天宇. 2004. 玉米比较基因组学研究进展 [J]. 生物技术通报, 16
　　(1): 23 - 26

李松涛, 张忠廷, 王斌等. 1995. 用新的分子标记方法（RAPD）分析小

麦白粉基因 Pm4a 的近等基因系. 遗传学报, 22 (2): 103 - 108

李玥莹. 2001. 高粱抗蚜基因分子标记的建立及应用研究. 博士论文. 沈阳农业大学

李玥莹, 杨立国, 刘世强, 彭霞. 2000. 简单实用的分子标记技术——随机扩增多态性 DNA (RAPD). 杂粮作物, 20 (1): 21 - 24

李玥莹, 赵姝华, 杨立国, 等. 2003. 高粱抗蚜基因分子标记的建立. 作物学报, 29 (4): 534 - 540

李玥莹, 彭霞, 倪娜, 陶思源. 2008. 高粱 DNA 的提取纯化及抗丝黑穗病基因的初步分析 [J]. 安徽农业科学, 36 (5): 1776 - 1777, 1820

李玥莹, 赵姝华, 杨立国等. 2002. 高粱抗蚜品种叶片化学物质含量的分析 [J]. 杂粮作物, 22 (5): 277 - 279

李兴红, 康绍兰, 曹志敏. 1995. 玉米苗期对丝黑穗病抗性机制初探 [J], 河北农业大学学报, 18 (4): 39 - 43

李盾, 王振中, 林孔勋. 1991. 花生体内几种酶的活性与抗锈病性的关系 [J]. 华南农业大学学报, 12 (3): 1 - 6

李常保、宋建成. 1998. RAPD 标记与作物改良. 生物技术术通报, 6: 20 - 29

李立家, 宋运淳, 鄢慧民, 刘立华. 1998. 染色体定位两个玉米大斑病抗性基因 Htl 连锁的 RFLP 标记. 植物学报, 40 (12), 1093 - 1097

李宝聚, 陈立芹. 2003. 温湿度调控对番茄灰霉病菌产生的细胞壁降解酶的影响 [J]. 植物病理学报, 33 (3): 209 - 212

李海英, 刘亚光, 杨庆凯. 2002. 大豆品种感染灰斑病前后可溶性糖含量的比较 [J]. 中国油料作物学报, 24 (3): 50 - 51

卢庆善主编. 1999. 高粱学. 北京: 中国农业出版社

卢庆善, 孙毅, 华泽田. 2002. 农作物杂种优势 [M]. 北京: 中国农业科技出版社

卢庆善, 韦石泉. 1985. 国际热带半干旱地区作物研究所 (ICRISAT) 的高粱抗病育种工作 [J]. 世界农业, (9): 33

卢江. 1993. 随机放大多态性 DNA (RAPD) ———种新的遗传分析手段. 植物学报, 35 (增刊): 119 - 127

吕成军, 郗瑞珍, 王德生. 1995. 阜新市高粱丝黑穗病爆发原因浅析. 植保技术与推广, 3: 40 - 41

林凤. 1998. 应用 RAPD 分子标记划分玉米自交系杂种优势群的研究. 硕
　　士论文, 沈阳农业大学

刘刚, 许盛宝, 倪中福, 李晶, 秦丹丹, 窦秉德, 彭惠茹, 孙其信. 2007.
　　小麦 RIL 群体 SSR 标记偏分离的遗传分析 [J]. 农业生物技术学报,
　　15 (5): 828～833

刘金元, 刘大钧, 陈佩度等. 1997. 分子标记辅助育种新尝试. 南京农业
　　大学学报, 20 (2): 1–5

刘俊, 1988. 高粱对高粱蚜抗性机制的研究. 硕士论文, 中国科学院动物
　　研究所, P50–64

刘玉勇. 2003. 分子标记及其应用. 生物学教学, 28 (3): 145–147

刘新龙, 毛钧, 陆鑫等. 2010. 甘蔗 SSR 和 AFLP 分子遗传连锁图谱构建.
　　作物学报, 36 (1): 177–183

刘胜毅, 许泽永, 何礼远. 1999. 植物与病原菌互作和抗病性的分子机制
　　[J]. 中国农业科学, 32 (增刊): 94–102

陆朝福. 1995. 植物育种中的分子标记辅助选择 [J]. 生物工程进展, 15
　　(4): 11–17

芦晓飞. 2005. 小麦－条锈菌互作系统中几种蛋白因子的研究 [D]. 西北
　　农林科技大学硕士学位论文.

梁琼, 侯明生. 2004. 玉米品种抗感玉米粗缩病毒与过氧化物酶关系的研
　　究 [J]. 云南农业大学学报, 19 (5): 546–549

马宜生. 1982. 高粱品种对于丝黑穗病抵抗性的研究. 高粱研究, (1): 46
　　–51

马宜生. 1984. 高粱丝黑穗病接种菌量与发病关系试验简报. 辽宁省农业科
　　学院高粱研究论文汇编: 371–372

马宜生. 1982. 高粱抗丝黑穗病育种初报 [J]. 辽宁农业科学, (4): 33
　　–37

马宜生. 1984. 利用抗病性品种防治高粱丝黑穗病的研究 [J]. 植物保护
　　学报, (9): 183–185

马忠良. 1982. 高粱亲、子抗丝黑穗病遗传初报 [J]. 四平农业科技,
　　(3): 1–5

牛永春, 刘红, 吴立人, 徐世昌. 1998. 小麦品种 "Lee" 中抗条锈病基因
　　的 RAPD 示记. 高技术通讯, 12: 11–14

彭勇，梁永书，王世全，吴发强，李双成，邓其明，李平. 2006. 水稻SSR
　　标记在RI群体的偏分离分析［J］. 分子植物育种，4（6）：786－790

钱惠荣，郑康乐. 1998. DNA标记和分子育种. 生物工程进展，18（3）：
　　12－18

乔爱民，刘佩瑛，雷建军. 1998. 芥菜16个变种的RAPD研究. 植物学
　　报，40（10）：915－921

乔魁多，王富德，张文毅，等. 1988. 中国高粱栽培学［M］. 北京：农业
　　出版社，301～303

石太渊，杨立国，王颖，等. 2001. PYH157广谱抗病基因导入高粱及转基
　　因植株的筛选与研究［J］. 杂粮作物，21（1）：12～14.

萨姆布鲁克oJ，费里奇oEF，曼尼阿蒂斯oT著，金冬雁等译. 1995. 分子
　　克隆——实验指南（第二版）. 科学出版社.

擅文清. 1985. 高粱抗蚜性遗传的研究. 山西农业科学，（8）：12－14

单卫星，陈受宜，吴立人，李振岐. 1995. 中国小麦条锈菌流行小种的
　　RAPD分析. 中国农业科学，28（5）：1－7

石运庆，牟秋焕，李鹏等. 2008. DNA分子标记及其在作物遗传育种中的
　　应用［J］. 山东科学，18（2）：23－28

石锐，郭长江. 1998. 聚丙烯酰胺凝胶中DNA的银染方法. 生物技术，8
　　（5）：46－48

石振亚. 1981. 提高黄瓜植株含糖量预防黄瓜霜霉病［J］. 河北农学报，6
　　（4）：60－64

孙耀中，赵冬梅，毕金河. 1999. 植物组织DNA的提取及纯化方法的研
　　究. 河北职业技术师范学院学报，13（3）：11－14

汪小全、邹喻苹，张大明，张志宪，洪德元. 1996. RAPD应用于遗传多样
　　性和系统学研究中的问题. 38（12）：954－962

王京兆、王斌、徐琼芳等. 1995. 用RAPD方法分析水稻光敏核不育基因.
　　遗传学报，22（1），53－58

王石平，刘克德，王江，张启发. 用1998. 同源序列染色体定位寻找水稻
　　抗病基因DNA片段. 植物学报，40（1）：42－50

王意春. 1988. 用比色法测定高粱籽粒中单宁含量方法的改进. 辽宁农业
　　科学，（2）：53－55

王斌. 1996. AFLP在作物品种多态性研究中的应用［J］. 科学通报，（4）

: 45 – 50

王传堂，黄粤，杨新道等. 2002. 改良 CTAB 法和高盐低 pH 值法提取花生
　　DNA 的效果［J］. 花生学报，31（3）：20 – 23

王金生. 1995. 植物抗病性分子机制［J］. 植物病理学报，25（4）：289 –
　　295

王海华，曹赐生，高健. 2000. 植物抗病性的遗传基础及其分子机制［J］.
　　湘潭师范学院学报，21（6）：88 – 92

王敬文，薛应龙. 1981. 植物苯丙氨酸解氨酶的研究 I：植物激素对甘薯块
　　根苯丙氨酸解氨酶和肉桂酸 4 – 羧化酶活性变化及其伴随性的影响.
　　植物生理学报，7（4）：373 – 378

王雅平，刘伊强. 1993. 小麦对赤霉病抗性不同品种的 SOD 活性［J］. 植
　　物生理学报，19（4）：353 – 358

王琛柱，钦俊德. 1998. 昆虫与植物相互作用的研究进展［M］. 世界农
　　业，228：33 – 35

王永军，吴晓雷，贺超英，等. 2003. 大豆作图群体检验与调整后构建的
　　遗传图谱［J］. 中国农业科学，36（11）：1254 ~ 1260

王振营，鲁新，何康来，等. 2000. 我国研究亚洲玉米螟历史、现状与展
　　望［J］. 沈阳农业大学学报，31（5）：402 ~ 412

文树基主编. 1994. 基础生物化学实验指导. 陕西科学技术出版社，P39 –
　　44，P147 – 149

翁跃进. 1996. AFLP———种 DNA 标记新技术. 遗传，18（6）：29 – 31

吴新兰，庞志超，田立民. 1982. 高粱丝黑穗病菌的生理分化［J］. 植物
　　病理学报，12（1）：13 – 18

肖军，石太渊，郑秀春，等. 2004. 根癌农杆菌介导的高粱遗传转化体系的
　　建立［J］. 杂粮作物，24（4）：200 ~ 203

徐秀德. 2001. 高粱丝黑穗病菌致病性变异与治理策略研究. 博士论文. 沈
　　阳农业大学

徐秀德，董怀玉，卢桂英. 2000. 高粱抗丝黑穗病抗病性评价技术及抗源
　　鉴选研究［J］，（2）：14 – 16

徐秀德，赵廷昌. 1991. 高粱丝黑穗病生理小种鉴定初报［J］. 辽宁农业
　　科学，（1）：46 – 48

徐秀德，卢庆善，潘景芳. 1994. 中国高粱丝黑穗病生理小种对美国小种

鉴定寄主致病力测定［J］. 辽宁农业科学，（4）：8－10

徐吉臣，朱立煌，1992. 遗传图谱中的分子标记. 生物工程进展. 12（5），1－3

薛应龙. 植1985. 物生理学实验手册［M］. 上海，上海科学技术出版社，191－194

薛应龙. 1985. 植物生理实验指导［M］. 上海科学技术出版社，143－146

薛玉柱. 1982. 高粱抗蚜性生理基础的初步分析. 作物品种资源，（2）：32

谢永寿，1987. 植物保护学报. 14（1）：37－38

熊立仲，王石平，刘克德等. 1998. 微卫星 DNA 和 AFLP 标记在水稻分子标记连锁图上的分布. 植物学报，40（7）：605－614

席章营，朱芬菊，台国琴等. 2005. 作物 QTL 分析的原理与方法. 中国农学通报，21（1）：88－92，99

许理文，王凤格，赵久然，易红梅. 2009. 高盐低 pH 值法提取玉米基因组 DNA 的研究［J］. 玉米科学，17（1）：59－61，70

严建兵. 2003. 玉米杂种优势遗传基础及玉米与水稻比较基因组研究. 博士学位论文，华中农业大学，导师：郑用琏、李建生 42－51

阮成江，何祯祥，钦佩. 2003. 我国农作物 QTL 定位的现状和进展. 植物学通报，20（1）：10－22

易小平，朱祯，周开达. 1998. 水稻抗性基因定位及相关分子标记研究进展. 生物工程进展，18（5）：40－44

余诞年. 1998. 番茄基因的分子标记与遗传作图. 园艺学报，25（4）：361－366

杨家书，吴畏，吴友三，等. 1986. 植物苯丙氨酸类代谢与小麦白粉病抗性的关系［J］. 植物病理学报，16（3）：169－173

于拴仓，王永健，郑晓鹰. 2003. 大白菜分子遗传图谱的构建［J］. 中国农业科学，36（2）：190～195

杨晓光，杨镇，石玉学，等. 1992. 高粱抗丝黑穗病的遗传效应初步研究［J］. 辽宁农业科学，（3）：15－19

杨新泉，宋星，杜金昆，倪中福，孙其信. 2007. 六倍体小麦（AABBDD）及其近缘种属野生二粒小麦和粗山羊草叶绿体 SSR 遗传差异研究［J］. 中国农业科学，40（7）：1324－1330

仪治本，梁小红，赵威军，孙毅，闫敏，崔丽霞. 2006. 高粱基因组遗传图

谱构建的研究进展 [J]. 农业生物技术学报, 14 (2): 279~285

于凤鸣. 1998. 葡萄抗感霜霉病品种三项生化指标的比较（简报）[J]. 河北农业技术师范学院学报, 12 (2): 68-70

云兴福. 1993. 黄瓜组织中氨基酸、糖和叶绿素含量与其对霜霉病抗性的关系 [J]. 华北农学报, 8 (4): 52-58

赵姝华, 李玥莹, 邹剑秋. Rolf Folkertsma, C Tom Hash. 2005. 高粱分子遗传图谱的构建 [J]. 杂粮作物, 25 (1): 11~13

张文毅. 1987. 高粱的抗性育种. 国外农学-杂粮作物, 5: 4-9

张文毅. 1994. 高粱杂种优势利用研究与进展. 南京. 作物育种研究与进展. 东南大学出版社, 109-124

张德水, 陈受宜, 1995. DNA 分子标记. 基因组作图及其在植物遗传育种上的应用. 生物技术通报, 5, 15-22

张宪政, 陈凤玉, 王荣富主编. 1994. 植物生理实验技术. 辽宁科学技术出版社, P144-145, P150-151

张志水, 陈受宜, 盖钧镒. 1998. 大豆花叶病毒抗性基因 Rsa 的分子标记. 科学通报, 43 (20): 2197-2202

张启军, 叶少平, 李杰勤等. 2006. 利用两个测序水稻品种构建微卫星连锁图谱 [J]. 遗传学报, 33 (2): 152-160

张宁, 王凤山. 2004. DNA 提取方法进展 [J]. 中国海洋药物, 2: 40-46

张继红, 陶能国, 张小云, 雷瑶, 孙永祥. 2007. 三种豆科植物总 DNA 提取方法的比较 [J]. 湖南农业科学, (2): 31~33

张树榛, 周有耀, 刘广田, 等. 1989. 植物育种学 [M]. 北京: 北京农业大学出版社, 226~227

张玉山, 陈庆全, 吴薇, 徐才国. 2008. 水稻 SSR 标记遗传连锁图谱着丝粒的整合及偏分离分析 [J]. 华中农业大学学报, 27 (5): 1-7

张志良. 1996 植物生理学实验指导 [M]. 北京: 高等教育出版社

张治安, 张美善, 蔚荣海. 2004. 植物生理学实验指导 [M]. 北京: 中国农业科学技术出版社

郑康乐, 黄宁. 1997. 标记辅助选择在水稻改良中的应用前景. 遗传, 19 (2): 40-44

朱玉亭. 1999. 高粱丝黑穗病的发生特点与防治技术. 农业科技通讯, 10: 28-29

朱新产，张涌，廖祥儒. 1998. PCR 技术战略. 生物技术通报，3：29－33

朱广廉. 1988. 植物生理学实验［M］. 北京：北京大学出版社

邹剑秋. P. A. Seib, Doreen Liang, G. H. Liang. 1998. 湿法提取高粱淀粉的实验室方法. 国外农学－杂粮作物. 18（1）：37－41

邹剑秋，朱凯，张志鹏，黄先伟. 2002. 国内外高粱深加工研究现状与发展前景. 杂粮作物，22（5）：296－298

邹剑秋，朱凯. 2005. 高粱抗丝黑穗病育种研究进展［A］. 中国杂粮研究－第二届中国杂粮产业化发展论坛论文集［C］. 北京：中国农业科学技术出版社，83－86

邹喻苹. 1995. RAPD 分子标记简介. 生物多样性，3（2）：104－108

邹喻苹，汪小全，雷一丁等. 1994. 几种濒危植物及其近缘类群总 DNA 的提取与鉴定. 植物学报，36：528－533

周明全，章志宏，胡中立. 2001. 植物 QTL 分析的理论研究进展. 武汉植物学研究，19（5）：428－436

周博如，李永镐，刘太国等. 2000. 不同抗性的大豆品种接种大豆细菌性疫病菌后可溶性蛋白、总糖含量变化的研究［J］. 大豆科学，19（2）：111－115

曾永三，王振中. 1999. 苯丙氨酸解氨酶在植物抗病反应中的作用［J］. 仲恺农业技术学院学报，12（3）：56－65

曾永三，王振中. 2003. 苯丙氨酸解氨酶及过氧化物酶活性的相关性与豇豆抗锈病性的关系［J］. 仲恺农业技术学院学报，16（1）：1－5

赵蕾，张天宇. 2002. 植物病原菌产生的降解酶及其作用［J］. 微生物学通讯，29（1）：89－93

Bowers J E, Abbey C, Andersons S, Chang C, Drage X, Hoppe A H, Jessup R, Lemke C, Lenington J, Liz, Lin Y R, Liu S C, Luo L J, Marler B S, Ming R G, Michell S E, Qing D, et al. 2003. A High－density genetic recombination map of sequence－tagged sites for sorghum, as a framework for comparative structural and evolutionary genomics of tropical grains and grasses（J）. Genetics, 165：367－386

Bucheli C S, Dry I B, Robinsion S P. 1996. Isolation of a full－length Cdna encoding polyphenol oxidase form sugarcane a C4 grass［J］. Plant Mol Biol, 31（6）：1233－1238

Caetano - Anolles G, Bassam BJ and Gresshoff PM. 1991. DNA amplification fingerprinting using very short arbitrary olgonuleotide primes. Bio/Technology, (9): 553 - 557

Caetano - Anolles G, Callahen LM, Williams PE, Weaver and Gresshoff PM, 1995. DNA amplification fingerprinting analysis of Bermuda grass (Cynodon): genetic relationships between species and interspecific crosses. Theor, Appl, Genet. 91: 228 - 235

Causse MA . Fulton TM . Cho YG. Ahn N. Chunwongse J. Wu K. Xiao J. Yu Z. Ronald PC. Harrington SE . Second G. Mccouch SR . Tanksley SD. , 1994. Saturated molecular map of the rice genome based on an interspecfic backcross population, Genetics, 138: 1251 - 1274

Cervera MT et al. 1996. Identification of AFLP molecular marker for resistance against Melampsora larici - populina in populous, Theor. Appl. Genet. 93: 733 - 737

Craig J. and RA Frederiksen. 1992. Comparison of sorghum seedling reaction to Sporisorium reilianum in relation to sorghum head smut resistance classes. Plant Disease. 76 (3): 314 - 318

Cantos E, Espin JC, Tomas - Barberan FA. 2001. Effect of wounding on phenolic enzymes in six minimally processed lettuce cultivars upon storage [J]. Journal of Agricultural and Food Chemistry, 49 (1): 322 - 330

Demeke T, RP Adams, R Chibbar. 1992. Potential taxonomies use of random amplified polymorphism DNA (RAPD): A case study in Brassica. Theor Apple Genet. 84: 990 - 994

Demeke T, LM Kawchuk, OR Lynch. 1993. Identification of potato cultivars and colonel variants by random amplified polymorphism DNA analysis. Am Pototo. 70: 561 - 570

Doyle JJ, Koyle JL, 1990. Isolation of plant DNA fresh tissue. Focus, 12: 13 - 15

Dry I B, Robinson S P. 1994. Molecular cloning and charaterisation of grape berry polyphenol oxidase [J]. Plant Mol Biol [J], 26 (1): 495 - 502

Frederiksen R A, Reyes L. . 1980. The head smut program at Texas A&M University [A]. Proceedings of the international work - shop on sorghum discases [C]. ICRISAT Hyderabad India, 367 – 372

Frowd JA. A world review of sorghum smut [A]. 1980. Proceedings of the international workshop on sorghum discases [C]. I – CRISAT Hyderabad India, 331 – 338

Fritz AK, S Caldwell, WD Worrall. 1999. Morlecular mapping of Russian wheat aphid resistance from triticale accession PI 386156. Crop Sci 39: 1707 – 1710

Gowda, BJ, 冯凌云. 1994. 利用 RFLP 和 RAPD 标记示踪高粱黑束病、霜霉病和丝黑穗病的抗性基因 [J]. 杂粮作物, (4): 49 – 50

Gupta M, YS Chyi, J Romero – Severson, JL Owin. 1994. Amplification of DNA markers from evolutionary diverse genomes using single primers of simple sequence repeat. Theor Appl Genet. 89: 998 – 1006

Grodzicker, T, Williarn SJ, Sharps P, Sambrook J. , Physical mapping of temperature – sensitive mutation of adenovirus. Cold Spring Harbor Symp Quaint Boil, 39: 493

Gooding P S , Bird C, Robinsion S P. 2001. Molecular cloning and characterization of banana fruit polyphenol oxidase [J]. Planta , 213 (5): 748 – 757

Gilber Vela, Dinora M, Hugo S, et al. 2003. Polyphenoloxidase activity during ripening and chilling stress in" Manila" mangoes [J]. Journal of Horticultural Science & Biotechnology, 78 (1): 104 – 107

Herrera JA Vallejo AB. . 1986. Distribution of races of head smut (Sporisorium reilianum) in the northeast and southwest areas of Mexico [J]. Sorghum Newsletter, 29: 86

Halward T, Stalker T, et al, 1992. Use of single – primer DNA amplifications in genetic studies of peanut (Arachis hypogaea L.) plant , Mol Biol. 18: 315 – 325

James D, Kell, N Phillip, Miklas. 1998. The role of RAPD markers in breeding for disease resistance in common bean. Molecular Beeding. 4: 1 – 11

Karp A , D Seberg, M Buiatti. 1996. Molecular techniques in the assessment of totanical deversity. Ann. Bot (London). 78: 143 – 149

Kinoshita T. 1995. Repoet of committee on gene symobo lization nomenclature and linkage groups. Rice Genet Newletter. 12: 9 – 153

Kurata N, G Moore, Y Nagamura, et al. 1994. Conservation of genome structure between rice and wheat, Bio/Technology (New York). 12: 276 – 278

Kojima T, Nagaoka T, Nodak, Ogiharay. 1998. Genetic Linkage map of ISSR and RAPD markers in Einkon wheat in relation to that of RFLP markers. Theor, Appl Genet, 96: 37 – 45

Kosambi D D. 1944. the estimation of map distance from recombination values. Ann Eugen, 12: 172 – 175

Litt , M. , J. A. Luty. 1989. A hypervariable microsatellite revealed by in vitro amplification of a dinucleotide repeat within the cardiac muscle actin gene [J]. Am. J. Hum. Genet. , 44: 397 – 401

Lee, M. 1995. DNA markers and plant breeding programs. Adv. Agron. 55: 265 – 345

Lin XH et al. 1996. Identifying and mapping of the bacterial blight resistance in rice based on RFLP markers. Phytopathology. 86: 1156 – 1159

Michelmore RW, I Paran, RV Kesseli. 1991. Identification of markers linked to disease – resistance genes by bulked segregate analysis: A rapid method detect markers in specific genomic regions by using segregating populations. Proc. Natl. Acad. USA. 88: 9828 – 9832

Michelmore RW, 1995. Molecular approaches to manipulation of disease resistance gene. Annu. Rev. Phytopathology, 15: 393 – 427

Martin GB et al, 1993. Map based cloning of a protein kinas genes conferring disease resistance in tomato, Science, 262: 1432

Martin GB, Williams JGK and Tanksley, 1991. Rapid identification of marker linked to a Pseudomonas resistance gene in tomato by using random primers and near – isogonics lines. Proc. Natl. Acad. USA, 88: 2336 – 2340

Meksem K, leister D, Peleman J, Zabeau M, Salamini F, Gebhardt C, 1995. A high – resolution map of the vicinity of the RI locus on chromosome of potato based on RFLP and AFLP markers. Mol. Gen. Genet, 249: 74 – 81

Mullis KB, Saiki RK, 1987. Specific Synthesis of DNA in Vitro via a polymerase Catalyzed Chain reaction, Methods Eneymol. 155: 335 – 350

McCouch SR, Teytelman L, Xu YB, et al . 2002. Development and mapping of 2240 new SSR markers for rice (O ryza sativa L.) [J]. DNA Res. , (9):

199 – 207

Menz M A, Klein R R, Mullet J E, Obert J A, Unruh N C and Klein D E. 2002. A High – density genetic map of sorghum bicolor (L) Moench based on 2926 AFLP, RFLP and SSR marker (J). Plant Molecular Biology, 48: 483 – 499

Nace WL et al. 1994. Genetic characterization of the slash pine fusiform rust interaction – A molecular marker aided approach. Plant genome II, January San Diego Ca Poster F13 : 24 – 27

Newcome G et al. 1996. A major gene for resistance to Melampsora f. sp. deltoidae in a hybripoplar pedigree. Genetics. 86: 87 – 94

Noa Lavid, Amnom Schwartz, Oded Yarden, et al. 2001. The involvement of polyphenols and peroxidase activities in heavy – metal accumulation by epidermal glands of the waterlily (Nymphaeaceae) [J]. Planta, 212: 323 – 331

Nun N B, Mayer A M. 1999. Culture of pectin methyl esterase and polyphenoloxidase in Cuscuta campestris [J]. Phytochemistry, 50: 719 – 727

Overeen J C, Threlfall D R. 1976. Biochemical aspect of plant parasite relationships [M]. New York: AcademicPress, 13

Powell W, M Morgante, C Andre, M Hanafey, J Vogel, S Yingey, A Rafalski. 1996. The comparison of RFLP, RAPD, AFLP and SSR (microsatellite) markers for germplasm analysis. Molecular Breeding. 2: 225 – 228

Paran I, kesseli R, and Michelmore R, 1991. Identification of restriction fragment length polymorphism and random amplified polymorphism DNA markers Linked to downy mildew resistance genes in lettuce, using near – isogonics lines, Genome, 34: 1021 – 1027

Prabhu RR and Gresshoff PM. 1994. Inheritance of polymorphism markers generated by DNA amplification fingerprinting and their use as genetic markers in soybean. Plant Molecular Biology 26: 106 – 116

Qubbaj T, Reineke A, Zebitz C P W. 2005. Molecular interactions between rosy apple aphids, Dysaphi plantaginea and resistant and susceptible cultivars of its primary host Malus domestica [J]. Entomologia Experimentalis et Applicata, 115 (1): 145

Rogwen J, MS Akkaya, AA Bhagwar, U Lavi, PB Cregan. 1995. The use of mi-crosatellite DNA markers for soybean genotype identification. Theor Appl Genet 90: 43 – 48

Rosenow DT, RA Frederiksen. 1982. Breeding for disease resistance in sorghum. Sorghum In The Eighties. Volume Ⅰ. Pages 447 – 455. International Crops Research Institute for the Semi – Arid Tropics. Proceedings of the Interna-tional Symposium on Sorghum, 2 – 7 Nov. 1981, Patancheru, A. P. , India

Schmalzing D, Belenky A, Novotny M A, et al. 2000. Microchip electrophore-sis: a method for high speed SNP detection [J]. Nucleic Acids Res , 28 (9) : 43

Schachermayr G, H Siedler, MD Dale, et al. 1994. Identification and localiza-tion of molecular markers linked to the Lrq leaf rust resistance gene of wheat. Theor Appl Gene. 88: 110 – 115

Senier ML, M Heun. 1993. Mapping maize and polymerase chain reaction confir-mation of the targeted repeats using a CT primer. Genome. 36: 884 – 889

Tautz , D. , M. Trick, G. A. Dover. 1986. Cryptic simplicity in DNA is a major source of genetic variation [J]. Nature, 322: 652 – 656

Tautz D. 1989. Hyper variability of simple sequence as a general source for poly-morphism DNA markers. Nucleic Acids Research, 17: 6463 – 6471

Talbert E, Brucknerpl, Smith L Y, Sears R, Martin TJ. 1996. Development of PCR markers Linked to resistance to wheat streak mosaic virus in wheat. The-or. Appl, Genet. , 93: 463 – 467

Tanksley SD, Ganal MW, and Martin GB, 1995. Chromosome landing: a para-digm for map – baded cloning in plants with large genomes, Trends Genet, 11: 63 – 68

Taramino G, Tarchini R , Ferrario S et al . , 1997. Characterization and map-ping of simple sequence repeats (SSRs) in Sorghum bicolor [J]. Theoreti-cal and Applied Genetics, 95: 66 ~ 72

Thygesen P W, Dry I B, ROBINSON S P. 1995. Polyphenol oxidase in potato A multigene family that exhibits differential expression patterns [J]. Plant Physiol, 109 (2) : 525 – 531

Villar M et al. 1996. Molecular genetics of rust resistance in poplars (Megaspore larici – populina kleb/populus sp.) by bulked segregations analysis in a zxz factorial mating design. Genetics. 143: 531 – 536

Vos, P, R Hogers, M Bleeker et al. 1995. AFLP, a new technique for DNA fingerprinting. Nucleic Acids Research. 23 (21): 4407 – 4414

Williams JGK, Kubelik AR, Livak KJ, Rafalski . JA. and Ingey SV, 1990. DNA polymorphisms amplified by arbitrary primers are useful as genetic markers. Nucleic Acids Research, 18 (22): 6531 – 6535

Williams CE, B Wang, TE Holsten, et al. 1996. Markers for selection of the rice Xa21 disease resistance gene. Theor Appl Genet. 93: 1119 – 1122

Williamson VM, HO JY, Wu FF, Miller N, Kaloshian I. 1994. A PCR – based marker tightly Linked to the nematode resistance gene, Mi, in tomato. Theor, Appl Genet. , 87: 757 – 763

Weaver KR, LM Callahan, G Caetano – Anolles, PM Gresshoff. 1995. DNA amplification fingerprinting and hybridization analysis of centipegrass. Crop Science. 35: 881 – 885

Welsh J, M Mcllelland. 1990. Fingerprinting genomes using PCR with arbitrary primers. Nucleic Acids Research 18 (22): 7213 – 7218

Welsh J, M Mcclellsnd. 1991. Genomic fingerprinting using arbitrarily primers PCR and a matrix of pair wise combinations of primers. Nucleic Acids Research. 19 (19): 5275 – 5279

Waugh R and Powell W. 1992. Using RAPD markers for crop improvement. TIBTECH (10): 186 – 191

Weaver KR, Callahan LM, Caetano – Anolles G, and Gresshoff PM. 1995. DNA amplification fingerprinting and hybridization analysis of centipegrass, Crop Science, 35: 881 – 885

Wilkie SE, Isaac PG, Slater RJ, 1993. Random amplified polymorphism DNA (RAPD) markers for genetic analysis in Allium, Theor. Appl. genet. , 86: 497 – 504

Wu, Yanqi, Huang, Yinghua, Porter, David R. , Tauer, C. G. , and Hollaway, Lindsey. 2007. Identification of a major QTL conditioning resistance to greenbug biotype E in Sorghum PI 550610 Using SSR markers [J]. Econ. Entomol. 100: 1672 ~ 1678

Wu, Y., and Huang, Y. 2007. An SSR genetic map of Sorghum bicolor (L.) Moench and its comparison to a published genetic map [J]. Genome. 50: 84~89

Wu Y Q, Huang Y H. 2008. Molecular mapping of QTLs for resistance to the greenbug schizaphis graminum (Rondani) in Sorghum bicolor (Moench) [J]. Theoretical and Applied Genetics, 117: 117~124

Xu H, Mendgen K. 1997. Targeted cell wall degradation at the penetration site of cowpea rust basidiosporelings [J]. American Phytopathological Society, 10 (1): 87 –94

Yang GP. Saghai Maroof MA, Xu CG, Zhang Q, Biyashev RM, 1994. DNA polymorphism in land races and cultivars of rice, MGG, 245: 187 –194

Yoshimura S, Yoshimira A, Nelson RJ, Mew TW Iwata N, Tagging Xa –.1, 1995. the bacterial blight resistance gene in rice, by using RAPD markers. Breeding Science 45: 81 –85

Zietkiewicz E, A Rafalski, D Labuda. 1994. Genome fingerprinting by simple sequence repeat (SSR) – anchored polymerase chain reaction amplification. Genome. 20: 176 –183

Zabeau M. Vos P. 1993. Selective restriction fragment amplification: A general method for DNA fingerprints. European Patent Application, Publ. 0534858A1, 1059 –1065

附 录

附录 I   抗丝黑穗病基因 SSR 分析中所用引物名称（165 对）

引物 Primer	正向序列 Sequence of forward primer	反向序列 Sequence of reverse primer	SSR 类型 Type of SSR	连锁群 定位 Linkage group	差异片 段大小 Fragment size
Xtxp					
Xtxp 1	TTGGCTTTTGTG- GAGCTG	ACCCAGCAGCAC- TACACTAC	$(AG)_{34}$	B	212
Xtxp 3	AGCAGGCGTTTAT- GGAAG	ATCCTCATACTG- CAGGACC	$(CT)_8 +$ $(CT)_{36}$	B	232
Xtxp 6	ATCGGATCCGT- CAGATC	TCTAGGGAGGTT- GCCAT	$(CT)_{33}$	I	120
Xtxp 7	ACATCTACTAC- CCTCTCACC	ACACATCGAGAC- CAGTTG	$(CT)_{14}$	B	200
Xtxp 8	ATATGGAAG- GAAGAAGCCGG	AACACAACATG- CACGCATG	$(TG)_{31}$	B	148
Xtxp9	AATAGCACCGC- CGCGCG	CATTGTGGAGTC- CCTGATAC	$(TG)_{12}$ $TT(TG)_{14}$ $(AG)_{13}$	C	116/158
Xtxp10	ATACTATCAA- GAGGGGAGC	AGTACTAGCCA- CACGTCAC	$(GT)_{14}$	F	150
Xtxp12	AGATCTGGCG- GCAACG	AGTCAC- CCATCGATCATC	$(CT)_{22}$	D	193
Xtxp13	TCTTTCCCAAG- GAGCCTAG	GAAGTTATGC- CAGACATGCTG	$(TG)_{13}$	B	120
Xtxp14	GTAATAGTCAT- GACCGAGG	TAATAGACGAGT- GAAAGCCC	$(GA)_{15}$	J	149

引物 Primer	正向序列 Sequence of forward primer	反向序列 Sequence of reverse primer	SSR 类型 Type of SSR	连锁群 定位 Linkage group	差异片 段大小 Fragment size
Xtxp15	CACAAACAC- TAGTGCCTTATC	CATAGACAC- CTAGGCCATC	$(TC)_{16}$	J	215
Xtxp17	CGGACCAACG ACGATTATC	ACTCGTCTCACT- GCAATACTG	$(TC)_{16}$ + $(AG)_{12}$	I	164
Xtxp18	ACTGTCTAGAA- CAAGCTGCG	TTGCTCTAGC TAGGCATTTC	$(AG)_{21}$	H	231
Xtxp19	CTTTCAATCGGT- TCCAGAC	CTTCCACCTCCG- TACTC	$(AG)_5$ + $(AG)_{10}$	B	206
Xtxp20	TCTCAAGGTTT- GATGGTTGG	ACCCATTATT- GACCGTTGAG	$(AG)_{21}$	G	217
Xtxp21	GAGCTGCCAT- AGATTTGGTCG	ACCTCGTCCCAC- CTTTGTTG	$(AG)_{18}$	D	179
Xtxp23	AATCAACAA- GAGCGGGAAAG	TTGAGAT- TCGCTCCACTCC	$(CT)_{19}$	J	182
Xtxp24	CCATTGAGCTTCT- GCTATCTC	TTCTAAGCCCAC- CGAAGTTG	$(TC)_{21}$	D	160
Xtxp25	TTGTGTAGTC- CATCCGATGC	CATTTGTCAC- CACTAGAACCC	$(CT)_{12}$	B	180
Xtxp27	AACCTTGC- CCTATCCACCTC	TATGATGAAT- CAAGGGAGAGG	$(AG)_{37}$	D	332
Xtxp31	TGCGAGGCTGC- CCTACTAG	TGGACGTAC- CTATTGGTGC	$(CT)_{25}$	C	222
Xtxp32	AGAAATTCAC- CATGCTGCAG	ACCTCACAGGC- CATGTCG	$(AG)_{16}$	A	133
Xtxp33	GAGCTACA- CAGGGTTCAAC	CCTAGCTATTC- CTTGGTTG	$(TC)_{20}C(TG)_5$ + $(CT)_9CC(TG)_7$	C	221
Xtxp34	TGGTTCGTATCCT- TCTCTACAG	CATATACCTC- CTCGTCGCTC	$(CT)_{29}$	C	365

引物 Primer	正向序列 Sequence of forward primer	反向序列 Sequence of reverse primer	SSR 类型 Type of SSR	连锁群 定位 Linkage group	差异片 段大小 Fragment size
Xtxp36	ATGGGACG- GAAATGCAGG	TTATGCCTGC- CAGCAACTTG	$(GGA)_7$ $GTA(T)_7$ $+ (A)_7$	E	185
Xtxp38	ACAAACCGCG ACGAAGTAAC	ACAAGGCAAAG- CACAAAGC	$(AG)_{17}$	C	440
Xtxp40	CAGCAACTTG- CACTTGTC	GGGAGCAATTTG- GCACTAG	$(GGA)_7$	E	38
Xtxp41	TCTGGCCATGACT- TATCAC	AAATGGCG- TAGACTCCCTTG	$(CT)_{19}$	D	278
Xtxp43	AGTCACAGCA- CACTGCTTGTC	AATTTACCTG GCGCTCTGC	$(CT)_{28}$	A	171
Xtxp45	CTCGGCGGCTC- CCTCTC	GGTCAAAGCG CTCTCCTCCTC	$(CT)_5 + (GA)_{25}$	–	202
Xtxp46	GGGCAATCTTGAT- GGCGACAT	AGGTGTGGCTC GGGGAGAAC	$(GT)_{10}$	A	253
Xtxp47	CAATGGCTTGCA- CATGTCCTA	GGTGCGAGCT AGTTAAGTGGG	$(GT)_8(GC)_5$ $+ (GT)_6$	H	264
Xtxp50	TGATGTTGTTAC- CCTTCTGG	AGCCTATGTAT- GTGTTCGTCC	$(CT)_{13}(CA)_9$	B	299
Xtxp55	TCATGGCATGG- GACTATTG	AAGGTTGGCG- TAGAAATGTGT	$(CA)_{15}$ $GA(CA)_6$	B	209
Xtxp56	TGTCTTCGTAGTT- GCGTGTTG	CCGAAGGAGT- GCTTTGGAC	$(GA)_{39}$	B	349
Xtxp57	GGAACTTTT- GACGGGTAGTGC	CGATCGTGAT- GTCCCAATC	$(GT)_{21}$	I	251
Xtxp58	CAAAGTGCCCG- GTTAAGACCT	TTCCCTTGCTGTT- GCTTGTG	$(AG)_{13} +$ $(GA)_{16}$	A	160
Xtxp61	GATGCCCATGCCT- TGC	CCCACTAAACTA- AAGCGGACA	$(GA)_{13}$	A	130
Xtxp63	CCAAC- CGCGTCGCTGATG	GTGGACTCTC GGGGCACTG	$(GA)_{24}$	B	204

引物 Primer	正向序列 Sequence of forward primer	反向序列 Sequence of reverse primer	SSR 类型 Type of SSR	连锁群 定位 Linkage group	差异片 段大小 Fragment size
Xtxp65	CACGTCGTCAC- CAACCAA	GTTAAACGAA AGGGAAATGGC	$(ACC)_4 +$ $(CAA)_3CG(CT)_8$	J	128
Xtxp67	CCTGACGCTCGTG- GCTACC	TCCACACAAGAT- TCAGGCTCC	$(GA)_{28}$	F	175
Xtxp69	ACACGCATGGTTT- GACTG	TTGATAATCT- GACGCAACTG	$(TC)_{12}$	C	188
Xtxp75	CGATGCCTCG AAAAAAAAACG	CCGATCAGAG CGTGGCAGG	$(TG)_{10}$	A	172
Xtxp80	GCTGCACTGTC- CTCCCACAA	CAGCAGGCGA TATGGATGAGC	$(CT)_{13} +$ $(ACG)_3$	–	287
Xtxp88	CGTGAAT- CAGCGAGTGTTGG	TGCGTAATGTTC- CTGCTC	$(AG)_31$	A	144
Xtxp91	GGTCTCTGGATAC- TAGGTG	AAGTAATAGAC GAGTGAAAGC	$(AG)_{19}$	–	170
Xtxp94	TTTCACAGTCT- GCTCTCTG	AGGAGAGTTGT- TCGTTA	$(TC)_{16}$	J	232
Xtxp95	TCTCCGTTTGC- CCGCCAG	CACCGTACCGC- CTCCCGAATC	$(GA)_{18}(GC)_4$	I	90
Xtxp96	GCTGATGTCATGT- TCCCTCAC	CATTCGTG- GACTCTCTGTCGG	$(GA)_{24}$	B	198
Xtxp97	CAAATAAACGGT- GCACACTCA	GTATGATTG- GAGACGG	$(CA)_8 + (GCC)_6$	I	130
Xtxp98	GCCAGCTTATCG- GAAACAAG	GTGTCCAC- TAGAGCGGCTATG	$(CTGT)_5$	–	215
Xtxp100	CCGGCCGGC- CAACCAACCAC	TGCCCCAACGCT- CACGCTCCC	$(CT)_{19}$	B	117
Xtxp105	TGGTATGGGACTG- GACGG	TGTTGACGAAG- CAACTCCAAT	$(TG)_5 + (CT)_6$ $GCT(GT)_7$	H	291

引物 Primer	正向序列 Sequence of forward primer	反向序列 Sequence of reverse primer	SSR 类型 Type of SSR	连锁群 定位 Linkage group	差异片 段大小 Fragment size
Xtxp114	CGTCTTCTAC- CGCGTCCT	CATAATCCCACT- CAACAATCC	$(AGG)_8$	C	234
Xtxp141	TGTATGGC- CTAGCTTATCT	CAACAAGCCAAC- CTAAA	$(GA)_{23}$	G	163
Xtxp145	GTTCCTCCTGC- CATTACT	CTTCCGCACATC- CAC	$(AG)_{22}$	I	238
Xtxp149	AGCCTTGCATGAT- GTTCC	GCTATGCTTGGT- GTGGG	$(CT)_{10}$	A	169
Xtxp159	ACCCAAAGC- CCAAATCAG	GGGGGAGAA ACGGTGAG	$(CT)_{21}$	E	169
Xtxp160	AGTCGGCTGGTA- AAGTGG	GGATATGGGATG- GTTTGG	$(TG)_{14}$	–	158
Xtxp162	CCCGATATCTCTC- CTGAC	CCCCAGTTTAGC- CAAGT	$(GGA)_6$	–	213
Xtxp168	AGTCAAAACCGC- CACAT	GAGAAGGG- GAGAGGAGAA	$(AC)_{10}$	E	182
Xtxp177	GAAGGTTGTGACT- TG	TTAAAGCGAT- GGGTGTAG	$(CT)_7(GT)_8$	D	169
Xtxp183	AAGTTGTAAT- GGGGCTATTG	TTAAGAGGTGG- GATATTGGT	$(TG)_9$	C	195
Xtxp201	GCGTTTATGGAAG- CAAAAT	CTCATAAGGCAG- GACCAAC	$(GA)_{36}$	B	222
Xtxp205	CCTGCCGTGTCT- TCC	TATATGCATGC- CGTAGATTT	$(AG)_{12}$	C	211
Xtxp207	ACACATCTACTAC- CCTCTCACCCT	TGATAGACTTGT- GAGCAGCTCC	$(CT)_{14}$	B	185
Xtxp208	AAGGCCGTGAG- GATG	AAGCAGC- CAAGAGCAG	$(GGA)_{10}$	A	257

引物 Primer	正向序列 Sequence of forward primer	反向序列 Sequence of reverse primer	SSR 类型 Type of SSR	连锁群 定位 Linkage group	差异片 段大小 Fragment size
Xtxp210	CGCTTTTCTGAA AATATTAAGGAC	GATGAGCGATG- GAGGAGAG	$(CT)_{10}$	H	188
Xtxp211	TCAACGGCCAAT- GATTTCTAAC	AGGTTGCGAATA- AAAGGTAATGTG	$(CT)_{23}$	B	216
Xtxp212	TTTCCCCTCTTTCT- TGTGTC	CTCG- GCGTCGTCGTA	$(GT)_{10}$	D	150
Xtxp215	CCCAAAGC- CAAGAAAAAG	CGGCGGAAG- CAGAC	$(CA)_9$	C	174
Xtxp217	GGCCTCGAC- TACGGAGTT	TCGGCATATT- GATTTGGTTT	$(GA)_{23}$	G	175
Xtxp218	CCGGAAAACCT- GCTAATG	ACGCCGGAAG- GAGAAG	$(GA)_{10}$	C	200
Xtxp225	TTGTTGCATGTTG- GTTATAG	CAAACAAGT- TCAGAAGCTC	$(CT)_9(CA)_8$ $CCC(CA)_6$	J	165
Xtxp227	TGAAAGTTTTG- GCATTGA	TGTAGGATAGC- CCAGGTT	$(GT)_5 CCCTC$ $(GT)_5 + (TG)_4$	E	178
Xtxp228	ACAGGTTG- GCGATGTTTCTCT	TTCTTTTTCGAAT- TCCTTTT	$(TC)_{12}$	C	246
Xtxp229	TGCCCAAGAG- GAAAAGGT	AGCGACGGCA- CATCAAT	$(GT)_8$	A	171
Xtxp230	GCTACCGCTGCT- GCTCT	AGGGGGCATC- CAAGAAAT	$(GA)_{28}$	F	191
Xtxp231	GGAAATCCAG- GATAGGGT	AGGCAAAGGGT- CATCA	$(GGA)_4 +$ $(GGA)_5$	C	188
Xtxp248	GGGTGTCCAATGT- TGTCTGC	GGCCGTTACT- GTCCCTTACTCA	$(AG)_5(GA)_{28}$	A	235
Xtxp250	GCACATCCTCTA- AAACTACTTAGT	GAACAGGACGA TGTGATAGAT	$(AGG)_{17}$ $AAT(AAG)_4$ $AAA(ACA)_9$	H	283
Xtxp258	CACCAAGTGTCG CGCGAACTGAA	GCTTAGTGTGAG CGCTGACCAG	$(AAC)_{19}$	F	222

引物 Primer	正向序列 Sequence of forward primer	反向序列 Sequence of reverse primer	SSR 类型 Type of SSR	连锁群 定位 Linkage group	差异片 段大小 Fragment size
Xtxp262	TGCCTGCCCGAG- GTG	TTGCTGTCTC- CGCTTTCC	$(GT)_5$	J	167
Xtxp265	GTCTACAGGCGT- GCAAATAAAA	TTACCATGATAC- CCCTAAAAGTGG	$(GAA)_{19}$	I	209
Xtxp267	TTTTTGG- GAAGCGTCGTC	GCGATTTGGCT- GAGCAGT	$(TCT)_{20}$	–	150
Xtxp274	GAAATTACAATGC TACCCCTAAAAGT	ACTCTACTCCTTC- CGTCCACAT	$(TTC)_{19}$	I	331
Xtxp279	ATTCTGACTTAAC- CCACCCCTAAA	AGCTCATCAAT- GTCCCAAACC	$(CCT)_{10} +$ $(CCT)_3 + (CTT)_6$	A	276
Xtxp283	CGCCCGAACTCT- TCTTAAATCT	ATTATGCCCTA- ACTGCCTTTGA	$(TTC)_{12}$	B	281
Xtxp284	CCAGATTGGCT GATGCATACACACT	AAGGGTAATTTAT- GCACTCCAAGG- TAGGAC	$. (AGG)_{19}$	A	219
Xtxp289	AAGTGGGGT- GAAGAGATA	CTGCCTTTC- CGACTC	$(CTT)_{16}$ $(AGG)_6$	F	290
Xtxp292	CATTTGCGAAGT- TACAACATTGCT	CATTCCTGACT- GCCCTGTCC	$(AC)_{12}$	H	332
Xtxp294	GCTGGGGCTCG AGGGTTTCATT	AGCTTCCCAAG- GACAACTAG- CAAGGACA	$(TG)_{10}(GT)_4$	H	289
Xtxp295	AAATCATCCATGT- TCGTCTTC	CTCCCGCTA- CAAGAGTACAT- TCATAGCTTA	$(TC)_{19}$	E	165
Xtxp296	CAGAAATAA- CATATAATGAT- GGGGTGAA	ATGCTGTTAT- GATTTAGAGCCT- GTAGAGTT	$(CA)_{18}$	B	171

引物 Primer	正向序列 Sequence of forward primer	反向序列 Sequence of reverse primer	SSR 类型 Type of SSR	连锁群 定位 Linkage group	差异片 段大小 Fragment size
Xtxp297	GACCCATATGTG- GTTTAGTCG- CAAAG	GCACAATCT- TCGCCTAAAT- CAACAAT	$(AAG)_{24}$	B	220
Xtxp298	GCATGTGTCAGAT- GATCTGGTGA	GCTGTTAGCT- TCTTCTA- ATCGTCGGT	$(AGA)_{23}$	B	202
Xtxp302	TAGGTTCTGGAC- CACTTTCTTTTGT- GTT	GAATCAACTAT- GTGCTTGCATT- GTGCT	$(TGT)_8$	A	180
Xtxp303	AATGAGGAAAATA TGAAACAAGTAC- CAA	AATAACAAGCG- CAACTATATGAA- CAATAAA	$(GT)_{13}$	J	160
Xtxp304	ACATAAAAGC- CCCTCTTC	CTTTCACACCCTT- TATTCA	$(TCT)_{42}$	B	206
Xtxp312	CAGGAAAATACG ATCCGTGCCAAGT	GTGAACTATTCGGA AGAAGTTTGGAG- GAAA	$(CAA)_{26}$	E	192
Xtxp316	CCAGCTTCACT- TACGAGGAGATG	ATGCCCGTTTT CTAATTCTTCTACT	$(AGA)_{12}$	A	331
Xtxp317	CCTCCTTTTCCTC- CTCCTCCC	TCAGAATCCTA GCCACCGTTG	$(CCT)_5$ $(CAT)_{11}$	I	162
Xtxp320	TAAACTAGCCATA TACTGCCATGATAA	GTGCAAATAAGG GCTAGAGTGTT	$(AAG)_{20}$	–	290
Xtxp321	TAACCCAAGCCT- GAGCATAAGA	CCCATTCACA- CATGAGACGAG	$(GT)_4 + (AT)_6$ $+ (CT)_{21}$	H	206
Xtxp327	ACCACTGCT- CACGCTCAC	GCGGTGTA- CAGCTTCGTC	$(TAG)_3 +$ $(GA)_{22}$	D	157
Xtxp329	ACTACGAAGGTGT TTAGTTTAAGGG	CATTCATAAAACT AAACGAAAAACG	$(ATC)_8 +$ $(CTT)_{22}$	–	162

引物 Primer	正向序列 Sequence of forward primer	反向序列 Sequence of reverse primer	SSR 类型 Type of SSR	连锁群 定位 Linkage group	差异片 段大小 Fragment size
Xtxp331	AACGGTTATT- AGAGAGGGAGA	AGTATAATAACA TTTTGACACCCA	(GAT)$_{32}$	G	226
Xtxp335	TATTTCCTCTT- GAAAGAATCAGGG	TATTCATCGAG- CAAAAGGCA	(GT)$_{12}$	A	174
Xtxp340	AGAACTGTGCAT- GTATTCGTCA	AGAAACTCCAAT- TATCATCCATCA	(TAC)$_{15}$	A	198
Xtxp343	CGATTGGACATA- AGTGTTC	TATAAACATCAG- CAGAGGTG	(AGT)$_{21}$	D	155
Xtxp344	ACAGAGAAGTAG- GTTGAAGA	CTTCTATTTTC- TACTCTCATCC	(TAG)$_{14}$ (CAG)$_5$	–	177
Xtxp354	TGGGCAGGG- TATCTAACTGA	GCCTTTTTCT- GAGCCTTGA	(GA)$_{21}$ + (AAG)$_3$	H	157
Xtxp355	TGGTTGGAAA- GATAATCAAG	GCCCTAAT- GAGTCCTCAC	(CT)$_7$CG(CT)$_{15}$ (CTT)$_{12}$	–	289
Xtxp357	CGCAGAAAT- ACGATTG	GCTATCTGGAG- TAACTGTGT	(GT)$_{10}$	A	273
xcup					
Xcup02	GACGCAGCTTT- GCTCCTATC	GTCCAACCAAC- CCACGTATC	(GCA)$_6$	F	200/350
Xcup05	GGAAGGTTTG- CAAGAACAGG	CCAGCCCAA- CAAGTGCTATC	(GA)$_8$	D	215
Xcup06	GGCAGTAGCAG- GCGTTTAAG	AACTGAATCAG- GTCATGGGC	(CTGC)$_4$	A	210
Xcup11	TACCGCCATGT- CATCATCAG	CGTATCG- CAAGCTGTGTTTG	(GCTA)$_4$	C	185
Xcup14	TACATCACAG- CAGGGACAGG	CTGGAAAGC- CGAGCAGTATG	(AG)$_{10}$	C	230

引物 Primer	正向序列 Sequence of forward primer	反向序列 Sequence of reverse primer	SSR 类型 Type of SSR	连锁群 定位 Linkage group	差异片 段大小 Fragment size
Xcup20	TGGGTGTTGCACT-GGGAG	ACTGAAAGCAC-CGTCTCTGG	$(AT)_6$	D	240
Xcup32	ACTACCACCAG-GCACCACTC	GTACTTTTTCCCT-GCCCTCC	$(AAAAT)_4$	C	170
Xcup47	TGAGCAAT-GAACTTAGGGGG	CTACCCTTTGAT-GGCAGTACC	$(GA)_{21}$	H	275
Xcup53	GCAGGAGTATAG-GCAGAGGC	CGACATGA-CAAGCTCAAACG	$(TTTA)_5$	A	200
Xcup60	GTATGCATGGAT-GCCTGATG	GCGAGGGTATG-TAGCTCGAC	$(CGGT)_4$	A	175/180
Xcup61	TTAGCATGTCCAC-CACAACC	AAAGCAACTC GTCTGATCCC	$(CAG)_7$	C	210
Xcup64	TATTGACACG-CAGGTAACGC	GAGGACGAGTG-CATGATGAG	$(TA)_9$	B	230/235
Xcup74	GTCGCCATTGT-GATGAAGAG	CAGTAGTCCAG-CAAAACGGC	$(TG)_9$	B	220/280
IS10					
IS10074	AGAGCCTTTCATC-CATCTTTCC	GACTAACGGTAG CGACAGCCAA	GA	B	295
IS10198	GGTTTCGGTTTTG-GAGAT	TTCTATGGAAATA AACAATCATGT	CA	H	260
IS10200	AACTCAAAG-GAAGGACCG	TGATATTG-GATCTGNGCC	CA	B	245
IS10206	GTGTGCTTTGCT-TCGTTT	GTTGAACCCGAT-TGCTG	GT		180
IS10215	GTCGCCATCTA-CACCAAG	GCTGGAGA-CACGTGAGAC	GT		190

引物 Primer	正向序列 Sequence of forward primer	反向序列 Sequence of reverse primer	SSR 类型 Type of SSR	连锁群 定位 Linkage group	差异片 段大小 Fragment size
IS10225	TACTGAAAGAGC-CGAACG	AGGGGAATTGT-CAAAAGG	CA	I	220
IS10228	TTGGAAACCAGT-CAGAGC	ACACTGCAACTG-CAACAA	CA	B	220
IS10230	TTGGTT-GAAGTCGCTGTT	CGGCCTTCACAA-CATAAG	GT	D	200
IS10237	AAGGGAGCTTCG-GAGTTA	CTCTGCCAGGAT-TGAGTG	CA	A	160
IS10245	ACGAATCAGGG-GAGAGAC	TTGCTCCATTGC-CTATGT	CA	B	220
IS10254	ACCCAAACACA-GAGCAAA	AGAGCTGCT-GAGAGANGG	GT	C	200
IS10258	GCAGGACCGGAT-AGAGAT	ATCCCGGAAT-GATGAAGT	CAA/CCG	J	200
IS10259	CAAGGTTTCACTT-TATTTTACCA	TGGAATGCAA-CATAGCAA	CT/GT	B	215
IS10263	TATCTTCTCCGC-CCTTTC	TAAGNGCCAAGG-GAATG	CA/CTG	G	320
IS10264	TCATTCACTC TCTTTCCCC	AGAATCTGCCAT-GAACGA	CA/CTG	I	170
IS10272	GGTCGTC-CAGNCATATCA	ACGACAAGGTT-GTGTGCT	CA	G	280
IS10277	GATGCTCTCCA-CAACAGG	ACGGCAGA-CACTTTTCA	CG/GT/AT	C	240
IS10279	CCGGGAACGA-CATTATTT	AGCATGCAT-GACGAATTT	GA/GT	H	180
IS10280	ATGTGGACCTGTG-GATTG	CGACCACATNTG-TAAGCC	CT/AT	B	320/330

引物 Primer	正向序列 Sequence of forward primer	反向序列 Sequence of reverse primer	SSR 类型 Type of SSR	连锁群 定位 Linkage group	差异片 段大小 Fragment size
IS10307	TTTGTGCTTT-GGGTGTTT	GGTGCACCATCT-TCTCCT	GA	C	390
IS10318	AGATTTTCTCTC-CGCCAC	GGTGCAAGATAT-GGGATG	CT		245/248
IS10322	GGCTTTCAGATG-CAGAGA	AAACTGATAAA-CACGCCG	CT/CTCG	A	210/200
IS10323	CTGCTCATGCT-CATTTCC	AGAGAGATG-GATCGGAGG	AT/CT/GT	C	165/175
IS10327	TGCCATGGAGAG-GATAAA	TGGTGGCTGT-TAGGGTTA	GA		200/205
IS10328	TAGGACGTGGTG-GTTACG	GCAATAGGAT-GTCCACGA	GA	I	170/150
IS10330	AACAGGCAATG-GTCACAT	TGATGTCGC-TATCCCAAC	GA	A	220/230
IS10331	TTAGAGCGCAT-CAGGAAG	GCACAAAGGAG-GACACAA	CT	B	305/340
IS10332	GCTTCTGCACGA-CAAATC	TGCGAGGAACCT-GTGTAT	CT		280/285
IS10333	TCTCCACCGAT-TCGAGTA	CCTTCCTACAG-CAAAGCA	GA	A	180/185
IS10334	TCGTGTGTATGG-GAGGTT	TTAGAAGCTGT-GGGATGC	CT	B	210/215
IS10340	ACCTCCCCCTC-CTAACTC	GCACTAGCGGTA-ACATGG	CT/ACT	G	230/225
IS10343	CCCTTTCTCATG-GTGTGA	CACTAGGTT-GATCTTGGAACA	CT	D	160/145
IS10344	TGCACACTGTTAT-GCTCG	GGAAGTA-AAGGGTGGGTG	GA	E	290/285

引物 Primer	正向序列 Sequence of forward primer	反向序列 Sequence of reverse primer	SSR 类型 Type of SSR	连锁群 定位 Linkage group	差异片 段大小 Fragment size
IS10347	CGACCAGGTTT- TAGCCTT	ATCAAACAGCGA- CAATGC	CT	I	190/175
IS10350	TTGTTCTTTCTCG- GTTGC	TGCTTCAG- GAAGTGGAAG	GA/GT	J	225/230
IS10359	CACCTGTCTC- CCCACATA	TCTTTCACCA- CAAATGCC	CT	A	195/190
IS10365	GGTGACTCACTCG- CAGAC	GGTAGAGCAA- CAAAGCGA	CT	E	190/195
IS10366	CTATGCAATTCAT- TCCCG	TGTGGAATC- CAAATCAGG	GA/GAA		190/230

附录 Ⅱ 抗螟虫基因 SSR 分析中所用引物名称 (104 对)

引物 Primer	正向序列 Sequence of forward primer	反向序列 Sequence of reverse primer	SSR 类型 Type of SSR	连锁群 定位 Linkage group	差异片 段大小 Fragment size
Xtxp					
Xtxp75	CGATGCCTCGA AAAAAAAACG	CCGATCAGAG CGTGGCAGG	$(TG)_{10}$	A	180/195
Xtxp46	GGGCAATCTTGAT- GGCGACAT	AGGTGTGGCT CGGGGAGAAC	$(GT)_{10}$	A	280/295
Xtxp88	CGTGAAT- CAGCGAGTGTTGG	TGCGTAATGTTC- CTGCTC	$(AG)_{31}$	A	103/122
Xtxp357	CGCAGAAAT- ACGATTG	GCTATCTGGAG- TAACTGTGT	$(GT)_{10}$	A	273/275
Xtxp248	GGGTGTCCAATGT- TGTCTGC	GGCCGTTACT- GTCTGC	$(AG)_5(GA)_{28}$	A	220/ 230/240
Xtxp43	AGTCACAGCA- CACTGCTTGTC	AATTTACCTG- GCGCTCTGC	$(CT)_{28}$	A	148/195
Xtxp32	AGAAATTCAC- CATGCTGCAG	ACCTCACAGGC- CATGTCG	$(AG)_{16}$	A	115/138
Xtxp302	TAGGTTCTGGAC- CACTTTCTTTTGT- GTT	GAATCAACTAT- GTGCTTGCATT- GTGCT	$(TGT)_8$	A	190
Xtxp279	ATTCTGACTTAAC- CCACCCCTAAA	AGCTCATCAAT- GTCCCAAACC	$(CCT)_{10} +$ $(CCT)_3 + (CTT)_6$	A	280
Xtxp298	GCATGTGTCAGAT- GATCTGGTGA	GCTGTTAGCTTCT TCTAATCGTCGGT	$(AGA)_{23}$	B	183/213

引物 Primer	正向序列 Sequence of forward primer	反向序列 Sequence of reverse primer	SSR 类型 Type of SSR	连锁群 定位 Linkage group	差异片 段大小 Fragment size
Xtxp100	CCGGCCGGC-CAACCAACCAC	TGCCCCAACGCT-CACGCTCCC	$(CT)_{19}$	B	96/104
Xtxp1	TTGGCTTTTGTG-GAGCTG	ACCCAGCAGCAC-TACACTAC	$(AG)_{34}$	B	195/180
Xtxp50	TGATGTTGTTAC-CCTTCTGG	AGCCTATGTAT-GTGTTCGTCC	$(CT)_{13}(CA)_9$	B	310
Xtxp7	ACATCTACTAC-CCTCTCACC	ACACATCGAGAC-CAGTTG	$(CT)_{14}$	B	240/250
Xtxp96	GCTGATGTCATGT-TCCCTCAC	CATTCGTG-GACTCTCTGTCGG	$(GA)_{24}$	B	190/200/210
Xtxp63	CCAAC-CGCGTCGCTGATG	GTGGACTCTC GGGGCACTG	$(GA)_{24}$	B	190
Xtxp55	TCATGGCATGG-GACTATTG	AAGGTTGGCG-TAGAAATGTGT	$(CA)_{15}$ GA$(CA)_6$	B	230
Xtxp296	CAGAAATAA-CATATAATGAT-GGGGTGAA	ATGCTGTTAT-GATTTAGAGCCT-GTAGAGTT	$(CA)_{18}$	B	170
Xtxp31	TGCGAGGCTGC-CCTACTAG	TGGACGTAC-CTATTGGTGC	$(CT)_{25}$	C	215/237
Xtxp34	TGGTTCGTATCCT-TCTCTACAG	CATATACCTC-CTCGTCGCTC	$(CT)_{29}$	C	331/369
Xtxp207	ACACATCTACTAC-CCTCTCACCCT	TGATAGACTTGT-GAGCAGCTCC	$(CT)_{14}$	B	201/235
Xtxp25	CCATTGAGCTTCT-GCTATCTC	CATTTGTCAC-CACTAGAACCC	$(CT)_{12}$	B	180
Xtxp228	ACAGGTTG-GCGATGTTTCTCT	TTCTTTTTCGAAT-TCCTTTT	$(TC)_{12}$	C	220
Xtxp205	CCTGCCGTGTCT-TCC	TATATGCATGC-CGTAGATTT	$(AG)_{12}$	C	200

引物 Primer	正向序列 Sequence of forward primer	反向序列 Sequence of reverse primer	SSR 类型 Type of SSR	连锁群 定位 Linkage group	差异片 段大小 Fragment size
Xtxp38	ACAAACCGCGA CGAAGTAAC	ACAAGGCAAAG-CACAAAGC	$(AG)_{17}$	C	440
Xtxp218	CCGGAAAACCT-GCTAATG	ACGCCGGAAG-GAGAAG	$(GA)_{10}$	C	200
Xtxp9	AATAGCACCGC-CGCGCG	CATTGTGGAGTC-CCTGATAC	$(TG)_{12}TT$ $(TG)_{14}(AG)_{13}$	C	116/158
Xtxp69	ACACGCATGGTTT-GACTG	TTGATAATCT-GACGCAACTG	$(TC)_{12}$	C	205
Xtxp183	AAGTTGTAAT-GGGGCTATTG	TTAAGAGGTGG-GATATTGGT	$(TG)_9$	C	195
Xtxp331	AACGGTTATT-AGAGAGGGAGA	AGTATAATAACAT TTTGACACCCA	$(GAT)_{32}$	G	165
Xtxp12	AGATCTGGCG-GCAACG	AGTCAC-CCATCGATCATC	$(CT)_{22}$	D	180
Xtxp24	TTGTGTAGTC-CATAAGATGA	TTCTAAGCCCTC-CGAAGTTG	$(TC)_{21}$	D	160
Xtxp177	GAAGGTTGTGACT-TG	TTAAAGCGAT-GGGTGTAG	$(CT)_7(GT)_8$	D	180
Xtxp27	AACCTTGC-CCTATCCACCTC	TATGATGAAT-CAAGGGAGAGG	$(AG)_{37}$	D	300
Xtxp258	CACCAAGTGTCGC GCGAACTGAA	GCTTAGTGTGAG CGCTGACCAG	$(AAC)_{19}$	F	230
Xtxp159	ACCCAAAGC-CCAAATCAG	GGGGGAGA AACGGTGAG	$(CT)_{21}$	E	180
Xtxp168	AGTCAAAACCGC-CACAT	GAGAAGGG-GAGAGGAGAA	$(AC)_{10}$	E	180/210/215
Xtxp10	ATACTATCAA-GAGGGGAGC	AGTACTAGCCA-CACGTCAC	$(GT)_{14}$	F	150

引物 Primer	正向序列 Sequence of forward primer	反向序列 Sequence of reverse primer	SSR 类型 Type of SSR	连锁群 定位 Linkage group	差异片 段大小 Fragment size
Xtxp141	TGTATGGC- CTAGCTTATCT	CAACAAGCCAAC- CTAAA	$(GA)_{23}$	G	165
Xtxp262	TGCCTGCCCGAG- GTG	TTGCTGTCTC- CGCTTTCC	$(GT)_5$	J	180
Xtxp312	CAGGAAAATACGA TCCGTGCCAAGT	GTGAACTATTCG- GAAGAAGTTTG- GAGGAAA	$(CAA)26$	E	170
Xtxp292	CATTTGCGAAGT- TACAACATTGCT	CATTCCTGACT- GCCCTGTCC	$(AC)_{12}$	H	350
Xtxp250	GCACATCCTCTA- AAACTACTTAGT	GAACAGGACGAT- GTGATAGAT	$(AGG)_{17}$ $AAT(AAG)_4$ $AAA(ACA)_9$	H	280/ 300/ 320
Xtxp294	GCTGGGGCTCG AGGGTTTCATT	AGCTTCCCAAG- GACAACTAG- CAAGGACA	$(TG)_{10}(GT)_4$	H	350
Xtxp47	CAATGGCTTGCA- CATGTCCTA	GGTGCGAGCT AGTTAAGTGGG	$(GT)_8(GC)_5$ $+(GT)_6$	H	300
Xtxp354	CGCAGAAAT- ACGATTG	GCTATCTGGAG- TAACTGTGT	$(GT)_{10}$	H	160
Xtxp105	TGGTATGGGACTG- GACGG	TGTTGACGAAG- CAACTCCAAT	$(TG)_5+(CT)_6$ $GTCT(GT)_7$	H	300
Xtxp6	ATCGGATCCGT- CAGATC	TCTAGGGAGGTT- GCCAC	$(GT)_{33}$	I	100
Xtxp145	GTTCCTCCTGC- CATTACT	CTTCCGCACATC- CAC	$(AG)_{22}$	I	210
Xtxp274	GAAATTACAATGCT ACCCCTAAAAGT	ACTCTACTCCTTC- CGTCCACAT	$(TTC)_{19}$	I	330
Xtxp57	GGAACTTTT- GACGGGTAGTGC	CGATCGTGAT- GTCCCAATC	$(GT)_{21}$	I	230
Xtxp265	GTCTACAGGCGT- GCAAATAAAA	TTACCATGATAC- CCCTAAAAGTGG	$(GAA)_{19}$	I	220

引物 Primer	正向序列 Sequence of forward primer	反向序列 Sequence of reverse primer	SSR 类型 Type of SSR	连锁群 定位 Linkage group	差异片 段大小 Fragment size
Xtxp225	TTGTTGCATGTTG- GTTATAG	CAAACAAGT- TCAGAAGCTC	$(CT)_9(CA)_8$ $CCC(CA)_6$	J	161/173
Xtxp15	CACAAACAC- TAGTGCCTTATC	CATAGACAC- CTAGGCCATC	$(TC)_{16}$	J	238/252
Xtxp23	AATCAACAA- GAGCGGGAAAG	TTGAGATTCGC TCCACTCC	$(CT)_{19}$	J	175/183
Xtxp65	CACGTCGTCAC- CAACCAA	GTTAAACGAAA GGGAAATGGC	$(ACC)_4+(CAA)_3$ $CG(CT)_8$	J	150/165 /180
xcup					
Xcup06	GGCAGTAGCAG- GCGTTTAAG	AACTGAATCAG- GTCATGGGC	$(CTGC)_4$	A	210
Xcup53	GCAGGAGTATAG- GCAGAGGC	CGACATGA- CAAGCTCAAACG	$(TTTA)_5$	A	200
Xcup14	TACATCACAG- CAGGGACAGG	CTGGAAAGC- CGAGCAGTATG	$(AG)_{10}$	C	230
Xcup11	TACCGCCATGT- CATCATCAG	CGTATCG- CAAGCTGTGTTTG	$(GCTA)_4$	C	185
Xcup64	TATTGACACG- CAGGTAACGC	GAGGACGAGTG- CATGATGAG	$(TA)_9$	B	230/235
Xcup32	ACTACCACCAG- GCACCACTC	GTACTTTTTCCCT- GCCCTCC	$(AAAAT)_4$	C	170
Xcup74	GTCGCCATTGT- GATGAAGAG	CAGTAGTCCAG- CAAAACGGC	$(TG)_9$	B	220/280
Xcup02	GACGCAGCTTT- GCTCCTATC	GTCCAACCAAC- CCACGTATC	$(GCA)_6$	F	200/350 /360
Xcup20	TGGGTGTTGCACT- GGGAG	ACTGAAAGCAC CGTCTCTGG	$(AT)_6$	D	240

引物 Primer	正向序列 Sequence of forward primer	反向序列 Sequence of reverse primer	SSR 类型 Type of SSR	连锁群 定位 Linkage group	差异片 段大小 Fragment size
Xcup61	TTAGCATGTCCAC- CACAACC	AAAGCAACTC GTCTGATCCC	$(CAG)_7$	C	210
Xcup05	GGAAGGTTTG- CAAGAACAGG	CCAGCCCAA- CAAGTGCTATC	$(GA)_8$	D	215
Xcup47	TGAGCAAT- GAACTTAGGGGG	CTACCCTTTGAT- GGCAGTACC	$(GA)_{21}$	H	275
Xcup60	GTATGCATGGAT- GCCTGATG	GCGAGGGTATG- TAGCTCGAC	$(CGGT)_4$	A	175/180
IS10					
IS10206	GTGTGCTTTGCT- TCGTTT	GTTGAACCCGAT- TGCTG	GT		180
IS10198	GGTTTCGGTTTTG- GAGAT	TTCTATGGAAAT AAACAATCATGT	CA	H	260
IS10215	GTCGCCATCTA- CACCAAG	GCTGGAGA- CACGTGAGAC	GT		190
IS10225	TACTGAAAGAGC- CGAACG	AGGGGAATTGT- CAAAAGG	CA	I	220
IS10237	AAGGGAGCTTCG- GAGTTA	CTCTGCCAGGAT- TGAGTG	CA	A	160
IS10230	TTGGTT- GAAGTCGCTGTT	CGGCCTTCACAA- CATAAG	GT	D	200
IS10263	TATCTTCTCCGC- CCTTTC	TAAGNGCCAAGG- GAATG	CA/CTG	G	320
IS10264	TCATTCACTC TCTTTCCCC	AGAATCTGCCAT- GAACGA	CA/CTG	I	170
IS10254	ACCCAAACACA- GAGCAAA	AGAGCTGCT- GAGAGANGG	GT	C	200

引物 Primer	正向序列 Sequence of forward primer	反向序列 Sequence of reverse primer	SSR 类型 Type of SSR	连锁群 定位 Linkage group	差异片 段大小 Fragment size
IS10272	GGTCGTC- CAGNCATATCA	ACGACAAGGTT- GTGTGCT	CA	G	280
IS10259	CAAGGTTTCACTT- TATTTTACCA	TGGAATGCAA- CATAGCAA	CT/GT	B	215
IS10307	TTTGTGCTTT- GGGTGTTT	GGTGCACCATCT- TCTCCT	GA	C	390
IS10279	CCGGGAACGA- CATTATTT	AGCATGCAT- GACGAATTT	GA/GT	H	180
IS10280	ATGTGGACCTGTG- GATTG	CGACCACATNTG- TAAGCC	CT/AT	B	320/330
IS10074	AGAGCCTTTCATC- CATCTTTCC	GACTAACGGTAG CGACAGCCAA	GA	B	295
IS10200	AACTCAAAG- GAAGGACCG	TGATATTG- GATCTGNGCC	CA	B	245
IS10258	GCAGGACCGGAT- AGAGAT	ATCCCGGAAT- GATGAAGT	CAA/CCG	J	200
IS10277	GATGCTCTCCA- CAACAGG	ACGGCAGA- CACTTTTTCA	CG/GT/AT ·	C	240
IS10228	TTGGAAACCAGT- CAGAGC	ACACTGCAACTG- CAACAA	CA	B	220
IS10245	ACGAATCAGGG- GAGAGAC	TTGCTCCATTGC- CTATGT	CA	B	220
IS10318	AGATTTTCTCTC- CGCCAC	GGTGCAAGATAT- GGGATG	CT		245/248
IS10322	GGCTTTCAGATG- CAGAGA	AAACTGATAAA- CACGCCG	CT/CTCG	A	210/200
IS10323	CTGCTCATGCT- CATTTCC	AGAGAGATG- GATCGGAGG	AT/CT/GT	C	165/175

引物 Primer	正向序列 Sequence of forward primer	反向序列 Sequence of reverse primer	SSR 类型 Type of SSR	连锁群 定位 Linkage group	差异片 段大小 Fragment size
IS10327	TGCCATGGAGAG-GATAAA	TGGTGGCTGT-TAGGGTTA	GA		200/205
IS10328	TAGGACGTGGTG-GTTACG	GCAATAGGAT-GTCCACGA	GA	I	170/150
IS10330	AACAGGCAATG-GTCACAT	TGATGTCGC-TATCCCAAC	GA	A	220/230
IS10331	TTAGAGCGCAT-CAGGAAG	GCACAAAGGAG-GACACAA	CT	B	305/340
IS10332	GCTTCTGCACGA-CAAATC	TGCGAGGAACCT-GTGTAT	CT		280/285
IS10333	TCTCCACCGAT-TCGAGTA	CCTTCCTACAG-CAAAGCA	GA	A	180/185
IS10334	TCGTGTGTATGG-GAGGTT	TTAGAAGCTGT-GGGATGC	CT	B	210/215
IS10340	ACCTCCCCCTC-CTAACTC	GCACTAGCGGTA-ACATGG	CT/ACT	G	230/225
IS10343	CCCTTTCTCATG-GTGTGA	CACTAGGTT-GATCTTGGAACA	CT	D	160/145
IS10344	TGCACACTGTTAT-GCTCG	GGAAGTA-AAGGGTGGGTG	GA	E	290/285
IS10347	CGACCAGGTTT-TAGCCTT	ATCAAACAGCGA-CAATGC	CT	I	190/175
IS10350	TTGTTCTTTCTCG-GTTGC	TGCTTCAG-GAAGTGGAAG	GA/GT	J	225/230
IS10359	CACCTGTCTC-CCCACATA	TCTTTCACCA-CAAATGCC	CT	A	195/190
IS10365	GGTGACTCACTCG-CAGAC	GGTAGAGCAA-CAAAGCGA	CT	E	190/195

引物 Primer	正向序列 Sequence of forward primer	反向序列 Sequence of reverse primer	SSR 类型 Type of SSR	连锁群 定位 Linkage group	差异片 段大小 Fragment size
IS10366	CTATGCAATTCAT- TCCCG	TGTGGAATC- CAAATCAGG	GA/GAA		190/230

附录Ⅲ RAPD 分析中的随机引物表
（生工——400 条）

引物 Primer	序列 Sequence	引物 Primer	序列 Sequence	引物 Primer	序列 Sequence	引物 Primer	序列 Sequence
S1	GTTTCGCTCC	S2	TGATCCCTGG	S3	CATCCCCCTG	S4	GGACTGGAGT
S5	TGCGCCCTTC	S6	TGCTCTGCCC	S7	GGTGACGCAG	S8	GTCCACACGG
S9	TGGGGGACTC	S10	CTGCTGGGAC	S11	GTAGACCCGT	S12	CCTTGACGCA
S13	TTCCCCCGCT	S14	TCCGCTCTGG	S15	GGAGGGTGTT	S16	TTTGCCCGGA
S17	AGGGAACGAG	S18	CCACAGCAGT	S19	ACCCCCGAAG	S20	GGACCCTTAC
S21	CAGGCCCTTC	S22	TGCCGAGCTG	S23	AGTCAGCCAC	S24	AATCGGGCTG
S25	AGGGGTCTTG	S26	GGTCCCTGAC	S27	GAAACGGGTG	S28	GTGACGTAGG
S29	GGGTAACGCC	S30	GTGAACGCAG	S31	CAATCGCCGT	S32	TCGGCGATAG
S33	CAGCACCCAC	S34	TCTGTGCTGG	S35	TTCCGAACCC	S36	AGCCAGCGAA
S37	GACCGCTTGT	S38	AGGTGACCGT	S39	CAAACGTCGG	S40	GTTGCCATCC
S41	ACCGCGAAGG	S42	GGACCCAACC	S43	GTCGCCGTCA	S44	TCTGGTGAGG
S45	TGAGCGGACA	S46	ACCTGAACGG	S47	TTGGCACGGG	S48	GTGTGCCCCA
S49	CTCTGGAGAC	S50	GGACTACACC	S51	AGCGCCATTG	S52	CACCGTATGG
S53	GGGGTGACGA	S54	CTTCCCCAAG	S55	CATCCGTGCT	S56	AGGGCGTAAG
S57	TTTCCCACGC	S58	GAGAGCCAAC	S59	CTGGGGACTT	S60	ACCCGGTCAC
S61	TTCGAGCCAG	S62	GTGAGGCGTC	S63	GGGGGTCTTT	S64	CCGAATCTAC
S65	GATGACCGCC	S66	GAACGGACTC	S67	GTCCCGACGA	S68	TGGACCGGTG
S69	CTCACCGTCC	S70	TGTCTGGGTG	S71	AAAGCTGCGG	S72	TGTCATCCCC
S73	AAGCCTCGTC	S74	TGCGTGCTTG	S75	GACGGATCAG	S76	CACACTCCAG
S77	TTCCCCCCAG	S78	TGAGTGGGTG	S79	GTTGCCAGCC	S80	ACTTCGCCAC
S81	CTACGGAGGA	S82	GGCACAGAGG	S83	GAGCCCTCCA	S84	AGCGTGACTG
S85	CTGAGACGGA	S86	GTGCCTAACC	S87	GAACCTGCGG	S88	TCAGGACCAG
S89	CTGACGTCAC	S90	AGGGCCGTCT	S91	TGCCCGTCGT	S92	CAGCTCACGA
S93	CTCTCCGCCA	S94	GGATGAGACC	S95	ACTGGGACTC	S96	AGCGTCCTCC
S97	ACGACCGACA	S98	GGCTCATGTG	S99	GTCAGGGCAA	S100	TCTCCCTCAG

引物 Primer	序列 Sequence	引物 Primer	序列 Sequence	引物 Primer	序列 Sequence	引物 Primer	序列 Sequence
S101	GGTCGGAGAA	S102	TCGGACGTGA	S103	AGACGTCCAC	S104	GGAAGTCGCC
S105	AGTCGTCCCC	S106	ACGCATCGCA	S107	CTGCATCGTG	S108	GAAACACCCC
S109	TGTAGCTGGG	S110	CCTACGTCAG	S111	CTTCCGCAGT	S112	ACGCGCATGT
S113	GACGCCACAC	S114	ACCAGGTTGG	S115	AATGGCGCAG	S116	TCTCAGCTGG
S117	CACTCTCCTC	S118	GAATCGGCCA	S119	CTGACCAGCC	S120	GGGAGACATC
S121	ACGGATCCTG	S122	GAGGATCCCT	S123	CCTGATCACC	S124	GGTGATCAGG
S125	CCGAATTCCC	S126	GGGAATTCGG	S127	CCGATATCCC	S128	GGGATATCGG
S129	CCAAGCTTCC	S130	GGAAGCTTGG	S131	TTGGTACCCC	S132	ACGGTACCAG
S133	GGCTGCAGAA	S134	TGCTGCAGGT	S135	CCAGTACTCC	S136	GGAGTACTGG
S137	AACCCGGGAA	S138	TTCCCGGGTT	S139	CCTCTAGACC	S140	GGTCTAGAGG
S141	CCCAAGGTCC	S142	GGTGCGGGAA	S143	CCAGATGCAC	S144	GTGACATGCC
S145	TCAGGGAGGT	S146	AAGACCCCTC	S147	AGATGCAGCC	S148	TCACCACGGT
S149	CTTCACCCGA	S150	CACCAGGTGA	S151	GAGTCTCAGG	S152	TTATCGCCCC
S153	CCCGATTCGG	S154	TGCGGCTGAG	S155	ACGCACAACC	S156	GGTGACTGTG
S157	CTACTGCCGT	S158	GGACTGCAGA	S159	ACGGCGTATG	S160	AACGGTGACC
S161	ACCTGGACAC	S162	GGAGGAGAGG	S163	CAGAAGCCCA	S164	CCGCCTAGTC
S165	TGTTCCACGG	S166	AAGGCGGCAG	S167	CAGCGACAAG	S168	TTTGCCCGGT
S169	TGGAGAGCAG	S170	ACAACGCGAG	S171	ACATGCCGTG	S172	AGAGGCACA
S173	CTGGGGCTGA	S174	TGACGGCGGT	S175	TCATCCGAGG	S176	TCTCCGCCCT
S177	GGTGGTGATG	S178	TGCCCAGCCT	S179	AATGCGGGAG	S180	AAAGTGCGGC
S181	CTACTGCGCT	S182	CCTCTGACTG	S183	CAGAGGTCCC	S184	CACCCCCTTG
S185	TTTGGGGCCT	S186	GATACCTCGG	S187	TCCGATGCTG	S188	TTCAGGGTGG
S189	TCCTGGTCCC	S190	ACCGTTCCAG	S191	AGTCGGGTGG	S192	CTGGGTGAGT
S193	GTCGTTCCTG	S194	AAAGGGGTCC	S195	CAGTTCACGG	S196	AGGGGGTTCC
S197	TGGGGACCAC	S198	CTGGCGAACT	S199	GAGTCAGCAG	S200	TCTGGACGGA
S201	GGGCCACTCA	S202	GGAGAGACTC	S203	TCCACTCCTG	S204	CACAGAGGGA
S205	GGGTTTGGCA	S206	CAAGGGCAGA	S207	GGCAGGCTGT	S208	AACGGCGACA
S209	CACCCCTGAG	S210	CCTTCGGAAG	S211	TTCCCCGCGA	S212	GGGTGTGTAG
S213	AGGACTGCCA	S214	AATGCCGCAG	S215	GGATGCCACT	S216	GGTGAACGCT

引物 Primer	序列 Sequence	引物 Primer	序列 Sequence	引物 Primer	序列 Sequence	引物 Primer	序列 Sequence
S217	CCAACGTCGT	S218	GATGCCAGAC	S219	GTCCGTATGG	S220	GACCAATGCC
S221	TGACGCATGG	S222	AGTCACTCCC	S223	CTCCCTGCAA	S224	CCCCTCACGA
S225	TCCGAGAGGG	S226	ACGCCCAGGT	S227	GAAGCCAGCC	S228	GGACGGCGTT
S229	TGTACCCGTC	S230	GGACCTGCTG	S231	CTCGACAGAG	S232	ACCCCCCACT
S233	ACCCCCTGAA	S234	AGATCCCGCC	S235	CAGTGCCGGT	S236	ACACCCCACA
S237	ACCGGCTTGT	S238	TGGTGGCGTT	S239	GGGTGTGCAG	S240	CAGCATGGTC
S241	ACGGACGTCA	S242	CTGAGGTCTC	S243	CTATGCCGAC	S244	ACCTTCGGAC
S245	TTGGCGGCCT	S246	ACCTTTGCGG	S247	CCTGCTCATC	S248	GGCGAAGGTT
S249	CCACATCGGT	S250	ACCTCGGCAC	S251	AGACCCAGAG	S252	TCACCAGCCA
S253	GGCTGGTTCC	S254	TGGGTCCCTC	S255	ACGGGCCAGT	S256	CTGCGCTGGA
S257	ACCTGGGGAG	S258	GAGGTCCACA	S259	GTCAGTGCGG	S260	ACAGACCCCA
S261	CTCAGTGTCC	S262	ACCCCGCCAA	S263	GTCCGGAGTG	S264	CAGAAGCGGA
S265	GGCGGATAAG	S266	AGGCCCGATG	S267	CTGGACGTCA	S268	GACTGCCTCT
S269	GTGACCGAGT	S270	TCGCATCCCT	S271	CTGATGCGTG	S272	TGGGCAGAAG
S273	CACAGCGACA	S274	CTGCTGAGCA	S275	ACACCGGAAC	S276	CAGCCTACCA
S277	GTCCTGGGTT	S278	TTCAGGGCAC	S279	CAAAGCGCTC	S280	TGTGGCAGCA
S281	GTGGCATCTC	S282	CATCGCCGCA	S283	ACAGCCTGCT	S284	GGCTGCAATG
S285	GGCTGCGACA	S286	AAGGCTCACC	S287	AGAGCCGTCA	S288	AGGCAGAGCA
S289	AGCAGCGCAC	S290	CAAACGTGGG	S291	AGACGATGGG	S292	AAGCCTGCGA
S293	GGGTCTCGGT	S294	GGTCGATCTG	S295	AGTCGCCCTT	S296	GGGCCAATGT
S297	GACGTGGTGA	S298	GTGGAGTCAG	S299	TGAGGGTCCC	S300	AGCCGTGGAA
S301	CTGGGCACGA	S302	TTCCGCCACC	S303	TGGCGCAGTG	S304	CCGCTACCGA
S305	CCTTTCCCTC	S306	ACGCCAGAGG	S307	GAGCGAGGCT	S308	CAGGGGTGGA
S309	GGTCTGGTTG	S310	CCCTAGACTG	S311	GGAGCCTCAG	S312	TCGCCAGCCA
S313	ACGGGAGCAA	S314	ACAGGTGCTG	S315	CAGACAAGCC	S316	CTCTGTTCGG
S317	GACACGGACC	S318	GACTAGGTGG	S319	TGGCAAGGCA	S320	CCCAGCTAGA
S321	TCTGTGCCAC	S322	CCTACGGGGA	S323	CAGCACCGCA	S324	AGGCTGTGCT
S325	TCCCATGCTG	S326	GTGCCGTTCA	S327	CCAGGAGGAC	S328	GGGTGGGTAA
S329	CACCCCAGTC	S330	CCGACAAACC	S331	CTCAGTCGCA	S332	TCAACGGGAC

引物 Primer	序列 Sequence	引物 Primer	序列 Sequence	引物 Primer	序列 Sequence	引物 Primer	序列 Sequence
S333	GACTAAGCCC	S334	TCGGAGGTTC	S335	CAGGGCTTTC	S336	TCCCCATCAC
S337	CCTTCCCACT	S338	AGGGTCTGTG	S339	GTGCGAGCAA	S340	ACTTTGGCGG
S341	CCCGGCATAA	S342	CCCGTTGGGA	S343	TCTCCGCTTG	S344	CCGAACACGG
S345	CTCCATGGGG	S346	TCGTTCCGCA	S347	CCTCTCGACA	S348	CATACCGTGG
S349	TGAGCCTCAC	S350	AAGCCCGAGG	S351	ACTCCTGCGA	S352	GTCCCGTGGT
S353	CCACACTACC	S354	CACCCGGATG	S355	TGTAGCAGGG	S356	CTGCTTAGGG
S357	ACGCCAGTTC	S358	TGGTCGCAGA	S359	GGACACCACT	S360	AAGCGGCCTC
S361	CATTCGAGCC	S362	GTCTCCGCAA	S363	CCAGCTTAGG	S364	CCGCCCAAAC
S365	TCTGTCGAGG	S366	CACCTTTCCC	S367	AGCGAGCAAG	S368	GAACACTGGG
S369	CCCTACCGAC	S370	GTGCAACGTG	S371	AATGCCCCAG	S372	TGGCCCTCAC
S373	GGTTGTACCC	S374	CCCGCTACAC	S375	CTCCTGCCAA	S376	GAGCGTCGAA
S377	CCCAGCTGTG	S378	CCTAGTCGAG	S379	CACAGGCGGA	S380	GTGTCGCGAG
S381	GGCATGACCT	S382	TGGGCGTCAA	S383	CCAGCAGCTT	S384	GACTGCACAC
S385	ACGCAGGCAC	S386	GAGGGAAGAG	S387	AGGCGGGAAC	S388	AGCAGGTGGA
S389	TGCGAGAGTC	S390	TGGGAGATGG	S391	ACGATGAGCC	S392	GGGCGGTACT
S393	ACCGCCTGCT	S394	GTGACAGGCT	S395	AAGAGAGGGG	S396	AGGTTGCAGG
S397	AGCCTGAGCC	S398	ACCACCCACC	S399	GAGTGGTGAC	S400	TGGTGGACCA

附录Ⅳ　RAPD 分析中的随机引物表
（Operon 公司 500 条）

引物 Primer	序列 Sequence	引物 Primer	序列 Sequence	引物 Primer	序列 Sequence	引物 Primer	序列 Sequence
A 组							
01	CAGGCCCTTC	02	TGCCGAGCTG	03	AGTCAGCCAC	04	AATCGGGCTG
05	AGGGGTCTTG	06	GGTCCCTGAC	07	GAAACGGGTG	08	GTGACGTAGG
09	GGGTAACGCC	10	GTGATCGCAG	11	CAATCGCCGT	12	TCGGCGATAG
13	CAGCACCCAC	14	TCTGTGCTGG	15	TTCCGAACCC	16	AGCCAGCGAA
17	GACCGCTTGT	18	AGGTGACCGT	19	CAAACGTCGG	20	GTTGCGATCC
B 组							
01	GTTTCGCTCC	02	TGATCCCTGG	03	CATCCCCCTG	04	GGACTGGAGT
05	TGCGCCCTTC	06	TGCTCTGCCC	07	GGTGACGCAG	08	GTCCACACGG
09	TGGGGGACTC	10	CTGCTGGGAC	11	GTAGACCCGT	12	CCTTGACGCA
13	TTCCCCCGCT	14	TCCGCTCTGG	15	GGAGGGTGTT	16	TTTGCCCGGA
17	AGGGAACGAG	18	CCACAGCAGT	19	ACCCCCGAAG	20	GGACCCTTAC
C 组							
01	TTCGAGCCAG	02	GTGAGGCGTC	03	GGGGGTCTTT	04	CCGCATCTAC
05	GATGACCGCC	06	GAACGGACTC	07	GTCCCGACGA	08	TGGACCGGTG
09	CTCACCGTCC	10	TGTCTGGGTG	11	AAAGCTGCGG	12	TGTCATCCCC
13	AAGCCTCGTC	14	TGCGTGCTTG	15	GACGGATCAG	16	CACACTCCAG
17	TTCCCCCCAG	18	TGAGTGGGTG	19	GTTGCCAGCC	20	ACTTCGCCAC
D 组							
01	ACCGCGAAGG	02	GGACCCAACC	03	GTCGCCGTCA	04	TCTGGTGAGG
05	TGAGCGGACA	06	ACCTGAACGG	07	TTGGCACGGG	08	GTGTGCCCCA
09	CTCTGGAGAC	10	GGTCTACACC	11	AGCGCCATTG	12	CACCGTATCC
13	GGGGTGACGA	14	CTTCCCCAAT	15	CATCCGTGCT	16	AGGGCGTAAG
17	TTTCCCACGG	18	GAGAGCCTTC	19	CTGGGGACTT	20	ACCCGGTCAC

引物 Primer	序列 Sequence	引物 Primer	序列 Sequence	引物 Primer	序列 Sequence	引物 Primer	序列 Sequence
E 组							
01	CCCAAGGTCC	02	GGTGCGGGAA	03	CCAGCTGCAC	04	GTGACATGCC
05	TCAGGGAGGT	06	AAGACCCCTC	07	AGATGCAGCC	08	TCACCACGGT
09	CTTCACCCGA	10	CACCAGGTGA	11	GAGTCTCAGG	12	TTATCGCCCC
13	CCCGATTCGG	14	TGCGGCTGAG	15	ACGCACAACC	16	GGTGACTGTG
17	CTACTGCCGT	18	GGACTGCAGA	19	ACGGCGTATG	20	AACGGTGACC
F 组							
01	ACGGATCCTG	02	GAGGATCCCT	03	CCTGATCACC	04	GGTGATCAGG
05	CCGAATTCCC	06	GGGAATTCGG	07	CCGATATCCC	08	GGGATATCGG
09	CCAAGCTTCC	10	GGAAGCTTGG	11	TTGGTACCCC	12	ACGGTACCAG
13	GGCTGCAGAA	14	TGCTGCAGGT	15	CCAGTACTCC	16	GGAGTACTGG
17	AACCGGGAA	18	TTCCCGGGAA	19	CCTCTAGACC	20	GGTCTAGAGG
G 组							
01	CTACGGAGGA	02	GGCACTGAGG	03	GAGCCCTCCA	04	AGCGTGTCTG
05	CTGAGACGGA	06	GTGCCTAACC	07	GAACCTGCGG	08	TCACGTCCAC
09	CTGACGTCAC	10	AGGGCCGTCT	11	TGCCCGTCGT	12	CAGCTCACGA
13	CTCTCCGCCA	14	GGATGAGACC	15	ACTGGGACTC	16	AGCGTCCTCC
17	ACGACCGACA	18	GGCTCATGTG	19	GTCAGGGCAA	20	TCTCCCTCAG
H 组							
01	GGTCGGAGAA	02	TCGGACGTGA	03	AGACGTCCAC	04	GGAAGTCGCC
05	AGTCGTCCCC	06	ACGCATCGCA	07	CTGCATCGTC	08	GAAACACCC
09	TGTAGCTGGG	10	CCTACGTCAG	11	CTTCCGCACT	12	ACGCGCATGT
13	GACGCCACCA	14	ACCAGGTTGG	15	AATGGCGCAG	16	TCTCAGCTGG
17	CACTCTCCTC	18	GAATCGGCCA	19	CTGACCAGCC	20	GGGAGACATC
I 组							
01	ACCTGGACAC	02	GGAGGAGAGG	03	CAGAAGCCCA	04	CCGCCTAGTC
05	TGTTCCACGG	06	AAGGCGGCAG	07	CAGCGACAAG	08	TTTGCCCGGT
09	TGGAGAGCAG	10	ACAACGCGAG	11	ACATGCCGTG	12	AGAGGGCACA
13	CTGGGGCTGA	14	TGACGGCGGT	15	TCATCCGAGG	16	TCTCCGCCCT

引物 Primer	序列 Sequence	引物 Primer	序列 Sequence	引物 Primer	序列 Sequence	引物 Primer	序列 Sequence
17	GGTCGTCATG	18	TGCCCAGCCT	19	AATGCGGGAG	20	AAAGTGCGGC
J组							
01	CCCGGCATAA	02	CCCGTTGGGA	03	TCTCCGCTTG	04	CCGAACACGG
05	CTCCATGGGG	06	TCGTTCCGCA	07	CCTCTCGACA	08	CATCCCGTGG
09	TGAGCCTCAC	10	AAGCCCGAGG	11	ACTCCTGCGA	12	GTCCCGTGGT
13	CCACACTACC	14	CACCCGGATG	15	TGTAGCAGGG	16	CTGCTTAGGG
17	ACGCCAGTTC	18	TGGTCGCAGA	19	GGACACCACT	20	AAGCGGCCTC
K组							
01	CATTCGAGCC	02	GTCTCCGCAA	03	CCAGCTTAGG	04	CCGCCCAAAC
05	TCTGTCGAGG	06	CACCTTTCCC	07	AGCGAGCAAG	08	GAACACTGGG
09	CCCTACCGAC	10	GTGCAACGTG	11	AATGCCCCAG	12	TGGCCCTCAC
13	GGTTGTACCC	14	CCCGCTACAC	15	CTCCTGCCAA	16	GAGCGTCGAA
17	CCCAGCTGTG	18	CCTAGTCGAG	19	CACAGGCGGA	20	GTGTCGCGAG
L组							
01	GGCATGACCT	02	TGGGCGTCAA	03	CCAGCAGCTT	04	GACTGCACAC
05	ACGCAGGCAC	06	GAGGGAAGAG	07	AGGCGGGAAC	08	AGCAGGTGGA
09	TGCGAGAGTC	10	TGGGAGATGG	11	ACGATGAGCC	12	GGGCGGTACT
13	ACCGCCTGCT	14	GTGACAGGCT	15	AAGAGAGGGG	16	AGGTTGCAGG
17	AGCCTGAGCC	18	ACCACCCACC	19	GAGTGGTGAC	20	TGGTGGACCA
M组							
01	GTTGGTGGCT	02	ACCAACGCCTC	03	GGGGGATGAG	04	GGCGGTTGTC
05	GGGAACGTGT	06	CTGGGCAACT	07	CCGTGACTCA	08	TCTGTTCCCC
09	GTCTTGCGGA	10	TCTGGCGCAC	11	GTCCACTGTG	12	GGGTCGTTGG
13	GGTGGTCAAG	14	AGGGTCGTTC	15	GACCTACCAC	16	GTAACCAGCC
17	TCAGTCCGGG	18	CACCATCCGT	19	CCTTCAGGCA	20	AGGTCTTGGG
N组							
01	CTCACGTTGG	02	ACCAGGGGCA	03	GGTACTCCCC	04	GACCGACCCA
05	CCTGAACGCC	06	GAGACGCACA	07	CAGCCCAGAG	08	ACCTCAGCTC
09	TGCCGGGTTG	10	ACAACTGGGG	11	TAGCCGCAAA	12	CACAGCCACC

引物 Primer	序列 Sequence	引物 Primer	序列 Sequence	引物 Primer	序列 Sequence	引物 Primer	序列 Sequence
13	AGCGTCACTC	14	TCGTGCGGGT	15	CAGCGACTGT	16	AAGCGACCTG
17	CATTGGGGAG	18	GGTGAGGTCA	19	GTCCGTACTG	20	GGTGCTCCGT
O 组							
01	GGCACGTAAG	02	ACGTAGCGTC	03	CTGTTGCTAC	04	AAFRCCFCRC
05	CCCAGTCACT	06	CCACGGGAAG	07	CAGCACTGAC	08	CCTCCAGTGT
09	TCCCACGCAA	10	TCAGAGCGCC	11	GACAGGAGGT	12	CAGTGCTGTG
13	GTCAGAGTTCC	14	AGCATGGCTC	15	TGGCGTCCTT	16	TCGGCGGTTC
17	GGCTTATGCC	18	CTCGCTATCC	19	GGTGCACGTT	20	ACACACGCTG
P 组							
01	GTAGCACTCC	02	TCGGCACGCA	03	CTGATACGCC	04	GTGTCTCAGG
05	CCCCGGTAAC	06	GTGGGCTGAC	07	GTCCATGCCA	08	ACATCGCCCA
09	GTGGTCCGCA	10	TCCCGCCTAC	11	AACGCGTCGG	12	AAGGGCGAGT
13	GGAGTGCCTC	14	CCAGCCGAAC	15	GGAAGCCAAC	16	CCAAGCTGCC
17	TGACCCGCCT	18	GGCTTGGCCT	19	GGGAAGGACA	20	GACCCTAGTC
Q 组							
01	GGGACGATGG	02	TCTGTCGGTC	03	GGTCACCTCA	04	AGTGCGCTGA
05	CCGCGTCTTG	06	GAGCGCCTTG	07	CCCCGATGGT	08	CTCCAGCGGA
09	GGCTAACCGA	10	TGTGCCCGAA	11	TCTCCGCAAC	12	AGTAGGGCAC
13	GGAGTGGACA	14	GGACGCTTCA	15	GGGTAACGTG	16	AGTGCAGCCA
17	GAAGCCCTTC	18	AGGCTGGGTG	19	CCCCCTATCA	20	TAGCCCAGTC
R 组							
01	TGCGGGTCCT	02	CACAGCTGCC	03	ACACAGAGGG	04	CCCGTAGCAC
05	GACCTAGTGG	06	GTCTACGGCA	07	ACTGGCCTGA	08	CCCGTTGCCT
09	TGAGCACGAG	10	CCATTCCCCA	11	GTAGCCGTCT	12	ACAGGTGCGT
13	GGACGACAAG	14	CAGGATTCCC	15	GGACAACGAG	16	CTCTGCGCGT
17	CCGTACGTAG	18	GGATTTGCCA	19	CCTCCTCATC	20	ACGGCAAGGA
S 组							
01	CTACTGCGCT	02	CCTCTGACTG	03	CAGAGGTCCC	04	CACCCCCTTG
05	TTTGGGGCCT	06	GATACCTCGG	07	TCCGATGCTG	08	TTCAGGGTGG

引物 Primer	序列 Sequence	引物 Primer	序列 Sequence	引物 Primer	序列 Sequence	引物 Primer	序列 Sequence
09	TCCTGGTCCC	10	ACCGTTCCAG	11	AGTCGGGTGG	12	CTGGGTGAGT
13	GTCGTTCCTG	14	AAAGGGGTCC	15	CAGTTCACGG	16	TGGGGACCAC
17	AGGGGGTTCC	18	CTGGCGAACT	19	GAGTCAGCAG	20	TCTGGACGGA
T 组							
01	GGGCCACTCA	02	GGAGAGACTC	03	TCCACTCCTG	04	CACAGAGGGA
05	GGGTTTGGCA	06	CAAGGGCAGA	07	GGCAGGCTGT	08	AACGGCGACA
09	CACCCCTGAG	10	CCTTCGGAAG	11	TTCCCCGCGA	12	GGGTGTGTAG
13	AGGACTGCCA	14	AATGCCGCAG	15	GGATGCCACT	16	GGTGAACGCT
17	CCAACGTCGT	18	GATGCCAGAC	19	GTCCGTATGG	20	GACCAATGCC
U 组							
01	ACGGACGTCA	02	CTGAGGTCTC	03	CTATGCCGAC	04	ACCTTCGGAC
05	TTGGCGGCCT	06	ACCTTTGCGG	07	CCTGCTCATC	08	GGCGAAGGTT
09	CCACATCGGT	10	ACCTCGGCAC	11	AGACCCAGAG	12	TCACCAGCCA
13	GGCTGGTTCC	14	TGGGTCCCTC	15	ACGGGCCAGT	16	CTGCGCTGGA
17	ACCTGGGGAG	18	GAGGTCCACA	19	GTCAGTGCGG	20	ACAGCCCCCA
V 组							
01	TGACGCATGG	02	AGTCACTCCC	03	CTCCCTGCAA	04	CCCCTCACGA
05	TCCGAGAGGG	06	ACGCCCAGGT	07	GAAGCCAGCC	08	GGACGGCGTT
09	TGTACCCGTC	10	GGACCTGCTG	11	CTCGACAGAG	12	ACCCCCCACT
13	ACCCCTGAA	14	AGATCCCGCC	15	CAGTGCCGGT	16	ACACCCCACA
17	ACCGGCTTGT	18	TGGTGGCGTT	19	GGGTGTGCAG	20	CAGCATGGTC
W 组							
01	CTCAGTGTCC	02	ACCCCGCCAA	03	GTCCGGAGTG	04	CAGAAGCGGA
05	GGCGGATAAG	06	AGGCCCGATG	07	CTGGACGTCA	08	GACTGCCTCT
09	GTGACCGAGT	10	TCGCATCCCT	11	CTGATGCGTG	12	TGGGCAGAAG
13	CACAGAGACA	14	CTGCTGAGCA	15	ACACCGGAAC	16	CAGCCTACCA
17	GTCCTGGGTT	18	TTCAGGGCAC	19	CAAAGCGCTG	20	TGTGGCAGCA
X 组							
01	CTGGGCACGA	02	TTCCGCCACC	03	TGGCGCAGTG	04	CCGCTACCGA

引物 Primer	序列 Sequence	引物 Primer	序列 Sequence	引物 Primer	序列 Sequence	引物 Primer	序列 Sequence
05	CCTTTCCCTC	06	ACGCCAGAGG	07	GAGCGAGGCT	08	CAGGGGTGGA
09	GGTCTGGTTG	10	CCCTAGACTG	11	GGAGCCTCAG	12	TCGCCAGCCA
13	ACGGGAGCAA	14	ACAGGTGCTG	15	CAGACAAGCC	16	CTCTGTTCGG
17	GACACGGACC	18	GACTAGGTGG	19	TGGCAAGGCA	20	CCCAGCTAGA
Y 组							
01	GTGGCATCTC	02	CATCGCCGCA	03	ACAGCCTGCT	04	GGCTGCAATG
05	GGCTGCGACA	06	AAGGCTCACC	07	AGAGCCGTCA	08	AGGCAGAGCA
09	AGGAGCGCAC	10	CAAACGTGGG	11	AGACGATGGG	12	AAGCCTGCGA
13	GGGTCTCGGT	14	GGTCGATCTG	15	AGTCGCCCTT	16	GGGCCAATGT
17	GACGTGGTGA	18	GTGCAGTCAG	19	TGAGGGTCCC	20	AGCCGTGGAA
Z 组							
01	TCTGTGCCAC	02	CCTACGGGGA	03	CAGCACCGCA	04	AGGCTGTGCT
05	TCCCATGCTC	06	GTGCCGTTCA	07	CCAGGAGGAC	08	GGGTGGGTAA
09	CACCCCAGTC	10	CCGACAAACC	11	CTCAGTCGCA	12	TCAACGGGAC
13	GACTAAGCCC	14	TCGGAGGTTC	15	CAGGGCTTTC	16	TCCCCATCAC
17	CCTTCCCACT	18	AGGGTCTGTG	19	GTGCGAGCAA	20	ACTTTGGCGG

附录 V   OPN – 07$_{727}$及 OPN – 08$_{373}$克隆菌落

301   白色菌落 OPN – 07$_{727}$阳性菌落

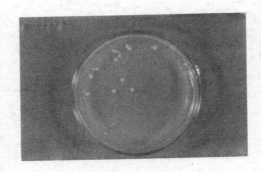

302   白色菌落 OPN – 08$_{373}$阳性菌落

附录Ⅵ pMD 18 – T Vector 克隆及酶切位点

pMD18–T Vector的Cloning site 图

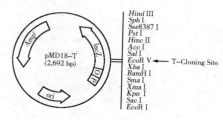

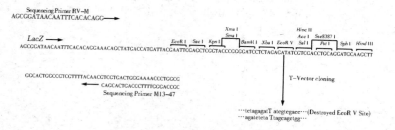

附录Ⅶ OPN − 07₇₂₇酶切位点图谱

ZG1454 R
[Strand]

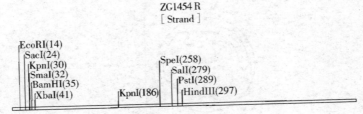

Mapping all cutsites.

Cutters:BamHI, EcoRI, HindIII, KpnI, PstI, SacI, SaiI, SmaI, SpeI & XbaI
Non−Cutters: ApaI, Bsp106,BstXI, DraII, EcorV, NotI, SacII, XhoI & XmaIII

附录Ⅷ   OPN – 08₃₇₃ 酶切位点图谱

ZG1455 R
[Strand]

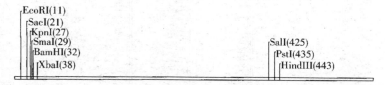

Mapping all cutsites.
Cutters:BamHI, EcoRI, HindIII, KpnI, PstI, SalI, SmaI & XbaI
Non–Cutters: ApaI, Bsp106,BstXI, DraII, EcorV, NotI, SacII, SpeI,XhoI & XmaIII

附录Ⅸ　特异片段 OPN -07_{727} R 端测序波形图

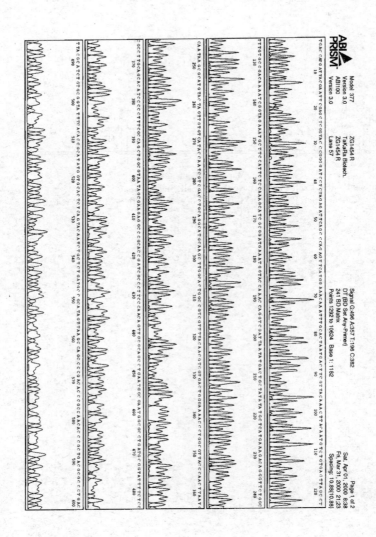

附录 X OPN－07$_{727}$ F 端测序波形图

附录XI OPN – 08₃₇₃ 测序波形图

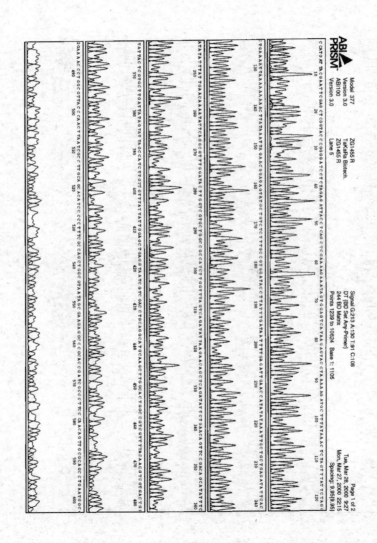

附录XII 英文缩写的中文名称

RAPD——随机扩增多态性 DNA

SCAR——已标记序列扩增带

RFLP——限制性片段长度多态性

AFLP——扩增片段长度多态性

SSR——简单序列重复

ISSR——简单序列重复间多态性

SCAR——已标记序列扩增带

AP – PCR——任意引物 PCR

DAF——DNA 扩增指纹

SNP——单核苷酸多态性

PCR——多聚酶链式反应

MMAS——分子标记辅助选择

BSA——分离群体分组分析法

DNA——脱氧核糖核酸

bp——碱基对

dNTP——脱氧核糖三磷酸

centimorgan——分摩(基因交换单位)

IPTG——异丙基 – β – D – 硫代半乳糖苷

X – gal——5 – 溴4 – 氯3 – 吲哚 β – D 半乳糖

SDS——十二烷基磺酸钠

CTAB——十六烷基三甲基溴化铵

PAGE——聚丙烯酰胺凝胶电泳

NILs——近等基因系

TEMED——N,N,N1,N1 – 四甲基乙二胺

EDTA——乙二胺四乙酸

EB——溴化乙锭

Tris——三羟甲基氨基甲烷

POD—— Peroxyidase—— 过氧化物酶

SOD——Superoxide dismutase——超氧化物歧化酶

PPO——Polyphenol oxidase——多酚氧化酶

PAL——Phenylalanine mmonia lyase——苯丙氨酸解氨酶

PG——Polygalacturonase——果胶酶

CX——cellulase——纤维素酶

PVP——Polyvinyl pyrrolidone——聚乙烯吡咯烷酮

附录 XIII Marker 图谱

Mark I

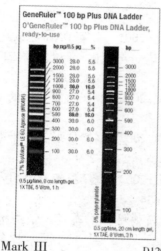

Mark II

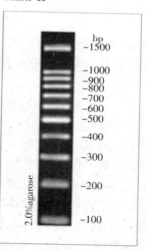

Mark III

D12000

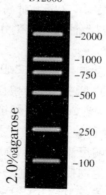

Mark I: GeneRuler? 100 bp PlusDNA Ladder, 100 – 3000 bp Fermentas)
Mark II: DL2000 DNA Marker(TaKaRa)
Mark III: Bio DL 100 DNA Marker(Bioer)

作者发表的相关论文和著作

1. 李玥莹,赵姝华,刘世强,杨立国.2001.高粱 DNA 提取纯化方法的比较及 RAPD 反应条件的建立与优化.杂粮作物,21(2):12~14

2. 李玥莹,赵姝华,杨立国,刘世强.2002.高粱抗蚜基因的 RAPD 分析.生物技术,12(4):6~8

3. 李玥莹,赵姝华,杨立国,刘世强.2002.高粱抗蚜品种叶片化学物质含量的分析.杂粮作物,22(5):277~279

4. 李玥莹,赵姝华,杨立国,刘世强.2003.高粱抗蚜基因的分子标记的建立.作物学报,29(4):534~540

5. 李玥莹,刘世强.2004.对高粱抗蚜植株形态及组织结构的观察.生物技术,14(1):40~42

6. 李玥莹,马纯艳,赵姝华.2005.对高粱 BTAM428×ICS-12B 杂交 F_3 代及部分抗感品种的 SCAR 分析.生物技术,15(1):11~13

7. 李玥莹,马纯艳,陶思源,邹剑秋.2005.分子标记技术在玉米和高粱品种分析中的初步应用.杂粮作物,25(5):297~299

8. 李玥莹,徐兰兰,邹剑秋.2006.高粱抗蚜的分子标记 RAPD 初步分析.杂粮作物,26(6):388~391

9. 李玥莹,彭霞,李鹤,陶思源,徐昕.2007.高粱抗丝黑穗病基因的 RAPD 初步分析.生物技术,17(5):6~9

10. 李玥莹,刘莹,陶思源.2007.RAPD 技术在甜高粱品种基因组分析上的应用.沈阳师范大学学报,25(4):499~502

11. 李玥莹,邹剑秋,徐秀明.2007.高粱 SSR 分子标记反应体系的建立及优化.杂粮作物,27(5):331~335

12. 李玥莹,王天舒,邹剑秋,李南珠. 2008 – 12. 高粱丝黑穗病抗病基因 SSR 分析. 沈阳农业大学学报, 39(6):686～689

13. 李玥莹,彭霞,倪娜,陶思源. 2008. 高粱 DNA 的提取纯化及抗丝黑穗病基因的初步分析. 安徽农业科学, 36(5):1776～1777

14. 李玥莹,李南珠,刘月,陶思源,徐昕. 2008. RAPD 分子标记技术在高粱抗丝黑穗病研究中的初步应用. 沈阳师范大学学报, 26(3):355～359

15. Yueying Li, Xuemei Li, Ma Chunyan, etal, 2008. Mapping of QTL for Resistance Component Traits in Sorghum against the Spotted Stem Borer (Chilo partellus Swinhoe) using SSR Markers, Journal of Biotechnology 136/S S228

16. 李桂英,涂振东,邹剑秋主编. 2008. 中国甜高粱研究与利用. 中国农业科学技术出版社

17. 卢庆善,孙毅主编,邹剑秋等副主编. 2005. 2. 杂交高粱遗传改良. 中国农业科学技术出版社,

18. 卢庆善主编,邹剑秋等副主编. 2008. 甜高粱. 中国农业科学技术出版社

19. 张福耀,邹剑秋,董良利主编. 2009. 中国酿造高粱遗传改良与加工利用. 中国农业科学技术出版社

20. 邹剑秋,杨晓光. 1995. A3 型胞质雄性不育系在高粱育种中的应用. 国外农学 – 杂粮作物, (4):19～21

21. 邹剑秋,傅海峰. 1997. 高粱不育系 7050A、恢复系 LR9198 开花生物学研究. 国外农学 – 杂粮作物, (6):36～37

22. 邹剑秋. 1998. 湿法提取高粱淀粉的实验室方法. 国外农学 – 杂粮作物,18(2):37～41

23. Jianqiu Zou, Yuxue, Shi. 2000. Post – Harvest Operation and Possible Industrial Use of Sorghum – Based on Practical Experience in China. Information Network on Post – harvest Operation

（INPhO），FAO Homepage

24. 邹剑秋,杨晓光,杨镇,朱凯,石玉学,赵淑坤.2002.高粱杂交
    种辽杂 12 号选育报告.杂粮作物,22(4):199～200

25. 邹剑秋,杨晓光,杨镇,朱凯,石玉学,赵淑坤.2002.高粱杂交
    种辽杂 11 号选育报告.杂粮作物,22(1):14～15

26. 邹剑秋,朱凯,张志鹏,黄先伟.2002.国内外高粱深加工研究
    现状与发展前景.杂粮作物,22(5):296～298

27. 邹剑秋,朱凯.2003.入世后我国高粱发展面临的机遇与挑战.
    农业经济,193(6):17～18

28. 邹剑秋,宋仁本,卢庆善,朱翠云,朱凯.2003.新型绿色可再生
    能源作物－甜高粱及其育种策略.杂粮作物,23(3):134～
    135.

29. 邹剑秋,朱凯,杨晓光,王艳秋,赵姝华.2004.高产、抗旱、酿造
    用高粱杂交种辽杂 18 号选育报告.杂粮作物,24(3):149～
    150

30. 邹剑秋.2005.高粱籽粒的深加工及加工业.农产品加工,
    (9):28～29.

31. 邹剑秋、朱凯.2005.高粱抗丝黑穗病育种研究进展.中国杂粮
    研究,中国农业科学技术出版社

32. 邹剑秋,朱凯,王艳秋主编.2009.高粱、谷子 100 问.中国农业
    出版社

33. 段有厚,邹剑秋,朱凯.2006.高粱抗螟育种研究进展.杂粮作
    物,26(1):11～12.

34. 邹剑秋,朱凯,杨镇.2007.高产、优质、多抗、食用型高粱杂交
    种辽杂 25 号选育报告.辽宁农业科学,(1):55～56

35. 段有厚,孙广志,邹剑秋.2008.亚洲玉米螟在高粱上蛀孔分布
    及其与产量损失的关系.辽宁农业科学,(4):16～18.

36. 邹剑秋,朱凯,王艳秋,张志鹏.2008.糯高粱杂交种辽粘 3 号
    选育技术报告.中国农业信息,(7):21～22

37. Zou Jianqiu, Lu Feng. 2009. Impacts of CFC – FAO – ICRISAT livelihood improvement project in Asia, ICRISAT
38. 邹剑秋,朱凯,王艳秋,杨晓光. 2010. 高粱雄性不育系 7050A 的选育与应用. 作物杂志,(2):101~104.
39. 邹剑秋,李玥莹,朱凯,王艳秋. 2010. 高粱丝黑穗病菌 3 号生理小种抗性遗传研究及抗病基因分子标记. 中国农业科学,43 (4):713~720.

后 记

本书由国家科技支撑计划课题(2006BAD02B03)、高粱产业技术体系建设(nycytx - 12)、辽宁省自然科学基金项目(20022094,20061045)、沈阳市科技局国际合作项目(1091241 - 6 -00)联合资助出版的。在前期有关我国高粱主要病虫害抗性分子机理的研究工作中,国家"863"计划课题(2004AA241230)、辽宁省教育厅(20060806)也提供了大量的资金,保证了工作的顺利进行。

作者对在研究过程中以下的合作者以及所有提供过帮助的人员表示诚挚的谢意:沈阳师范大学:李雪梅教授、马纯艳教授、马莲菊副教授、陶思源高级实验师、徐昕高级实验师、陆丹同学、牛楠同学、刘旭同学;沈阳农业大学:刘世强教授、林凤教授;辽宁省农业科学学院:杨立国研究员、朱凯副研究员、段有厚助理研究员、王艳秋助理研究员。在此,笔者一并向他们表示感谢!

作　者

2010 年 10 月于沈阳